服装立体裁剪实训

主　编　钟利
副主编　王晓梅　胡毅

東華大學出版社

高职高专服装专业项目教学系列教材

FUZHUANG LITI CAIJIAN SHIXUN

内容提要

本书按企业工作的实际过程重新组织教学内容，将企业立体裁剪工作岗位中的典型工作任务目标转化为五大项目，按照任务提出、任务分析、相关知识、任务实施四大步骤，充分体现其职业性、实践性和开放性的特点。通过半身裙、连衣裙、女衬衫、女外套、礼服等经典服装品种的立体裁剪项目训练，使学习者掌握不同时装款式、礼服的立体造型方法和制作技法，提高运用立体裁剪法解决成衣结构设计中问题的能力，以立体造型设计的方法培养学习者服装外观设计能力、版型设计能力、工艺设计能力、审美创新能力和综合运用知识解决问题的能力，让学习者具备分析服装结构和进行服装造型创作的基本能力，达到服装设计和版型设计工作的职业素质要求。

图书在版编目（CIP）数据

服装立体裁剪实训 / 钟利主编. — 上海：东华大学出版社，2014.1
ISBN 978 - 7 - 5669 - 0334 - 1

Ⅰ. ①服… Ⅱ. ①钟… Ⅲ. ①立体裁剪 Ⅳ. ① TS941.631

中国版本图书馆 CIP 数据核字（2013）第 175174 号

责任编辑：马文娟 李伟伟
封面设计：潘志远

服装立体裁剪实训
FUZHUANG LITI CAIJIAN SHIXUN
主　　编：钟　利
副 主 编：王晓梅　胡　毅
出　　版：东华大学出版社（上海市延安西路 1882 号　邮政编码：200051）
本社网址：http://www.dhupress.net
天猫旗舰店：http://dhdx.tmall.com
营销中心：021 - 62193056　62373056　62379558
印　　刷：苏州望电印刷有限公司
开　　本：787 mm × 1092 mm　1/16
印　　张：9
字　　数：238 千字
版　　次：2014 年 1 月第 1 版
印　　次：2014 年 1 月第 1 次印刷
书　　号：ISBN 978 - 7 - 5669 - 0334 - 1/TS・422
定　　价：45.00 元

序

为更好地适应我国走新型工业化道路，实现经济发展方式转变、产业结构优化升级，中国职业教育加快了发展步伐。2010 年教育部、财政部启动 100 所高职骨干院校建设，主要目的在于推进地方政府完善政策、加大投入，创新办学体制机制，推进合作办学、合作育人、合作就业、合作发展，增强办学活力；以提高质量为核心，深化教育教学改革，优化专业结构，加强师资队伍建设，完善质量保障体系，提高人才培养质量和办学水平；深化内部管理运行机制改革，增强高职院校服务区域经济社会发展的能力，实现行业企业与高职院校相互促进，区域经济社会与高等职业教育和谐发展。

成都纺织高等专科学校是一所成立于 1939 年的历史悠久的纺织类院校，在 2010 年被遴选为第一批国家骨干院校建设单位， 2013 年以“优秀”通过教育部、财政部验收。我校服装设计专业是四川省精品专业，自 2010 年成为首批立项的国家骨干高职院校中央财政支持重点专业以来，服装设计专业以《国家中长期教育改革与发展规划纲要（2010-2020 年）》《国家高等职业教育发展规划（2010- 2015 年）》《教育部财政部关于进一步推进“国家示范性高等职业院校建设计划”实施工作的通知》（教高 [2010]8 号）等文件精神为专业建设的指导思想，坚持“校企深度合作”和“服务区域经济建设”两个基本点，以校企合作体制机制创新为建设核心，以人才培养模式和课程体系改革为基础，以社会服务能力建设为突破口，为区域纺织服装业培养了大批优秀人才，并提供智力支持。

服装设计专业积极对接服装产业链，推进校企“四合作”，在人才培养模式创新与改革、课程体系与课程建设、师资队伍建设、社会服务能力建设等方面探索出一条新路子，特别在课程建设方面取得丰硕成果。本次编写的“高职高专服装专业项目教学系列教材”共 6 本教材及 1 本专题著作。6 本教材涵盖了服装专业主要课程，包括《典型品种服装制版与生产》《服装立体裁剪实训》《服装企业理单跟单》等，教材展示了课程开发与实施过程，体现了专业建设主动适应区域产业结构升级需要。课程建设中引入国家职业技术标准开发专业课程，将企业工作过程和项目引入课堂，实施项目引领、任务驱动的课程开发，完成了基于岗位能力或任务导向的课程标准的制定。围绕课程标准进行了教材、实训指导书、课业文件的编写。同时对教学过程进行科学设计，教学实施中校企合作教师团队共同教学，大力推进教学做一体化，并借鉴国外职业教育较成功的项目教学法、引导文教学法、行动导向教学法等先进教学方法，改善教学环境，构建多元化教学课堂。教学硬件不仅包括传统的教室、教学工厂、企业现场，还有一体化教室，可以采用先进信息技术如多媒体录播系统等，实现“做中学、学中做”，促使学生在完成学习项目的过程中掌握相关理论知识和专业技能，养成良好的职业素质。学生课后可以通过网络进入专业课程资源库进行复习或者自学，在课程交流论坛上进行师生互动。考核评价方法根据课程标准制定，由原来的标准答案变化为开放式答案，有效鼓励了学生思维的创新，提升学生的职业素质和专业能力。考核主体多元化，由原来单一的由教师考核为主转变为教师、企业专家、学习小组、学生自我评定等，进一步促进了学生的参与性。著作《蜀绣》介绍了中国四大名绣之一蜀绣的历史、传统技艺与现代创新发展，是服装专业对非物质文化遗产传承的探索。整套系列书体现了高等职业教育改革的方向。

“春华秋实结硕果，励志图新拓新篇”。课程改革是高等职业教育改革的核心和基础，也是教育教学质量具体体现的一个重要环节，高等职业教育教材的开发也遵循着职业教育改革的思路，需要同仁们开拓创新、不断进取！

成都纺织高等专科学校教授

2014年1月

前　言

立体裁剪实训是服装专业的核心课程，在以职业能力为主线、以岗位需求为依据、以工作过程为导向构建的专业课程体系中，与前导和后续课程相互支撑，起到承前启后的作用。而立体裁剪有“软雕塑”之称，将布料直接覆盖在人台或者人体上，通过分割、折叠、抽缩、拉展等技术手法完成服装造型，其夸张、个性化的造型在灯光、道具和配饰的衬托下，将款式与面料的尖端流行感性地呈现在观者眼前，体现了技术与艺术的结合。

本书是学校骨干建设课改成果，和传统的立体裁剪书籍相比更加注重实践操作，将造型技法和材料的运用技能通过项目载体的形式解析出来。每个任务均是模拟服装工作室的工作流程，通过任务提出、任务分析、相关知识点、任务实施四个阶段，将服装款式设计、结构设计、工业样板制作、成衣生产等相关知识点融合在一起，使学习者逐步掌握服装立体裁剪的思维方式和手工操作的各种技能，从而熟练地将创作构想完美地表达出来，并能独立解决各种问题。

本书适合高等院校及职业技术院校服装专业作为教材使用，也可作为广大服装爱好者的参考资料。全书图文并茂、由浅入深、款式新颖、制作过程详细清晰，注重服装知识体系横向和纵向的延伸，有较强的可操作性。

本书的编写汇集了多位全国职业技术学院有实力的立体裁剪专业教师。本教材项目一由四川国际标榜职业技术学院刘颖制作和编写；项目二、项目四以及项目三中任务一、任务二由陕西工业职业技术学院王晓梅编写；项目五由成都纺织高等专科学校胡毅制作和编写；钟慧担任本书所有项目的取料图、展开图绘制及项目三中的任务三的编写工作；吴煜君承担项目三的制作和任务四的编写工作；钟利完成项目二和项目四的制作以及项目二和项目四的部分编写工作；耿巍参与全书的效果图绘制及部分文字编写；侯莉菲参与制作图片和面料文字编写；李维参与项目制作和技术文件编写工作；全书由钟利主编，并负责统稿。同时也感谢服装设计班刘鸿雁、谢春艳、何楠、余丹、汪柯如、李茂林等学生在作品制作中的大力支持。

编　者

教学指南

适用学时：60

一、课程性质

（一）课程在课程体系中的地位和作用

《服装立体裁剪实训 》是服装专业的核心课程，是具有较强实践性的综合实用型课程。课程针对生产技术管理方向服装生产企业的版型师、工艺师、质检员等岗位所需要的职业岗位技能、职业素质，分析典型工作任务，归纳出岗位核心能力并转化为学习领域。《服装立体裁剪实训》与前导和后续课程相互支撑，在专业课程体系中占有举足轻重的地位，起到承前启后的作用。同时在生产技术管理方向与服装造型变化设计、女装样板设计等课程内容联系密切，并为后续的服装产品开发设计课程提供必要的理论基础和技术支持。在教学中要重点注意同服装面辅料认识与运用、服装色彩与图案设计运用、典型品种服装设计与生产、成衣工艺设计等专业内容的衔接。

（二）课程学习领域定位

本课程主要通过半身裙、连衣裙、女衬衫、女外套、礼服等校企合作开发的经典服装品种的立体裁剪项目训练，使学习者掌握不同时装款式、礼服造型的立体造型方法和制作技法，提高运用立体裁剪法解决成衣结构设计中问题的能力，以立体造型设计的方法培养学习者服装外观设计能力、版型设计能力、工艺设计能力、审美创新能力和综合运用知识解决问题的能力，让学习者具备分析服装结构和进行服装造型创作的基本能力，达到服装设计和版型设计工作的职业素质要求。

二、课程教学目标

（一）专业能力目标

1. 掌握立体裁剪的用具、材料、量体及人体模型的选择。

2. 能准确而美观的标示基准线，理解基准线在整个立裁过程中的重要作用。

3. 通过立体裁剪，理解省道的形成原理以及省与褶裥、分割线之间的等效互换性，各种领型的结构设计原理，加深对前导各学习领域的理解。

4. 能准确进行裙装类、衬衫类、外套类、礼服类等典型服装品种的款式分析，进行人台的标示线设计，掌握立体裁剪的基本方法和操作技巧。

5. 能独立完成各类成衣的立体裁剪。

6. 能依据形式美法则、面料性能及流行趋势进行各类成衣的构思与设计。

7. 能根据客户要求对各类成衣进行立体构成设计。

（二）方法能力目标

1. 培养学习者综合运用知识的能力，总结学习经验，积累丰富的立体裁剪技术，增强学习者的职业适应能力。

2. 培养学习者发现新问题并进行系统地分析问题、解决问题的能力。

3. 培养学习者有计划地组织完成工作任务的能力。

4. 培养学习者自主学习新知识、新技术和自主探究新问题的能力。通过不同形式的自主学习、探究活动，积累自行创作的经验。

5. 培养学习者善于利用网络资源和市场资源进行素材搜集和素材积累，学习应用各种资料的能力。

三、教学情境设计

学习情境描述	学习任务	学习目标		建议教学方法	参考学时
		能力目标	知识目标		
半身裙立体造型与制作	任务一 抽褶拱形裙的立体造型与制作	掌握立体裁剪的用具、材料、量体及人体模型的选择	学会制作手臂，掌握人台基准线的贴附	现场教学与辅导	2
	任务二 波浪摆裙子的立体造型与制作	理解波浪裙的制作方法	裙子版型整理与修正	现场教学与辅导	2
	任务三 立体飞边裙子的立体造型与制作	独立完成裙子结构分解与制作	了解裙子面料与造型的关系	现场教学与辅导	2
	任务四 立体褶饰裙的立体造型与制作	了解裙子的工业样板知识	掌握裙子的工艺技术文件	现场教学与辅导	2
连衣裙立体造型与制作	任务一 多褶皱荡领连衣裙的立体造型与制作	理解各类裙子和人体的空间关系	掌握连衣裙规格设计方法	现场教学与辅导	2
	任务二 贴体褶饰连衣的立体造型与制作	理解省道的形成原理以及省与褶裥、分割线之间的等效互换性	学会制作各种衣身	现场教学与辅导	2
	任务三 方领口覆肩袖连衣裙的立体造型与制作	掌握覆肩袖连衣裙的制作技巧	连衣裙的款式设计知识	现场教学与辅导	2
	任务四 大褶饰连衣裙的立体造型与制作	学会褶饰裙子的制作	掌握连衣裙的技术文件制作	现场教学与辅导	2

（续表）

<table>
<tr><th rowspan="2">学习情境描述</th><th rowspan="2">学习任务</th><th colspan="2">学习目标</th><th rowspan="2">建议教学方法</th><th rowspan="2">参考学时</th></tr>
<tr><th>能力目标</th><th>知识目标</th></tr>
<tr><td rowspan="4">女衬衫立体造型与制作</td><td>任务一 休闲式半袖女衬衫的立体造型与制作</td><td>学会手臂、各种袖子的制作</td><td>掌握成衣类袖子、领子、衣身的立裁方法</td><td>现场教学与辅导</td><td>2</td></tr>
<tr><td>任务二 坦领短袖女衬衫的立体造型与制作</td><td>掌握上衣规格设计方法</td><td>了解上衣号型系列的概念</td><td>现场教学与辅导</td><td>2</td></tr>
<tr><td>任务三 圆领灯笼袖O型女衬衫的立体造型与制作</td><td>能独立完成衬衫结构分解</td><td>了解衬衫面料与造型的关系</td><td>现场教学与辅导</td><td>2</td></tr>
<tr><td>任务四 公主线荷叶袖女衬衫的立体造型与制作</td><td>根据给定的款式，完成立体裁剪的造型、版型设计及样衣制作</td><td>熟悉衬衫工作室设计与制作过程</td><td>现场教学与辅导</td><td>2</td></tr>
<tr><td rowspan="4">女外套立体造型与制作</td><td>任务一 连身立驳领修身女外套的立体造型与制作</td><td>掌握各种衣领的制作</td><td>掌握外套规格的设计</td><td>现场教学与辅导</td><td>2</td></tr>
<tr><td>任务二 泡泡袖短款女外套的立体造型与制作</td><td>掌握上衣分割线的结构处理技法</td><td>了解女外套的立体制取过程</td><td>现场教学与辅导</td><td>2</td></tr>
<tr><td>任务三 平驳领耸肩袖短款女西服的立体造型与制作</td><td>学会独立分析外套结构</td><td>学会合理运用立体裁剪和平面裁剪</td><td>现场教学与辅导</td><td>2</td></tr>
<tr><td>任务四 时尚白领女外套的立体造型与制作</td><td>根据给定的任务，完成立体裁剪的造型、版型设计及样衣制作</td><td>熟悉衬衫工作室设计与制作过程</td><td>现场教学与辅导</td><td>2</td></tr>
<tr><td rowspan="4">礼服立体造型与制作</td><td>任务一 立体肌理设计礼服的立体造型与制作</td><td>具有市场调研、预测服装流行色和流行款式等的能力</td><td>掌握礼服制作技法</td><td>现场教学与辅导</td><td>2</td></tr>
<tr><td>任务二 直身型婚礼服的立体造型与制作</td><td>通过不同形式的自主学习、探究活动，培养版型设计能力</td><td>独立完成立体裁剪过程</td><td>现场教学与辅导</td><td>4</td></tr>
<tr><td>任务三 镂空设计婚礼服的立体造型与制作</td><td>具备工艺创新能力和不断学习的能力</td><td>能独立解决各类礼服的工艺问题</td><td>现场教学与辅导</td><td>4</td></tr>
<tr><td>任务四 礼服系列设计的立体造型与制作</td><td>根据给定的任务，完成礼服的设计、立体制取及样衣制作</td><td>能运用所学知识完成创意设计与拓展</td><td>现场教学与辅导</td><td>18</td></tr>
</table>

目录 CONTENTS

目录 CONTENTS

1

项目一　半身裙立体造型与制作

知识目标

● 掌握半身裙的立体裁剪原理和步骤。

● 熟练掌握多种不同类型半身裙的结构造型方法。

●根据款式特点选择合适的立体造型操作方法。

技能目标

● 学会分解半身裙的结构，并能准确地把握每一个部位的比例关系和造型特点。

● 能够运用立体裁剪操作方法独立、规范地完成半身裙的制作。

任务一　抽褶拱形裙的立体造型与制作

任务提出

1. 抽褶拱形裙的款式图

如图 1-1-1 所示。

2. 任务要求

（1）选择一个标准人台（净胸围 84 cm），人台应保持竖直和稳固，以防标记带错位，导致裁片变形。标记带作为衣片结构线定位的依据，应该与人体表面特征线一致。

（2）做人台基准线和造型线标示。

（3）完成款式图所示的贴体抽褶拱形半身裙的立体造型和成衣效果。要求运用立体裁剪手段，准确表达此款裙子立体褶饰与纵向分割相结合的裙装造型及结构特点。

图 1-1-1

任务分析

1. 半身裙的款式分析

此款半身裙的款式特点是裙身贴体，腰节线以下纵向分割，以抽褶的方式来表现腰部的立体造型，前腰处不规则的波浪造型塑造前卫动感的视觉效果，且宜选用挺括的面料达到较好的整体塑形效果。

2. 半身裙的结构分解

（1）裙身：由前中片、前侧片、后中片、后侧片，共计 6 片组成。

（2）腰头：由前腰头、后腰头，共计 2 片组成。

（3）此款半身裙是将省量转移至纵向分割线处的典型款式，并在前中片与腰头、前中片与前侧片的缝合处嵌入一个抽褶的立体造型，操作步骤参见任务实施部分。

相关知识

1. 人台的分类及选择

（1）人台可分为立体裁剪专用人台、试衣用人台及展示人台三类。

立体裁剪专用人台的内部主要材料为发泡性材料，塑成人体造型后，外层以棉质或棉麻质面料包裹，颜色宜用黑色、麻白色等。人台要方便大头针的刺插、固定，大头针可以垂直插于人台表面，一插到底。

（2）女装立体裁剪专用人台分类，如图 1-1-2 所示。

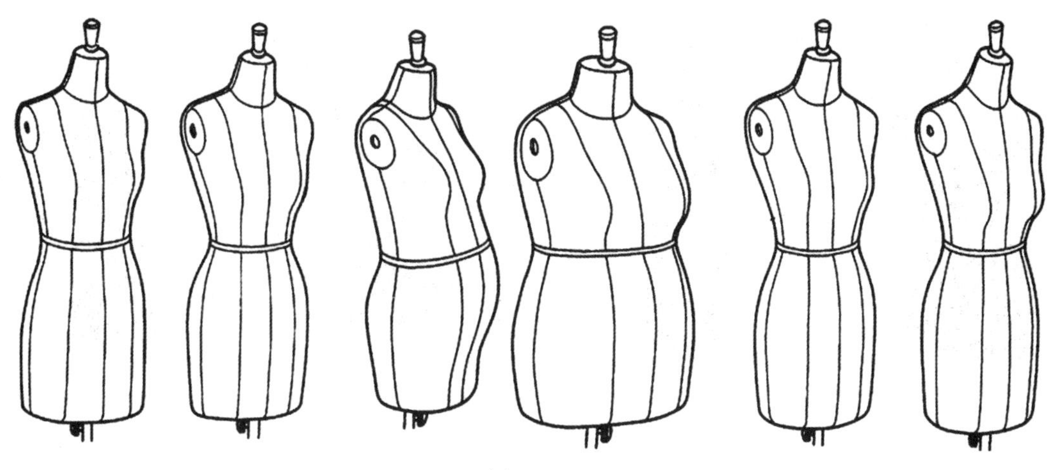

图 1-1-2

少女装服装人台：胸围为 80 cm。

女青年服装人台：胸围为 84 cm，胸部丰满，腰臀落差大。

年轻妇女服装人台：用于已婚妇女，胸围相同的情况下，腰围和臀围加大，胸围微微下垂，腹部开始隆起。

中年妇女服装人台：臀围和腰围更大，胸部下垂，胃部开始隆起，腹部增大，已接近于发胖体型。

孕妇服装人台：专门用于孕妇服装的裁剪和制作。

特肥胖服装人台：腰围和臀围较大，腰身不明显。

全身用服装人台：与女青年的体型相近。

分离式人台：左腿可以拆卸。

可调节式人台：可随意调节胸围的高低，人体的厚度，腰节的长度，臀峰及腹部的大小，以及腰围、胸围、臀围的尺码，可以扩大人台的适用范围。

2. 人台基准线的贴附

（1）基准线的标记：就是将人体模型的重要部位或必要的结构线标记出来。标注线应选用色彩醒目、鲜明，透过布料易被识别的粘贴带。一般选用黑色、红色或色彩对比明显的颜色。宽度为 0.3~0.5 cm。

（2）标记部位：基准线的标记部位有横向标记线、纵向标记线、弧向标记线等。

横向标记线包括胸围线、腰围线、臀围线，共计 3 条标记线。

纵向标记线包括前中心线、后中心线、左侧缝线、右侧缝线、前公主线、后公主线，共计 6 条标记线。

弧向标记线包括颈根围线、左右臂根围线、肩线，共计 4 条标记线。

（3）标记方法：人体模型上的各基准线都要做的平整、规范，其中三围线应保持水平，而前后中心线则保持垂直，左右基准线的标记要对称，弯势一致，充分体现人体的曲线，真正起到立体裁剪的尺规作用，操作步骤如图 1-1-3~ 图 1-1-8 所示，整体效果如图 1-1-9 和图 1-1-10 所示。

① 胸围线：先确定乳高点位置，以此点为基准测量一周，即为胸围线，建议使用高度尺测定，较为方便、准确。

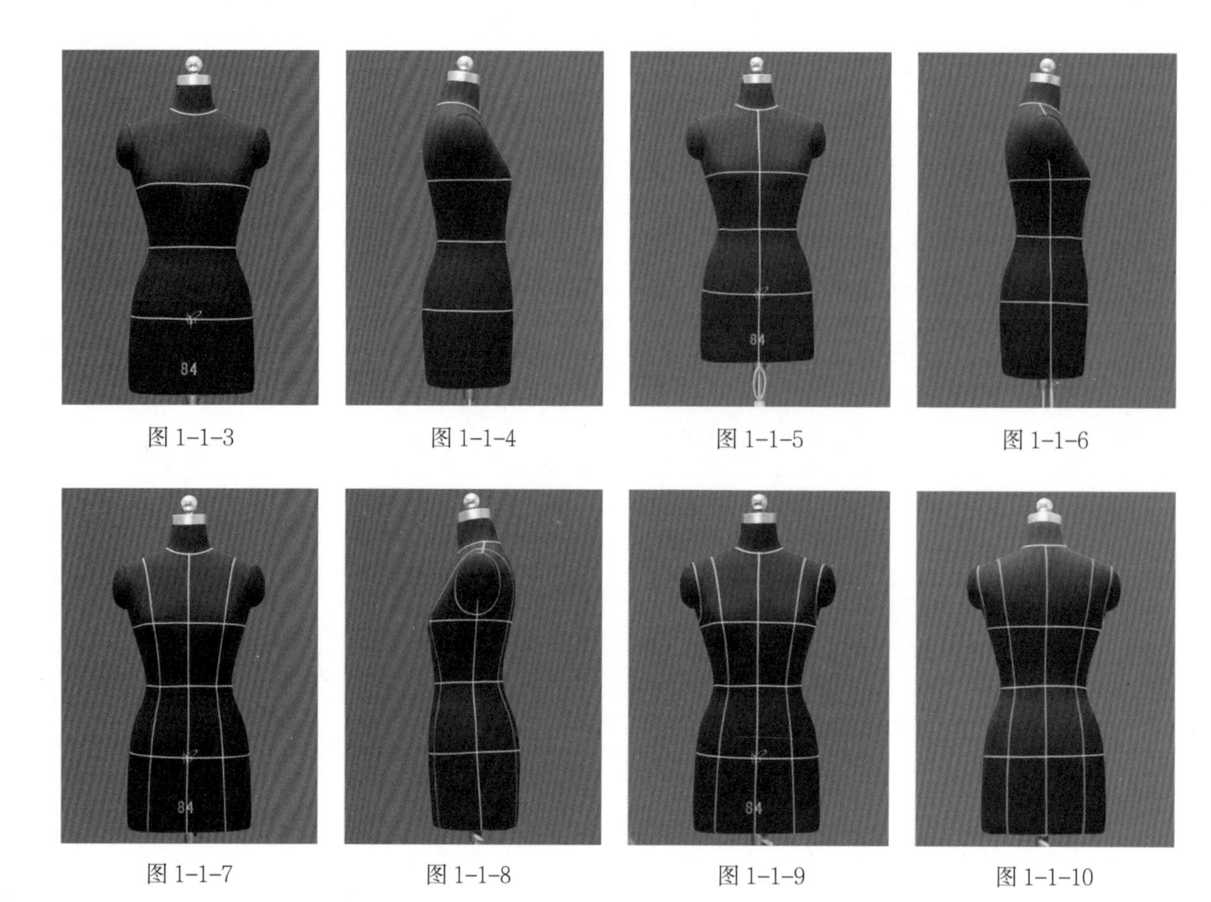

图 1-1-3　图 1-1-4　图 1-1-5　图 1-1-6

图 1-1-7　图 1-1-8　图 1-1-9　图 1-1-10

② 腰围线：腰部最细处的水平线。

③ 臀围线：臀部最丰满处的水平线。也可以根据所需规格，从腰围线向下量取 18~20 cm 标识。

④ 颈根围线：沿人台颈部与躯干部的拼接处标识出圆顺的颈围线，大致和人台颈根部缝合线相同。

⑤ 前中心线：从前颈中心位置向下标识出垂直线，并垂直于胸围线、腰围线及臀围线。

⑥ 后中心线：从后颈中心位置向下标识出垂直线，并垂直于胸围线、腰围线及臀围线。

⑦ 肩线：侧颈点与肩点的连线。

⑧ 侧缝线：从人台肩点向地面做铅垂线，基本上与肩线在同一直线上。

⑨ 前公主线：由小肩线的中点和胸高点顺延至腰围和臀围线，臀围线以下垂直至底端。公主线的造型并不是唯一，注意掌握整体造型美和均衡关系。

⑩ 后公主线：由小肩线的中点和肩胛骨顺延至腰围和臀围线，臀围线以下垂直至底端，使臀部呈现出丰满的感觉。

⑪ 臂根围线：是袖窿的基准线，从肩点向下至侧缝线上量取基本的袖窿深度，一般为 12~13 cm，然后沿袖窿外沿标识出呈向后倾斜的袖窿线。

3. 立体裁剪工具的准备

（1）大头针及针插：立体裁剪的专用大头针，针尾为大圆头，针身细长，针长约为 3 cm，便于刺透多层次的布料。

（2）剪刀：由于立体裁剪操作的独特性，剪刀可比裁剪刀小一点，通常以 25 cm（10 in）、

20 cm（8 in）的剪刀为宜。刀背近刀口的造型一侧呈钝角，这样在剪布料时不伤害人体或人台。

（3）标记带：宽 0.3~0.5 cm，用以在人台上做标记线。一般采用即时贴来代替。

（4）其他工具：除了上述的基本工具与材料外，熨斗、笔、划粉、尺、齿状滚轮、补正棉、扎线牛皮纸等也是必需的，如图 1-1-11 所示。

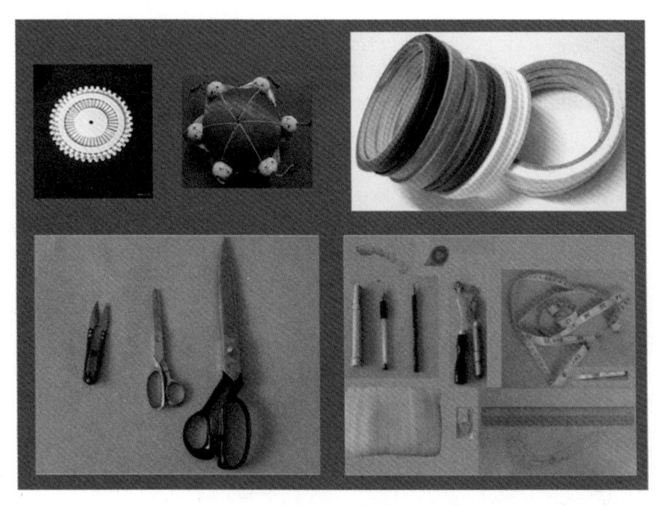

图 1-1-11

4. 坯布的处理

一般布料在织造、染整等的过程中，常会出现布边过紧、轻度纬斜、布料拉延等现象，导致布料丝缕歪斜、错位。用这样的布料做出的衣服会出现形态畸变，是立体裁剪的大忌。因此在立体裁剪前应对坯布进行布纹整理。步骤如下：

第一，按布料纵横向打剪口并将布边用手撕开，通过判断布边是否平行来判断经纱与纬纱是否垂直，如图 1-1-12 所示。

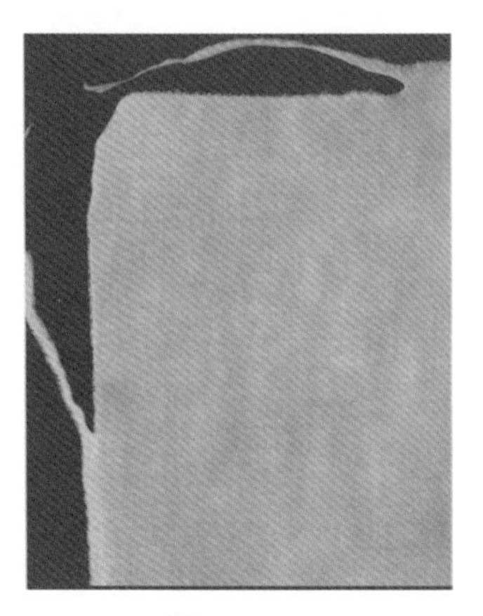

图 1-1-12

图 1-1-13

第二，如果经纱与纬纱不垂直，沿面料较短的对角线方向拉，如图 1-1-13 所示。

第三，用熨斗整烫定型，注意熨烫的时候不要用蒸汽，要干熨，确定布边几乎平行并烫平皱褶。

5. 大头针的使用方法

（1）正确使用大头针

① 大头针针尖不宜插出太长，这样易划破手指。

② 大头针挑布量不宜太多，防止别合后不平服。

③ 衣片直线部分的大头针间距可稍大些，曲线部分的间距要小些。

（2）大头针的别法

藏针法：从一块布片的缝边扣转在另一块布片的缝线上，在折线处插入珠头针，穿过另一块布片，再折回到折线内，这种方法显示造型后的缝合效果，常用于袖子等部位，请注意珠头针挑布要少，如图 1-1-14 所示。

重叠法：将两片布重叠在一起，用珠头针固定。这种方法常用于衣身与领口的接合处以及布片不够用时的拼接，如图 1-1-15 所示。

对别法：用珠头针将两块布片的缝份对别在一起。这种方法常用于最初的结构线，如侧缝与肩缝等，如图 1-1-16 所示。

折叠法：一块布片缝边折叠并覆盖在另一块布片上，用珠针别合，如图 1-1-17 所示。

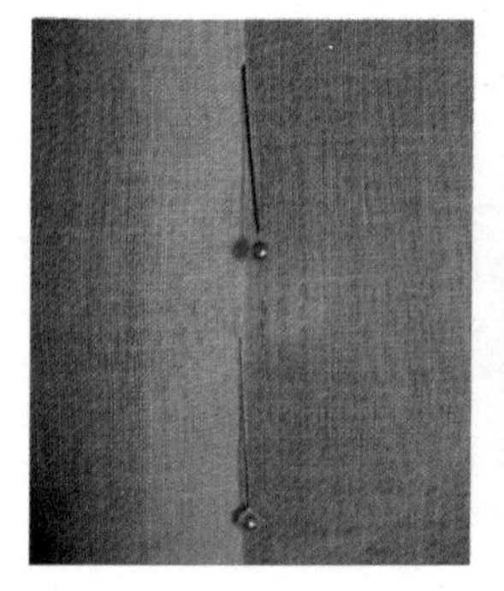
图 1-1-14

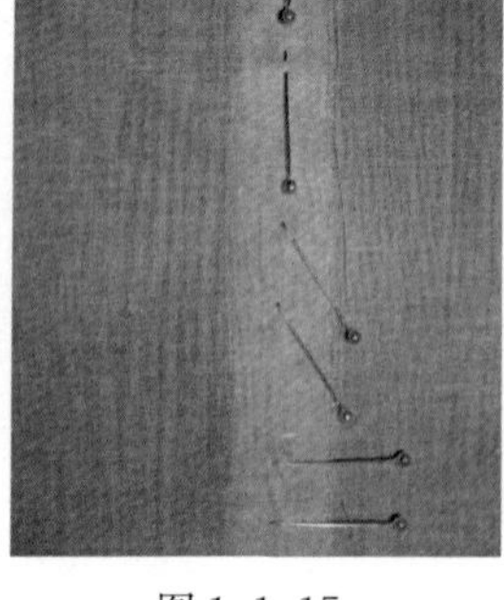
图 1-1-15

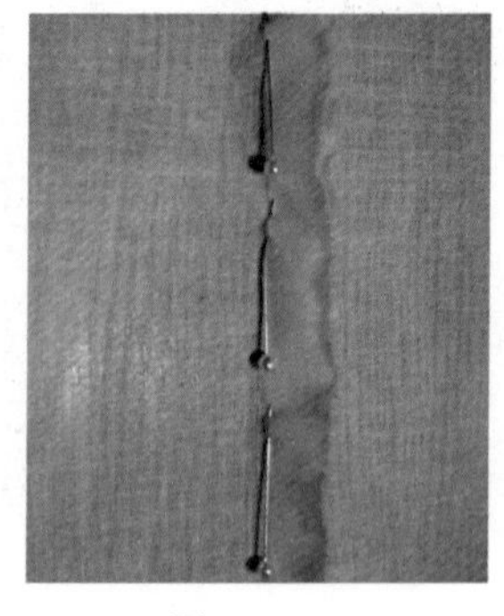
图 1-1-16

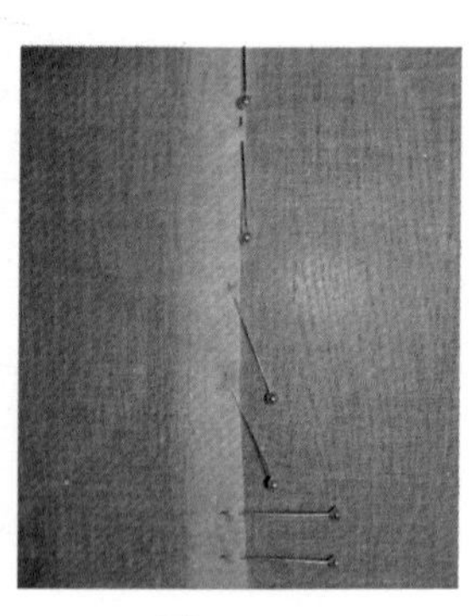
图 1-1-17

6. 裙子的规格设计要点

（1）腰围：腰围变化的范围是 0~3 cm，从服装压力舒适性的角度考虑，人体的腰围尺寸缩小 2 cm 时不会感到不舒服，另外女性穿着裙子时一般不会束皮带，基于这两点考虑裙子腰围加放量比较小，在 0~3 cm 之间。如果面料是弹性面料，加放量可以取零。

（2）臀围：臀围变化的范围是 0~4 cm，对于一般面料而言臀围加放量的最小值为 4 cm，弹性面料加放量可以小一些，但一般不会小于臀围，弹性很大的针织面料除外。臀围加放量的设计与裙子的款式有关，紧身裙的加放量为 4~6 cm，A 型裙的加放量为 6~8 cm，其他裙型的加放量在 8 cm 以上。

（3）长度：裙子长度的设计主要取决于款式。

（4）裙摆围：裙摆围度的大小与款式和裙长有关，当裙摆小于正常行走的尺度时可以考虑采用其他的方法增强裙子的功能性，例如紧身裙在裙长超过 40 cm 时一般会设计开衩或褶裥，不然行走会受到影响。

任务实施

1. 规格设计

尺寸规格见表 1-1-1。

2. 裁片的准备

各个裙片立体裁剪用坯布的备布基本尺寸及形状如图 1-1-18 所示。各块坯布加放

表 1-1-1　尺寸规格表　　单位：cm

号型	裙长	腰围	臀围	裙摆围	腰头宽
160/68A	45	71	94	82	2

5~10 cm 的缝份与松量，丝缕归正，整烫平整；用铅笔绘制好必要的基准线（经纱方向画出前、后中线；纬纱方向画出臀围线、对折线等）备用。

全书结构图及裁片准备图单位都为 cm，不再一一标注。

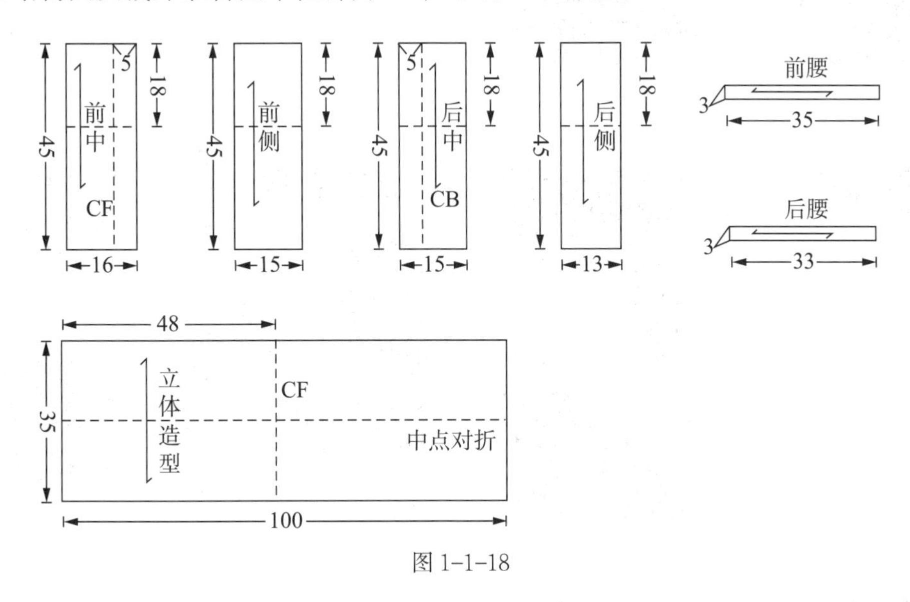

图 1-1-18

3. 操作过程

按照款式图所示结构特征，用红色标记带粘贴出造型线，把握好每个裁片的比例关系，确定分割线的位置、抽褶量、褶饰形状和结束部位，如图 1-1-19 和图 1-1-20 所示。

（1）制作前、后中片：对合布料与人台的纵横基准线，留足腰围、臀围处的松量，分割线在臀围线以下缩进 1 cm。按设计线和成衣规格用黑色标记带标记前中、后中部的造型线，修剪下摆围、臀围、腰围的余料，并留出 2 cm 的缝份，如图 1-1-21 所示。

（2）制作前、后侧片：对合布料的横向基准线，留足腰围、臀围处的松量，将臀围线上下的多余面料推向两边，侧缝、分割处在臀围线以下缩进 1 cm，注意保持侧缝部位的平服、臀围线的水平。按设计线用黑色标记带标记前、后侧部的造型线、腰节线、下摆线、侧缝线和分割线，留出 2 cm 的缝份并修剪余料。

（3）别合前、后分割线：以黑色标记线为准别合前、后分割线，整体观察裙片的松量大小是否合适，分割线位置是否平衡，各部位丝缕是否顺直，如图 1-1-22 所示。

（4）别合侧缝线：按照侧缝黑色标记线用对别法别合前后侧缝线，整体观察前后裙片的松量大小是否合适，各部位的丝缕是否顺直，如图 1-1-23 所示。

（5）制作抽褶拱形立体造型：取立体造型布，对折并在布边用针拱缝，然后固定在前中片与腰头、前中片与前侧片的缝合处，左右长度不对称。抽褶用布量是原长度的 1.5~2 倍，据造型设计的比列关系进行整体调整，如图 1-1-24~ 图 1-1-26 所示。

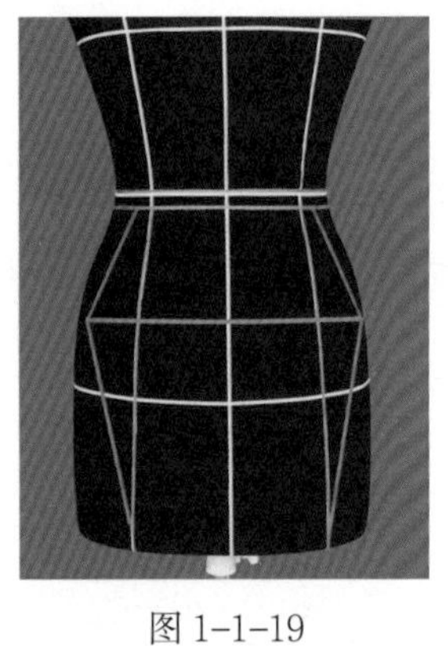
图 1-1-19

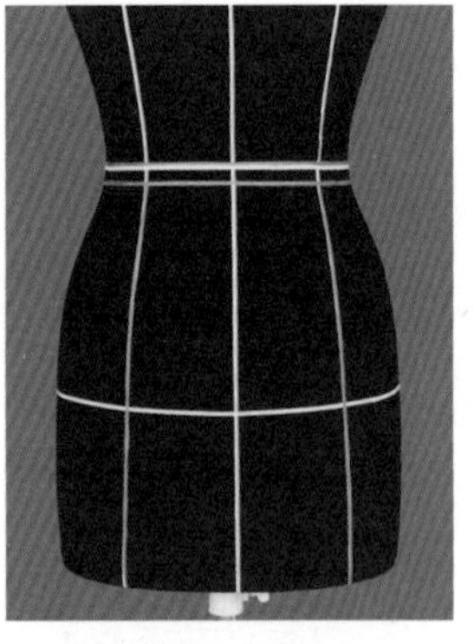
图 1-1-20

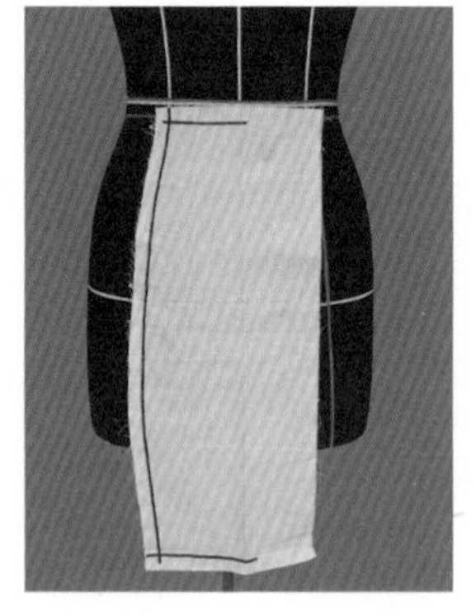
图 1-1-21

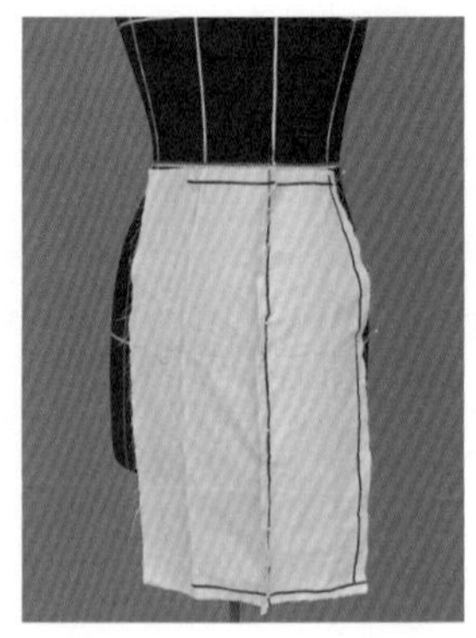
图 1-1-22

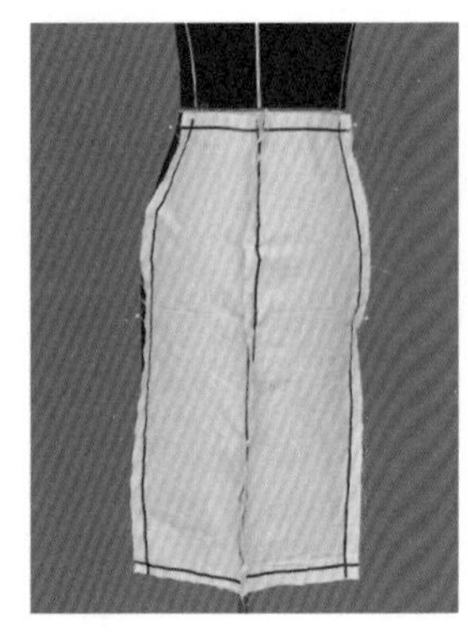
图 1-1-23

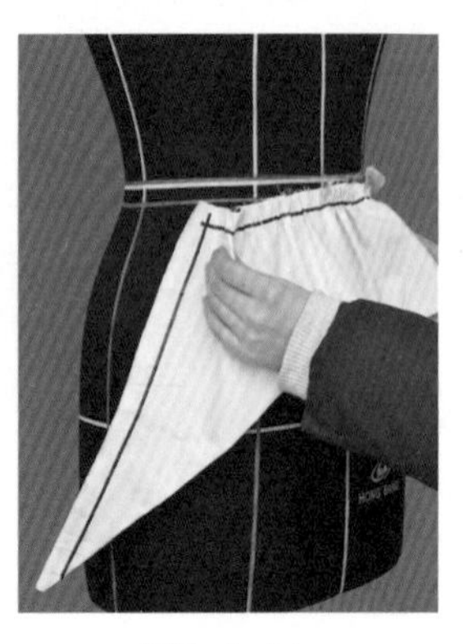
图 1-1-24

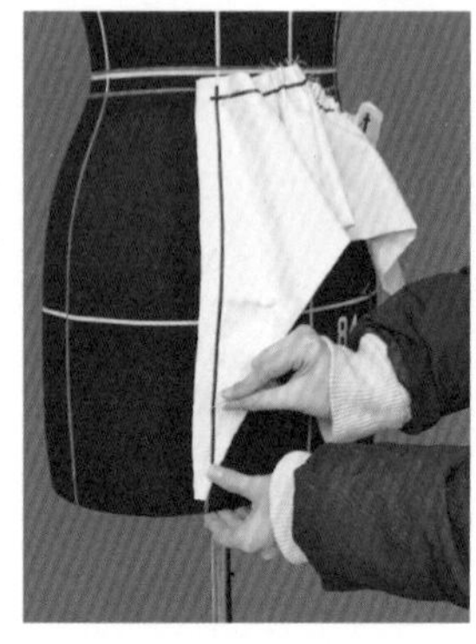
图 1-1-25

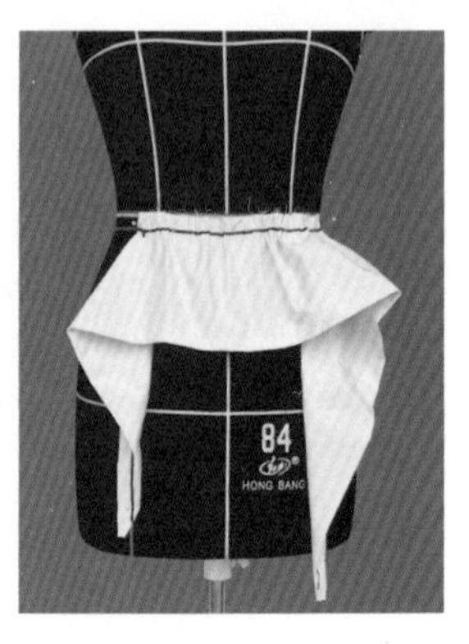

图 1-1-26

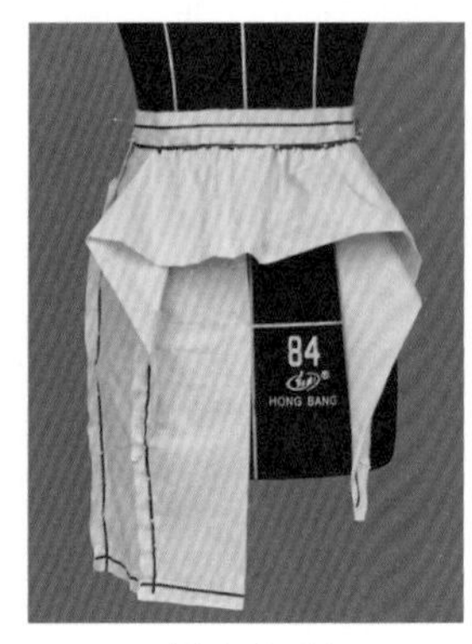

图 1-1-27

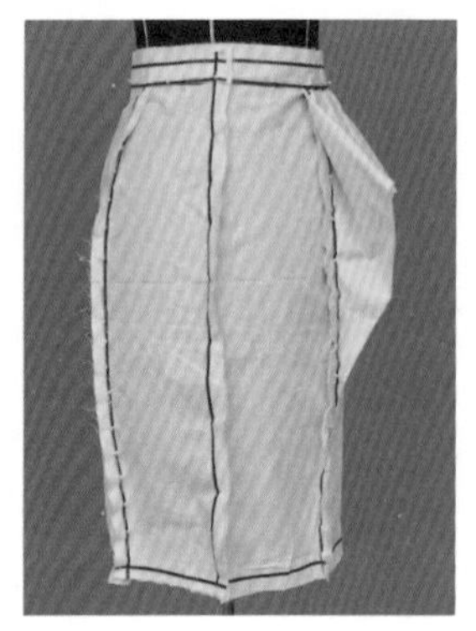
图 1-1-28

图 1-1-29

（6）制作前、后腰头：取腰头布片，对合纵向基准线，留足腰围处的松量，由中心向两侧缝，抚平布片，用黑色标记带标记腰头的造型线，修剪余料，并留出 2 cm 的缝份。

（7）确定裙长：从地面向上量取等距离长度，标记裙摆各点，确定裙子的长度。

（8）假缝试穿（对称一半的裙片）：用大头针将裁片假缝在一起，穿到人台上，观察松量、结构线是否合适和平衡，并调整到合适，如图 1-1-27~ 图 1-1-29 所示。

4. 整理与版型修正

（1）腰部放松量设计为 3 cm，裙片在分割线及侧缝位置各放 0.5 cm。

（2）臀部放松量设计为 4 cm，裙片在分割线位置各放 0.5 cm，剩下 2 cm 在裙片两侧缝处各放 1 cm，腰围到臀围的过渡自然平服，线条优美。

（3）摆围尺寸设计为 82 cm，各缝合处在臀围线以下各缩进 2 cm，臀围到下摆的过渡自然平服，线条优美。

（4）调整好造型后，清剪缝份，各部位均留 1.5 cm，用黑色标记带粘贴出各裙片的轮廓线，如图 1-1-27~ 图 1-1-29 所示。

（5）调整修剪好的白坯布裙片版型，如图 1-1-30 所示。

（6）把修好的版型重新拓制在白坯布上，假缝后再次穿上人台，以成衣效果展示，如图 1-1-31 和图 1-1-32 所示。

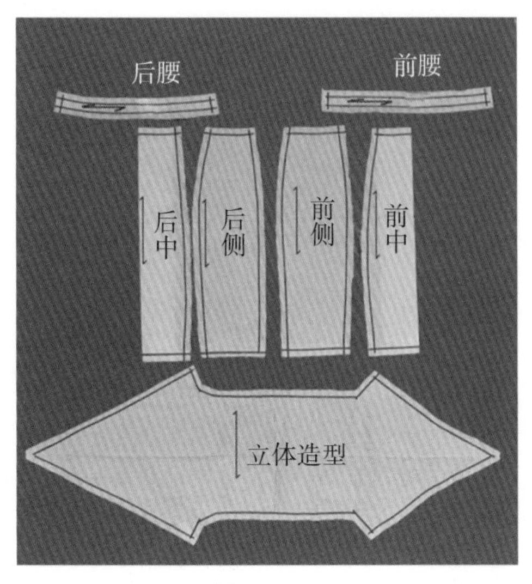

图 1-1-30

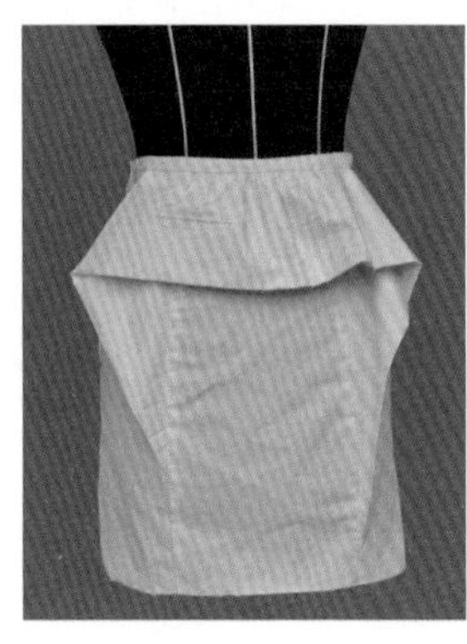

图 1-1-31

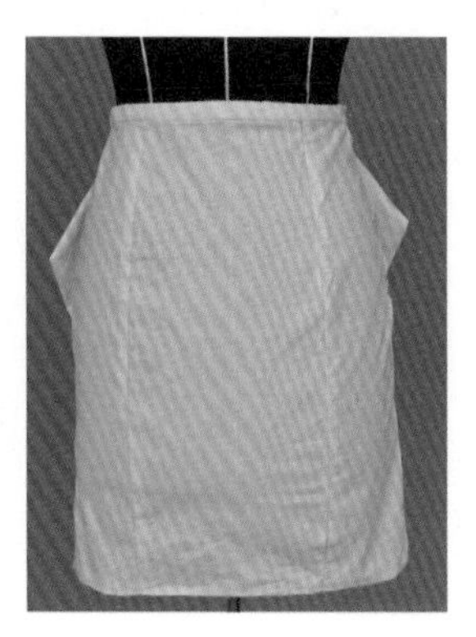

图 1-1-32

任务二　波浪摆裙子的立体造型与制作

任务提出

1. 波浪摆裙子的款式图

如图 1-2-1 所示。

2. 任务要求

（1）选择一个标准人台（净胸围 84 cm），人台应保持竖直和稳固，以防标记带错位，导致裁片变形。标记带作为衣片结构线定位的依据，应该与人体表面特征线一致。

（2）做人台基准线和造型线标示。

（3）完成款式图所示的贴体波浪摆半身裙的立体造型和成衣效果。运用立体裁剪手段，准确表达此款裙子的不规则波浪摆，裙身（收腰贴体），侧片（收腰贴体）及在臀围斜向分割处的结构。

（4）根据表 1-2-1，完成号型系列设置的生产制作任务。

图 1-2-1

表 1-2-1　号型系列设置表　　单位：cm

号型	小号 S	中号 M	大号 L	加大号 XL
数量（件）	50	100	50	25

任务分析

1. 半身裙的款式分析

此款半身裙的款式特点是裙身贴体，臀围线以下斜向分割，并以不规则波浪摆的方式来打造其立体造型，这样可以很好地体现女性时尚活泼的年轻特质。

2. 半身裙的结构分解

（1）裙身：由前上、后上、前后波浪摆、裙侧片，共计 5 片组成。前后及侧片腰部收腰贴体，波浪摆的大小和位置可根据设计喜好自行调整，弧线下摆、波浪摆比侧片长，呈不对称造型。

（2）腰头：由前腰头、后腰头，共计 2 片组成。

相关知识

1. 号型系列的概念

按人体体型规律设置分档号型系列的标准，依据这一标准设计、生产的服装称号型服装。表示方法是号 / 型，号表示人体总高度，型表示净体胸围或腰围，均取厘米数。服装号型系列为服装设计提供了科学依据，有利于成衣的生产和销售。

把人体的号和型进行有规则的分档排列，即为号型系列。在标准中规定身高以 5 cm 分档，胸围以 4 cm 和 3 cm 分档，腰围以 4 cm、3 cm、2 cm 分档，组成 5 · 4 系列、5 · 3 系列和 5 · 2 系列。上装采用 5 · 4 系列、5 · 3 系列，下装采用 5 · 3 系列和 5 · 2 系列。例如就腰围数值而言，以 2 cm 跳档的 5 · 2 系列、170/88A 号型，它的净体胸围为 88 cm，由于是 A 体型，它的胸腰差为 16~12 cm，腰围尺寸应在 88 cm−16 cm=72 cm 和 88 cm−12 cm=76 cm 之间，即腰围为 72 cm、73 cm、74 cm、75 cm、76 cm。选用腰围分档数为 2 cm，那么可以选用的腰围尺寸为 72 cm、74 cm、76 cm，共 3 个尺寸，也就是说，如果在为上、下装配套时，可以根据 88 型在上述三个腰围尺寸中任选。

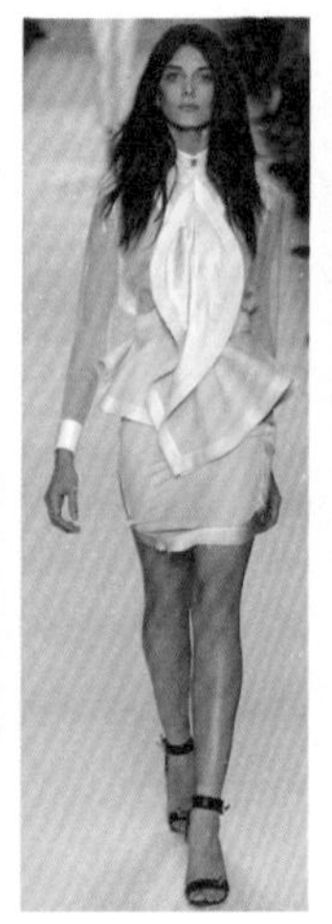

图 1-2-2

2. 波浪摆裙子的制作方法

利用面料斜纱的特点，通过旋转使面料内外圈的周长差变化，形成具有波浪起伏效果的褶纹。此种褶纹应用最为广泛，常见的应用有波浪裙、波浪领、波浪袖等，如图 1-2-2 所示。

常见的制作方法主要有以下两种。

（1）圆形裁剪法：根据内、外边缘以及宽度，裁剪成所需要的圆环尺寸，展开后即为波浪边，如图 1-2-3 所示。

（2）立体裁剪剪口旋转法：剪开至大头针处，从中心至两边向下旋转布片，形成一个波浪，继续剪刀口至下一个大头针固定处，再向下旋转布片，形成第二个波浪，以此类推，如图 1-2-4 所示。

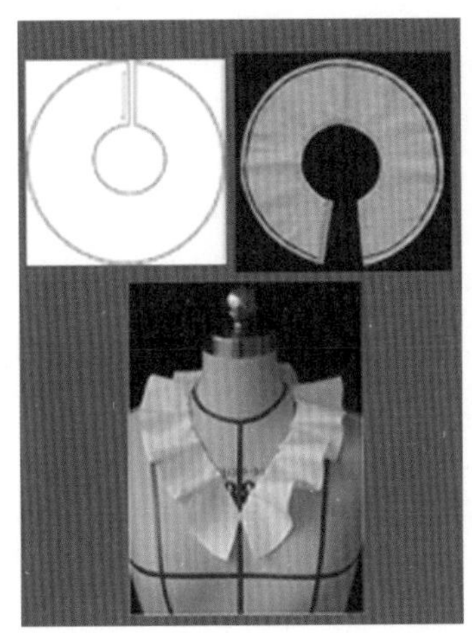

图 1-2-3

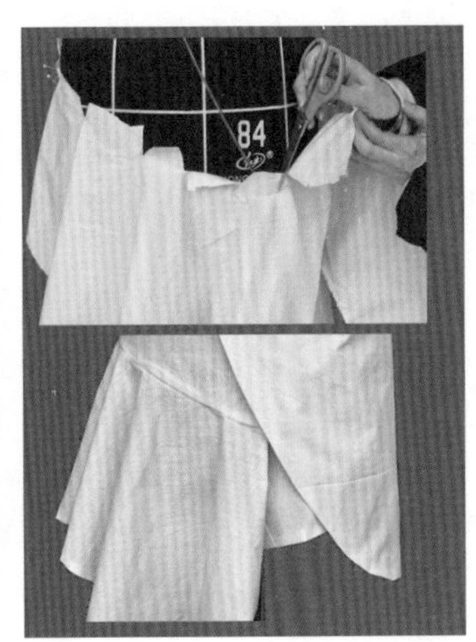

图 1-2-4

任务实施

1. 规格设计

范例以女装裙（5・2 系列）中号为准制作，见表 1-2-2。

表 1-2-2　尺寸规格表　　单位：cm

号型 / 部位	小号（S）	中号（M）	大号（L）	加大号（XL）
规格	155/66A	160/68A	165/70A	170/72A
裙长	52.5	55	57.5	60
腰围	69	71	73	76
臀围	90	94	98	102
腰头宽	2	2	2	2

2. 裁片的准备

裙片的备布基本尺寸及形状如图 1-2-5 所示，各布块加放 5~10 cm 的缝份与松量，丝缕归正、烫平，绘制好必要的基准线（经纱方向画出前、后中线，侧缝线；纬纱方向画出臀围线等）备用。

3. 操作过程

按照款式图所示结构特征，在人台上用红色标记带粘贴出斜向分割线、省道、侧片的位置，注意线条的圆顺度，如图 1-2-6 和图 1-2-7 所示。

（1）制作前、后上片：对合布料与人台的纵横基准线，留足腰、臀围处的松量后收腰省，注意保持布片丝缕平顺、自然。按设计线和成衣规格用黑色标记带标记造型线，修剪腰线、侧缝、分割线的余料，并留出 2 cm 的缝份，如图 1-2-8 所示。

（2）制作前、后波浪摆：将布料的纵横中心点与人台基准线对合、固定。从布片的中间

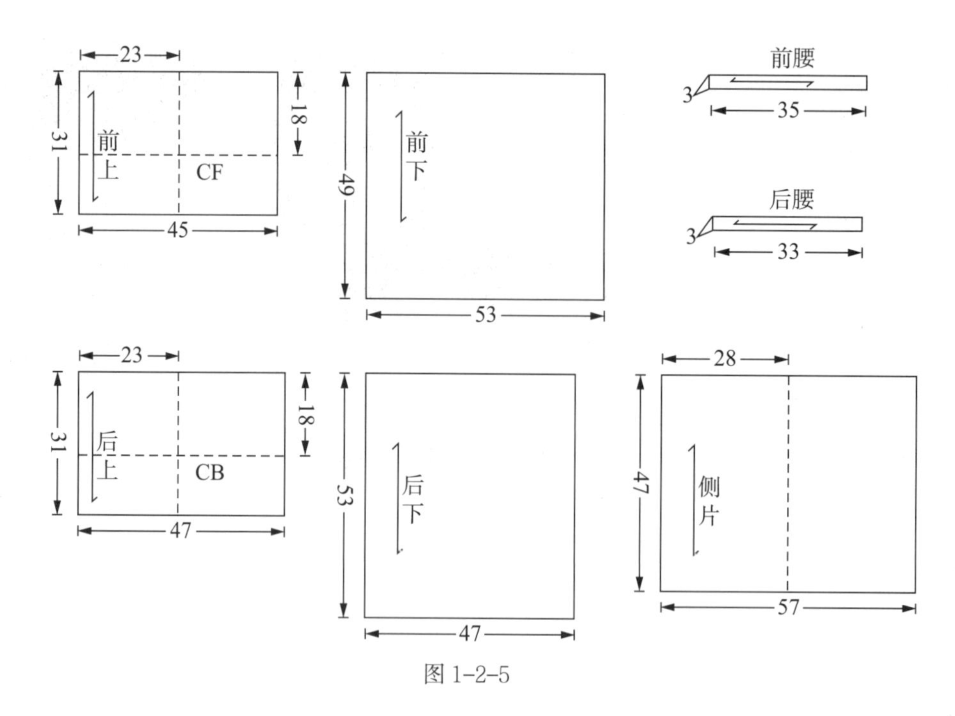

图 1-2-5

剪开至大头针处，从中心至两边向下旋转布片，形成一个波浪，继续剪刀口至下一个大头针固定处，旋转布片形成第二个波浪，以此类推，如图 1-2-9 所示。根据款式设计的要求自行设定起波浪的位置及波浪的大小。然后根据款式所需长度确定出下摆的弧线轮廓，并适当修剪布边。按设计线用黑色标记带标记造型线，留出 2 cm 的缝份并修剪余料，注意下摆弧线的圆顺度，如图 1-2-10 所示。

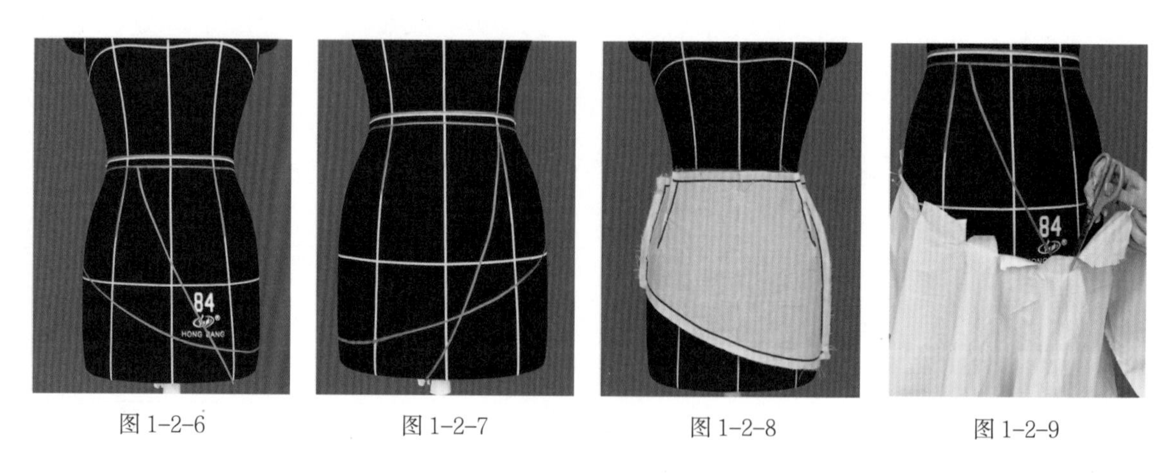

图 1-2-6　图 1-2-7　图 1-2-8　图 1-2-9

（3）制作裙侧片：取裙侧布片，对合基准线，留足腰、臀围处的松量后收腰省，注意在臀围处的松量要略大于裙身布片的松量，用黑色标记带标记裙侧片的造型线，修剪腰线、两侧造型线、下摆的余料，并留出 2 cm 的缝份，如图 1-2-11 和图 1-2-12 所示。

（4）制作前、后腰头：取腰头布片，对合纵向基准线，留足腰围处的松量，由中心向两侧缝抚平布片，用黑色标记带标记腰头的造型线，修剪余料，并留出 2 cm 的缝份，如图 1-2-13 所示。

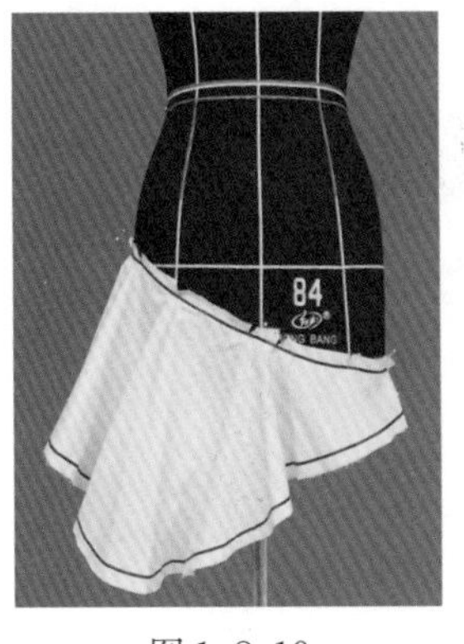

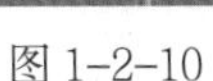
图 1-2-10

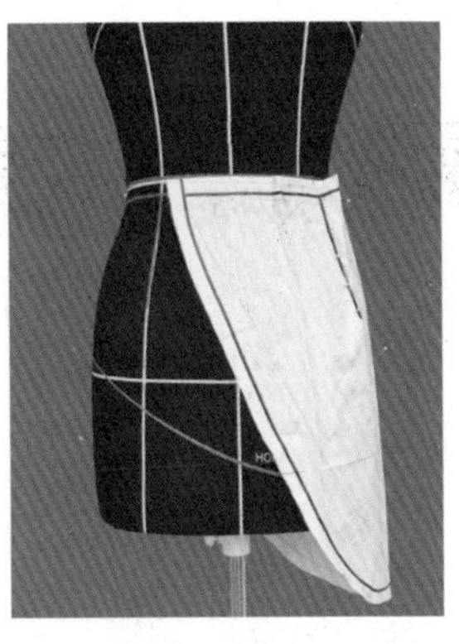
图 1-2-11

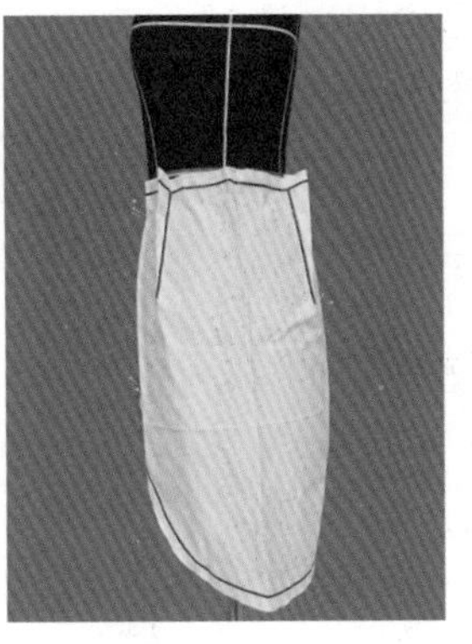
图 1-2-12

图 1-2-13

（5）别合前、后分割线：按照黑色标记线用对别法别合前、后分割线，整体观察裙片的松量大小是否合适，分割线位置是否平衡，各部位丝缕是否顺直，如图 1-2-14 所示。

（6）别合侧缝和裙侧片：按照侧缝黑色标记线别合前后侧缝线和裙侧片，整体观察前后裙片的松量大小是否合适，各部位的丝缕是否顺直，如图 1-2-15 和图 1-2-16 所示。

（7）假缝试穿：将裁片按照款式图所示结构构成用大头针假缝在一起，穿到人台上，如图 1-2-14~ 图 1-2-16 所示。观察腰围、臀围的松量是否合适，与各结构线是否平衡，对不合适的部位进行调整。

图 1-2-14

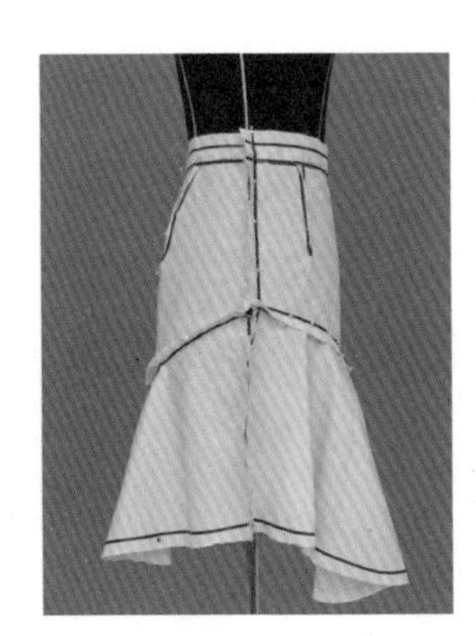
图 1-2-15

图 1-2-16

4. 整理与版型修正

（1）从各个不同的角度和方位观察立裁造型效果，依据款式图调整不尽合理的结构线以及放松量的分配。

（2）腰部放松量设计为 3 cm，裙片在省道及侧缝位置各放 0.5 cm。

（3）臀部放松量设计为 4 cm，裙片在两侧缝处各放 1 cm，剩下 2 cm 均匀分布在前后臀围线处，腰围到臀围的过渡自然平服，线条优美，注意裙侧片在臀围处的松量要略大于裙身，避免压布。

（4）调整好造型后，清剪缝份，各部位均留 1.5 cm，用黑色标记带粘贴出各裙片的轮廓线，如图 1-2-14~ 图 1-2-16 所示。

（5）调整修剪好的白坯布衣片版型，如图 1-2-17 所示。

（6）把修好的版型重新拓制在白坯布上，假缝后再次穿上人台，以成衣效果展示，如图 1-2-18 和图 1-2-19 所示。

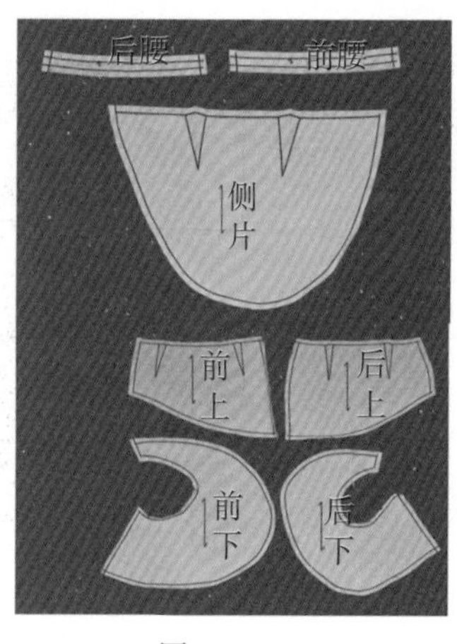

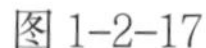
图 1-2-17

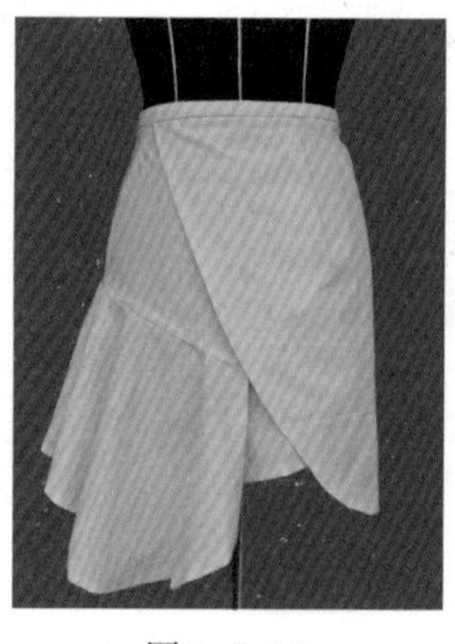
图 1-2-18

图 1-2-19

任务三　立体飞边裙子的立体造型与制作

任务提出

1. 立体飞边裙子的款式图

如图 1-3-1 所示。

2. 任务要求

（1）选择一个标准人台（净胸围 84 cm），人台应保持竖直和稳固，以防标记带错位，导致裁片变形。标记带作为衣片结构线定位的依据，应该与人体表面特征线一致。

（2）做人台基准线和造型线标示。

（3）完成款式图所示的贴体立体飞边半身裙的造型和成衣效果。要求运用立体裁剪手段，准确表达此款裙子立体造型与弧形分割相结合的裙装造型及结构特点。

图 1-3-1

任务分析

1. 半身裙的款式分析

此款裙子的款式特点是运用多条弧形分割达到裙身贴体的效果，并嵌入立体飞边造型，整款裙装立体造型强烈，有直曲、疏密的变化，层次丰富，增加了动感和韵律感，且宜选用挺括材质的布料或是粘贴黏合衬，便于达到较好的整体塑形效果。

2. 半身裙的结构分解

（1）裙身：由前中、左侧上、左侧中、左侧下、后中、右侧上、右侧中、右侧下，共计 8 片组成。

（2）飞边：由左立体造型片 2 片，右立体造型片 3 片，共计 5 片组成。

相关知识

1. 裙装面料的分类与特点

在设计之时，根据不同风格的裙装选择相应的面料。如果按照裙装风格来分类，女裙可大致分为以下几大类。

（1）通勤知性风格女裙：款式简单大方，宜选用挺括质感的面料。春季一般可选用精纺毛料，例如毛卡其、凡立丁、派力司、毛哔叽、丝织面料；夏季可选用真丝软缎、提花面料等；秋冬季一般选用粗纺毛料，例如毛华达呢、花呢等，如图 1-3-2 所示。

（2）甜美淑女风格女裙：A 型廓型居多，色彩鲜艳，装饰繁多。春夏季可选用雪纺、玻璃纱、乔其纱、烂花布、蕾丝等轻薄型面料；秋冬季可选用较厚重的毛、涤混纺面料或者纯化纤面料，配以一些蝴蝶结、串珠等装饰物，如图 1-3-3 所示。

（3）大气欧美风格女裙：款式简约，注重细节，质感上乘，选用的面料多以高档真丝面料及精纺毛料为主，例如真丝软缎、塔夫绸、毛哔叽、毛华达呢、啥味呢、驼丝锦、皮革等，如图 1-3-4 所示。

（4） 休闲百搭风格女裙：款式多变、宽松舒适，宜选用方便裁剪、缝制及造型的面料，如麻纱、棉卡其、牛仔布、青年布、针织棉布、棉斜纹布、灯芯绒、府绸、绵绸等，如图 1-3-5 所示。

图 1-3-2

图 1-3-3

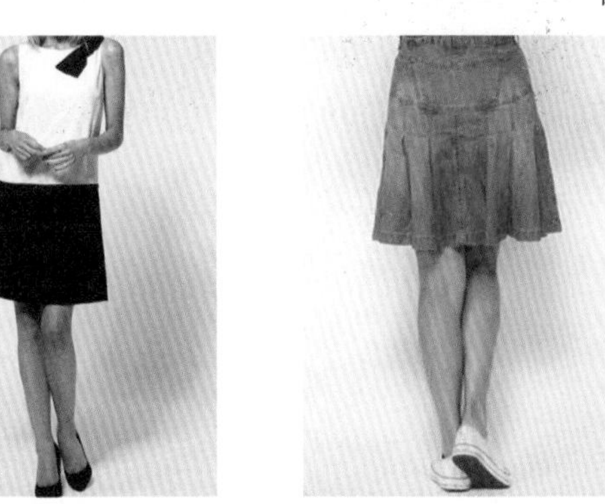

图 1-3-4

图 1-3-5

（5）时尚街头风格女裙：款式紧跟时尚流行，设计感较强，细节多变化，宜选用多种多样的复合面料，例如人造革、合成革、涂层布、黏合布、衍缝布等，如图 1-3-6 所示。

（6）优雅复古风格女裙：一般款式较为简约含蓄，具有很强的怀旧、复古倾向。常采用有光泽、有质感的面料，如金丝绒、光明绒、美丽绸、软缎、塔夫绸、富春纺等，如图 1-3-7 所示。

（7）简约性感风格女裙：一般以合体及紧身款式为主，突出女性曲线，性感迷人。这类风格的女裙需要裁剪合体，常用的面料有真丝软缎、塔夫绸、双宫绸、皮革、人造革、合成革，或者采用具有弹性的针织材料，例如针织提纶面料、针织汗布等，如图 1-3-8 所示。

（8）华丽洛可可风格女裙：这类女裙通常是采用欧洲洛可可风格特点设计，以 X 廓型居多，设计中通常运用大量的蕾丝、荷叶边、花边装饰等。这类风格女裙采用的面料有蕾丝、精纺棉布、泡泡纱、双绉、欧根纱、巴厘纱、雪纺等，如图 1-3-9 所示。

图 1-3-6

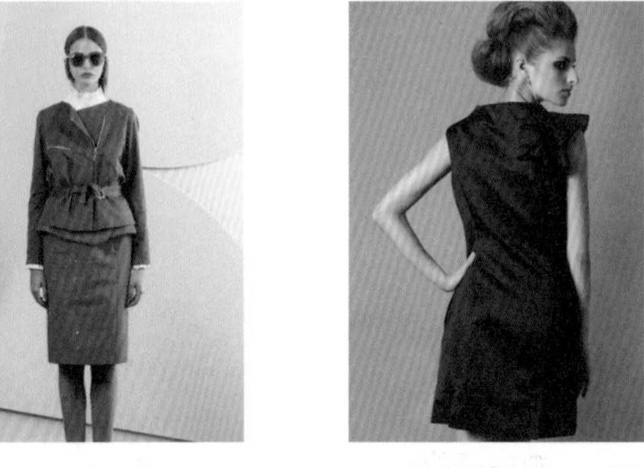

图 1-3-7

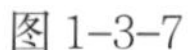

图 1-3-8

图 1-3-9

（9）田园清新风格女裙：常采用纯天然面料，例如棉、麻、毛。款式较为宽松时，常采用碎花面料、纯色面料，例如泡泡纱、巴厘纱、双绉、顺纡绉、人造棉、棉麻混纺，如图 1-3-10 所示。

（10）特色民族风格女裙：通常具有明显的民族特色，例如选用扎染、刺绣面料，一般色彩鲜艳、图案纹样别具特色，常用的面料有纯棉扎染面料、纯麻扎染面料、刺绣面料、印花雪纺、真丝双绉、织锦缎等，如图 1-3-11 所示。

图 1-3-10

图 1-3-11

任务实施

1. 规格设计

尺寸规格见表 1-3-1。

表 1-3-1　尺寸规格表　　单位：cm

号型	裙长	腰围	臀围	裙摆围
160/68A	45	70	94	84

2. 裁片的准备

各个裙片坯布的备布基本尺寸及形状，如图 1-3-12 所示。各块坯布加放 5~10 cm 的缝份与松量，丝缕归正，整烫平整；用铅笔绘制好必要的基准线（经纱方向画出前、后中线，侧缝线；纬纱方向画出臀围线等）备用。

3. 操作过程

按照款式图的结构特征，在人台上用红色标记带粘贴出裙身上的弧形分割位置，注意比例关系和圆顺度，如图 1-3-13 和图 1-3-14 所示。

（1）制作前中片：对合布料与人台的纵横基准线，留足腰、臀围处的松量，两边分割线在下摆处缩进 1 cm。标记黑色造型线，留出 2 cm 的缝份并修剪余料，如图 1-3-15 所示。

（2）制作左侧片：依次将左侧上、左侧中、左侧下布片对合人台纵横向基准线，留足腰、臀处的松量，将臀围线处多余的面料由侧缝推向两侧，注意保持布片在侧缝处的垂直、平服，左侧下片两侧在下摆处缩进 1 cm。用黑色标记带标记左侧部的造型线、腰节线、下摆线和分割线，留出 2 cm 的缝份并修剪余料，如图 1-3-16 和图 1-3-17 所示。

（3）制作左侧飞边：取左立体造型用布片，粘贴黏合衬，从布边剪开至大头针处，从中心至两边向下旋转布片，形成一个波浪，继续剪刀口至下一个大头针固定处，再向下旋转布片，形成第二个波浪，以此类推，如图 1-3-18~ 图 1-3-20 所示。可根据款式设计的要求自行设定起波浪的位置、大小，以及飞边的长短，并适当修剪布边。

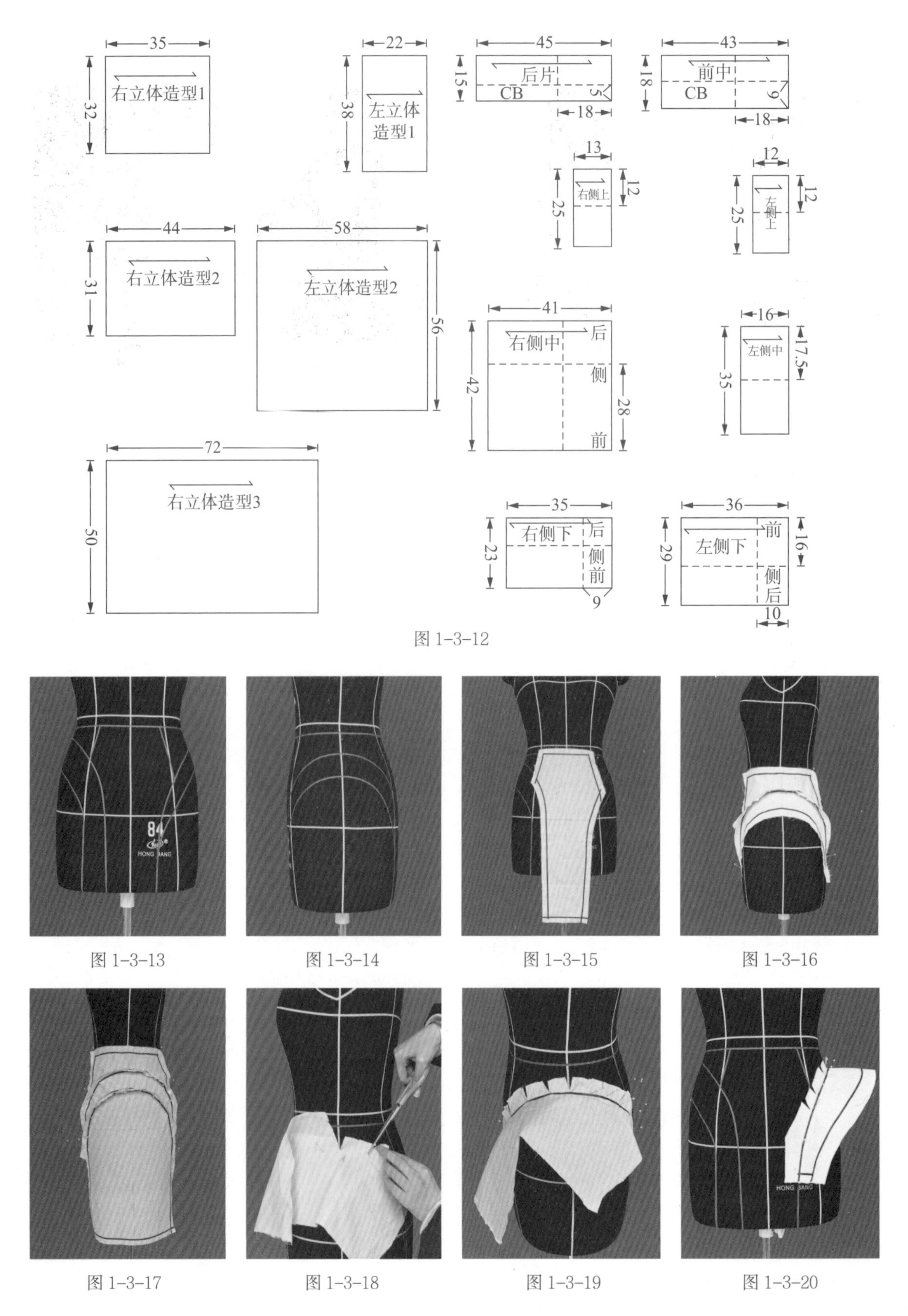

图 1-3-12

图 1-3-13

图 1-3-14

图 1-3-15

图 1-3-16

图 1-3-17

图 1-3-18

图 1-3-19

图 1-3-20

（4）标记左侧飞边轮廓：按设计线用黑色标记带标记左侧飞边的造型线，留出 2 cm 的缝份并修剪余料，注意布边弧线的圆顺度，如图 1-3-21 和图 1-3-22 所示。

（5）制作后中片：对合布料与人台的纵横基准线，留足腰、臀围处的松量，两边分割线在下摆处缩进 1 cm。标记黑色造型线，留出 2 cm 缝份并修剪余料，如图 1-3-23 所示。

（6）制作右侧片：确定右侧片的操作方法同左侧片。

（7）制作右侧飞边：确定右侧立体造型的操作方法同左侧飞边，如图 1-3-24~ 图 1-3-26 所示。

（8）确定裙长：从地面向上量取等距离长度，标记裙摆各点，确定裙子的长度。

（9）假缝试穿：将裁片用大头针假缝在一起，穿到人台上，如图 1-3-27 和图 1-3-28 所示。观察腰围、臀围的松量是否合适，与各结构线是否平衡，不合适的部位进行调整。

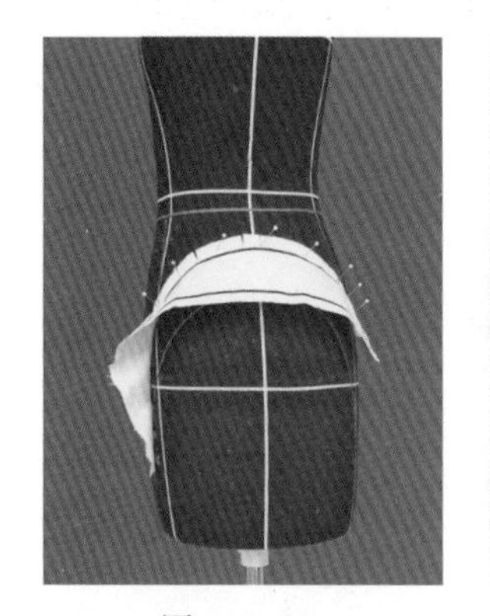
图 1-3-21

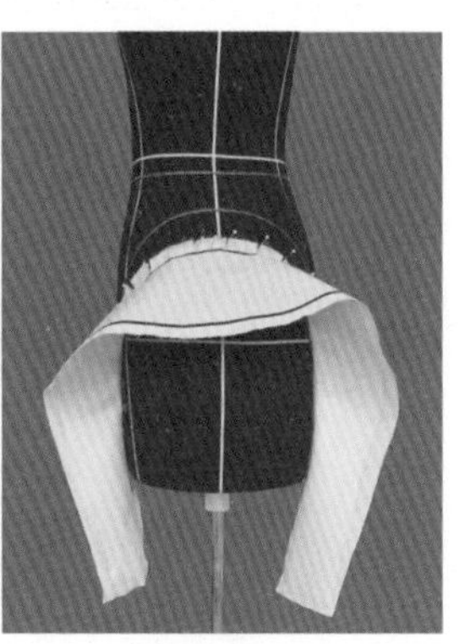
图 1-3-22

图 1-3-23

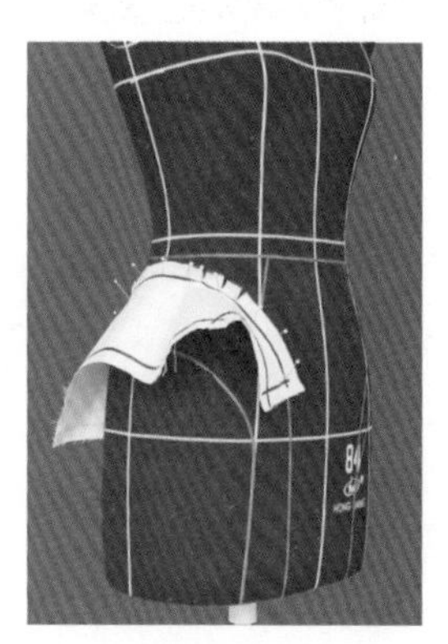

图 1-3-24

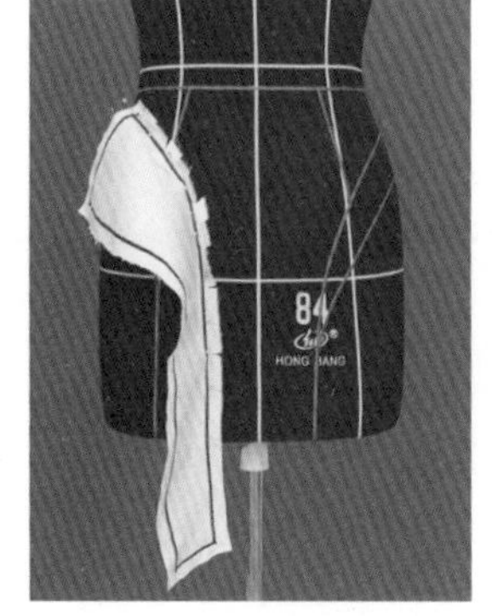

图 1-3-25

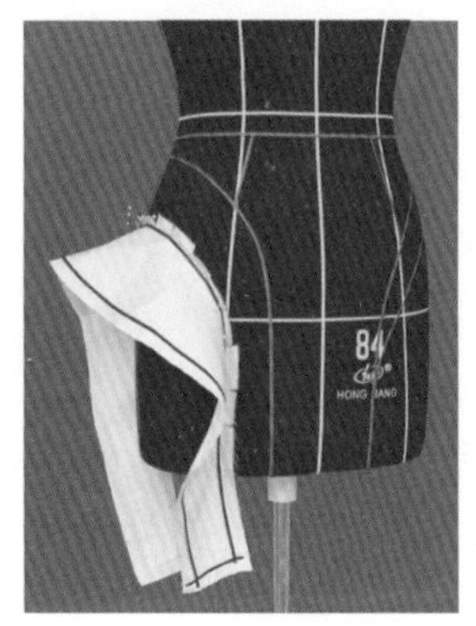

图 1-3-26

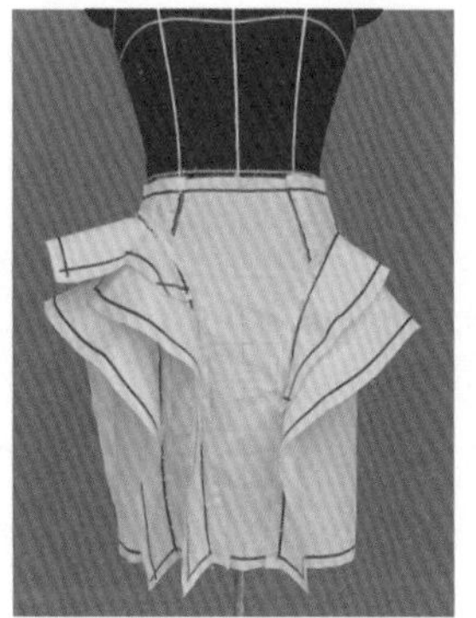
图 1-3-27

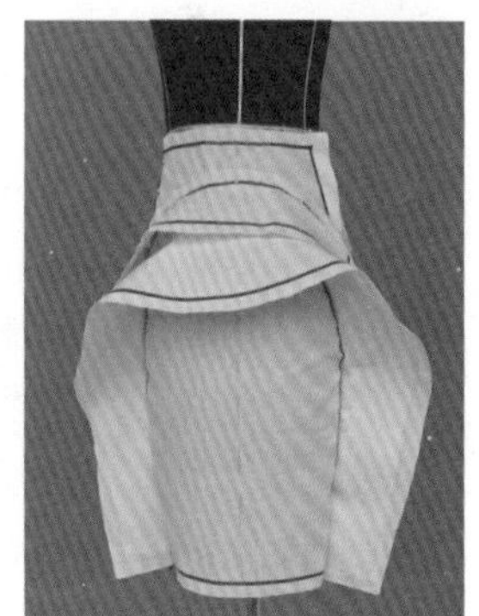
图 1-3-28

4. 整理与版型修正

（1）腰部放松量设计为 2 cm，裙片在分割线位置各放 0.5 cm。

（2）臀部放松量设计为 4 cm，裙片在分割线位置各放 1 cm，过渡自然平服、优美。

（3）摆围尺寸设计为 84 cm，在臀围线以下各缩进 2 cm，过渡自然平服、线条优美。

（4）调整好造型，留 1.5 cm 缝份后清剪布边，标记轮廓，如图 1-3-27 和图 1-3-28 所示。

（5）调整修剪好的白坯布衣片版型，如图 1-3-29 所示。

（6）把修好的版型重新拓制在白坯布上，假缝后的成衣效果如图 1-3-30 和图 1-3-31 所示。

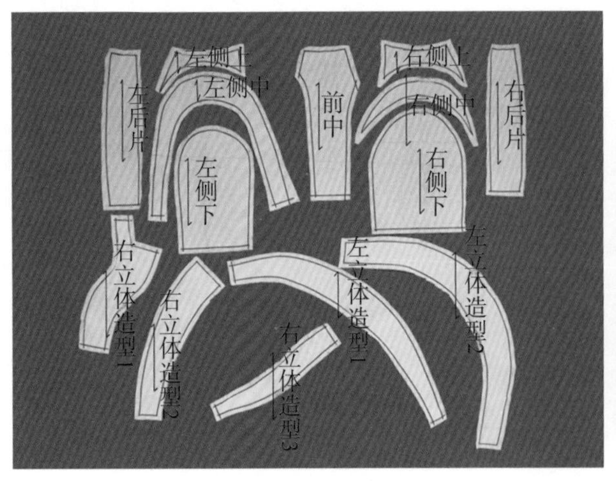

图 1-3-29

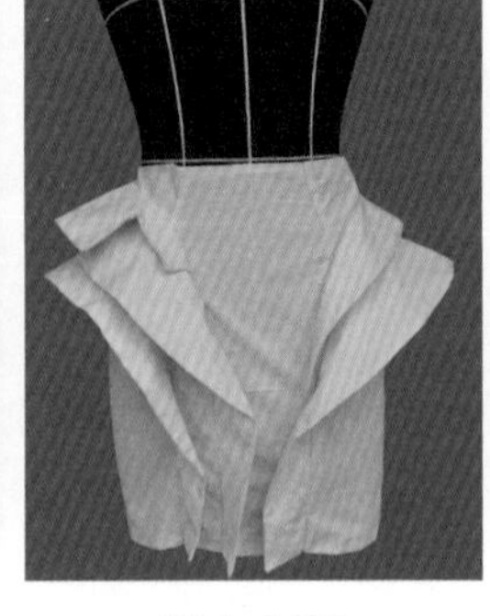

图 1-3-30

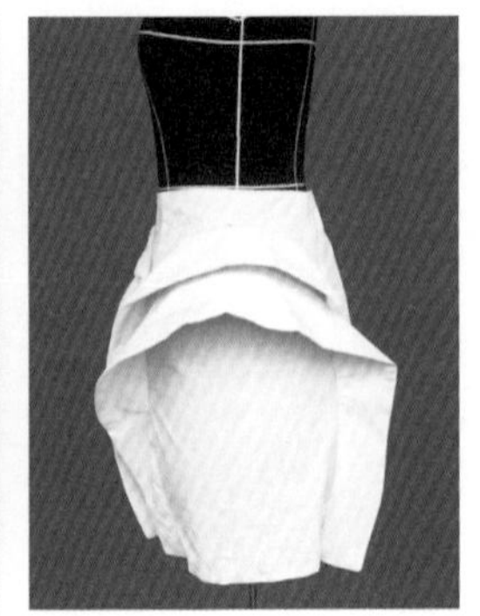

图 1-3-31

任务四　立体褶饰裙的立体造型与制作

任务提出

1. 立体褶饰裙的款式图

如图 1-4-1 所示。

图 1-4-1

2. 任务要求

（1）选择一个标准人台（净胸围 84 cm），人台应保持竖直和稳固，以防标记带错位，导致裁片变形。标记带作为衣片结构线定位的依据，应该与人体表面特征线一致。

（2）做人台基准线和造型线标示。

（3）完成款式图所示的合体立体褶饰半身裙的立体造型和成衣效果。要求运用立体裁剪手段，准确表达此款裙子叠褶与抽褶交错结合的裙装造型及其结构特点。

任务分析

1. 半身裙的款式分析

此款裙装的款式特点是裙身合体，在腰、胯部采用育克拼接、抽褶设计，且在褶饰的大小、疏密上有所变化，前裙身采用了叠褶，裙身的叠褶与腰胯部的抽褶形成了规律与随意的强烈对比，同时，侧臀处装饰立体造型感强的结饰，使整体形象更加生动。

2. 半身裙的结构分解

（1）裙身：由前拼接育克 1、2、3，前育克 1 和 3 的抽褶装饰片，前下片、后育克、后下片，共计 8 片组成。

（2）结饰：由立体造型片 1、2，共计 2 片组成。

3. 裙子工业样板的分析

本款立体褶饰裙的工业样板只有面料板。规格尺寸按尺寸规格表（表 1-4-1）制定，样板的数量按样板统计表（表 1-4-2）制定。

表 1-4-1　尺寸规格表

单位：cm

部位＼号数	S	M	L	档差
裙长	55	57.5	60	2.5
腰围	70	72	74	2
臀围	96	100	104	4
裙摆围	90	94	98	4

表 1-4-2　样板统计表

样板号码：S

部　位	前育克 1	前育克 2	前育克 3	后育克片	前育克 1 抽褶片	前育克 3 抽褶片	前下片	后下片	立体造型 1	立体造型 2
样板数量	1	2	1	2	1	1	1	1	1	1

面料样板制版说明：

（1）所有裙前、后育克片的面料板在净样板的基础上四边都加放 1 cm 缝边，绱拉链处加放 1.5 cm 缝边；所有前育克在拼接处打刀口。

（2）前下片和后下片的面料板在净样板的基础上，上边和侧缝边加放 1 cm 缝边，绱拉链处加放 1.5 cm 缝边，底摆处加放 3 cm 缝边；在侧缝处的底摆线位置打刀口；在臀高线处的缝边上打记号。

（3）所有样板在拐角的缝边处打记号。

相关知识

1. 裙子工业样板知识

（1）工业样板的概念

工业样板是以批量生产为目的，是企业从事服装生产所用的一种模板。服装工业样板在排料、画样、裁剪、缝制过程中起着模板、模具作用，能够起到高效而准确地进行服装工业化生产的作用，同时也是检验产品形状、规格、质量的依据。

（2）裙子工业样板分类

裙子工业样板要按照产品的技术要求，满足服装工业化生产中的各个环节。因此，工业样板又分为裁剪样板和工艺样板两种类型。

裁剪样板：是裁剪排料时使用的样板。为了能够提高裁剪的工作效率，裁剪样板是带有缝份的毛板。裁剪样板包括面料、里料、衬料及辅料等样板。

工艺样板：是缝制工艺过程中使用的样板。包括袋盖板、扣烫贴袋的口袋样板等具有模具的样板和纽扣板、省位板等具有定位作用的样板。工艺样板通常为净样，以在裁片上达到对位和模具的作用，从而使批量产品达到统一标准。工艺样板由于要多次使用，所以纸张应结实、耐用，通常选用 200 g 的硬纸板。

任务实施

1. 规格设计

尺寸规格见表 1-4-3。

表 1-4-3　尺寸规格表　　单位：cm

号型	裙长	腰围	臀围	裙摆围
160/68A	55	70	96	90

2. 裁片的准备

各个裙片立裁用坯布的备布基本尺寸及形状如图 1-4-2 所示，各块坯布加放 5~10 cm 的缝份与松量，丝缕归正，整烫平整；用铅笔绘制好必要的基准线（经纱方向画出前、后中线；纬纱方向画出臀围线等）备用。

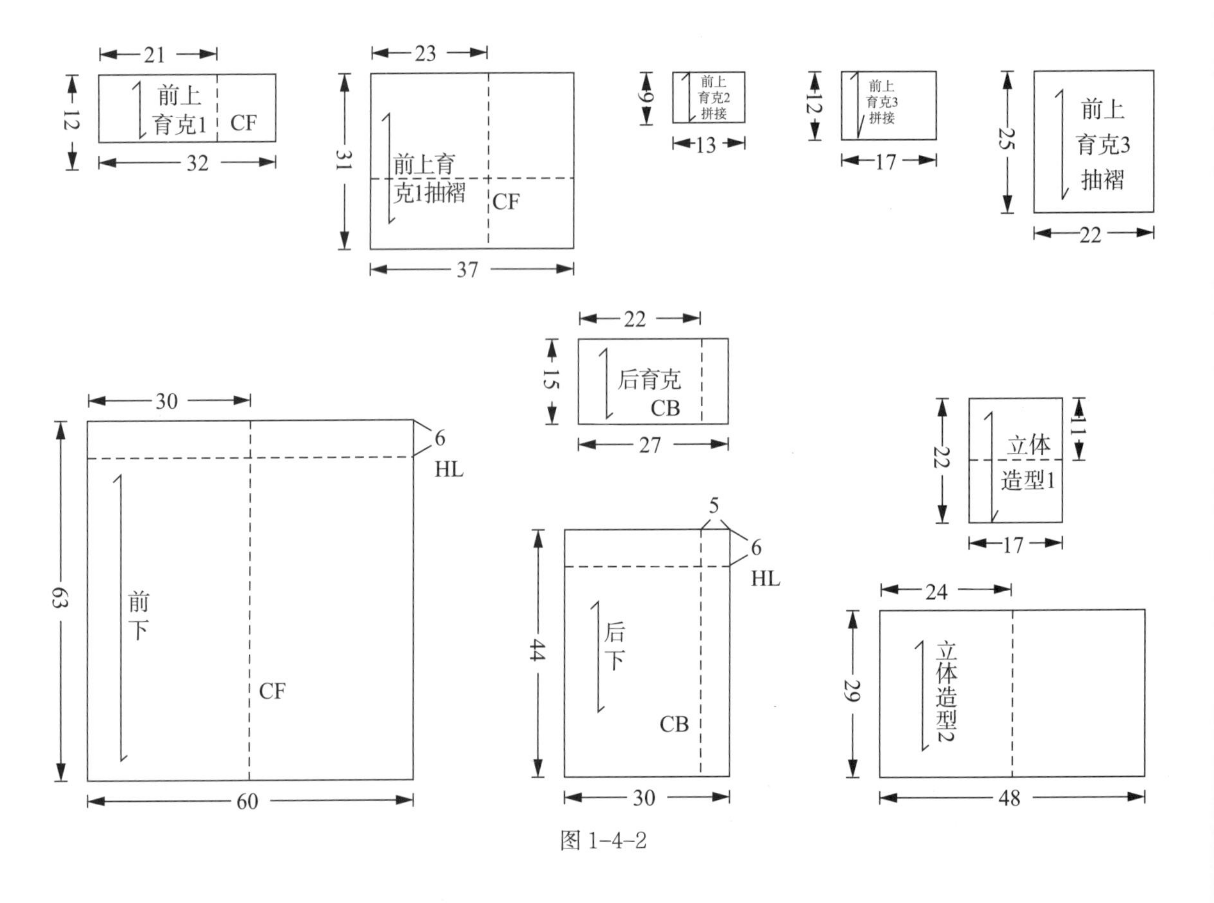

图 1-4-2

3. 操作过程

按照款式图所示结构特征，在人台上用红色标记带粘贴出裙身上拼接育克的分割位置，注意把握好每个裁片的比例关系，以及线条的圆顺度，如图 1-4-3 和图 1-4-4 所示。

（1）制作前育克拼接片：对合前育克拼接布片 1、2、3 与人台的纵向基准线，留足腰部松量，注意保持前中线的垂直和平顺。标记黑色造型线，修剪下腰围、侧缝、拼接处的余料，并留出 2 cm 的缝份，如图 1-4-5 所示。

（2）制作后育克：对合布料的纵向基准线，留足腰部松量，注意保持前中线的垂直和平顺。按设计线用黑色标记带标记后育克的造型线、腰节线、侧缝线和分割线，留出 2 cm 的缝份并修剪余料，如图 1-4-6 所示。

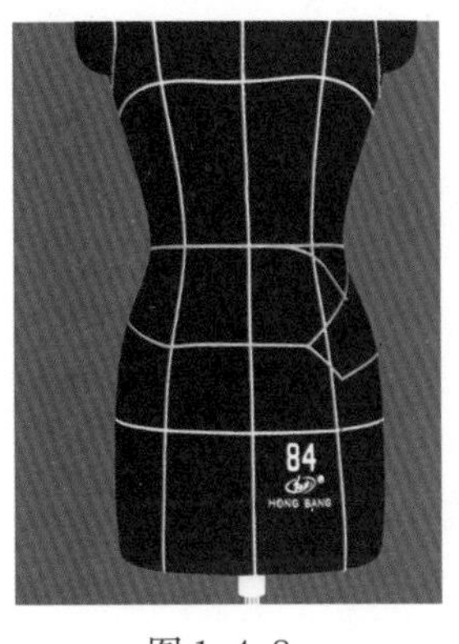

图 1-4-3

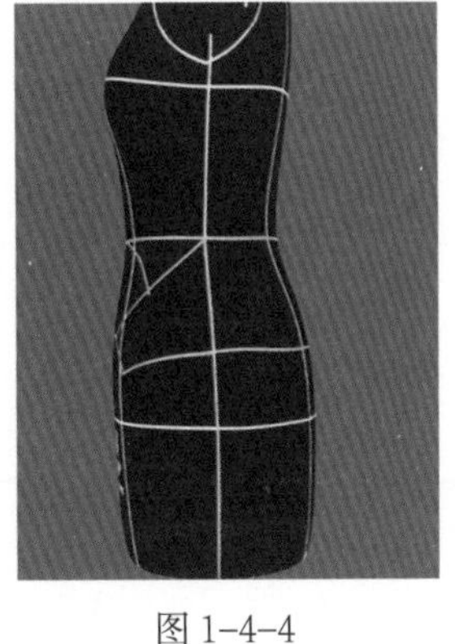
图 1-4-4

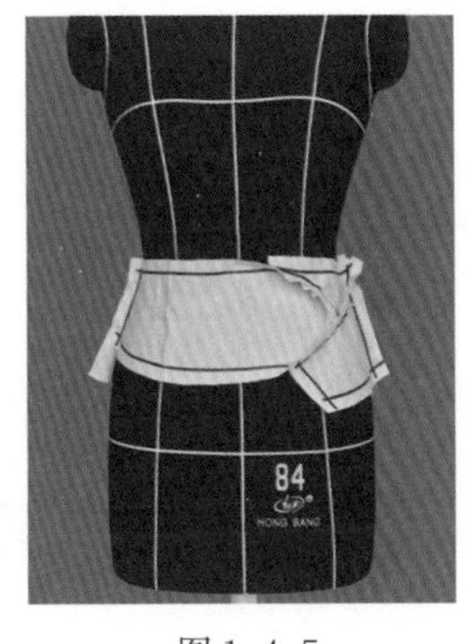

图 1-4-5

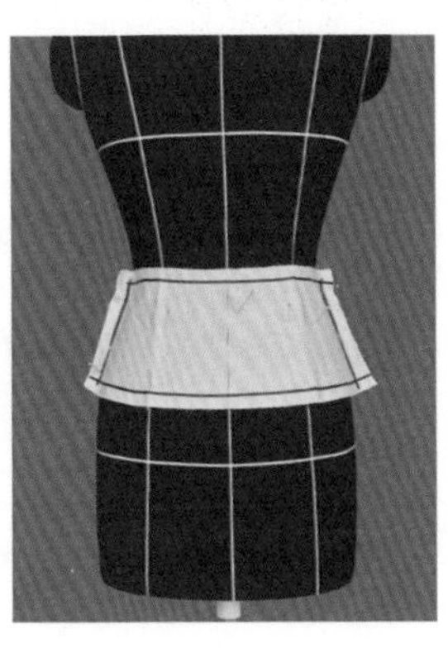
图 1-4-6

（3）制作前育克 1 和 3 的抽褶片：取立体褶饰布片，在左、右布边用针拱缝，抽褶部位用布量是原长度的 1.5~2 倍，根据造型设计的比例关系进行整体调整，并对合前育克 1、3 拼接片的四边，标记布片的造型线，留出 2 cm 缝份并修剪余料，如图 1-4-7 所示。

（4）制作前下裙片：取裙身布片并做叠褶，对合布料与人台的纵横基准线，留足腰围处的松量，由中心向两侧缝抚平布片，两侧在下摆处缩进 1.5 cm，标记布片的造型线，修剪余料，并留出 2 cm 的缝份，如图 1-4-8 所示。

（5）制作后下裙片：对合纵横基准线，留足腰围处的松量，由中心向两侧缝抚平布片，两侧在下摆处缩进 1.5 cm，标记布片造型线，修剪余料，并留出 2 cm 的缝份，如图 1-4-9 所示。

（6）制作立体结饰：取立体造型布 1、2，布料对折后，在布边用针拱缝，然后固定在育克 3 与裙下片的缝合处，且宽度、吊脚的长度根据款式确定。抽褶部位用布量是原长度的 1.5~2 倍，根据造型设计的比例关系进行整体调整，如图 1-4-10 所示。

（7）确定裙长：从地面向上量取等距离长度，标记裙摆各点，确定裙子的长度。

（8）假缝试穿：按照款式图所示结构，用大头针将布片假缝在一起，穿到人台上，如图 1-4-10 所示。观察各部位松量是否合适，与各结构线是否平衡，调整不合适的部位。

4. 整理与版型修正

（1）腰部放松量设计为 2 cm，裙片在侧缝位置各放 1 cm。

（2）臀部放松量设计为 6 cm，裙片在分割线位置各放 3 cm，过渡自然平服、优美。

（3）摆围尺寸设计为 90 cm，侧缝处在下摆部各缩进 3 cm，臀围到下摆的过渡自然平服、线条优美。

（4）调整造型后，留 1.5 cm 缝份，清剪布料，标记轮廓线，如图 1-4-10 所示。

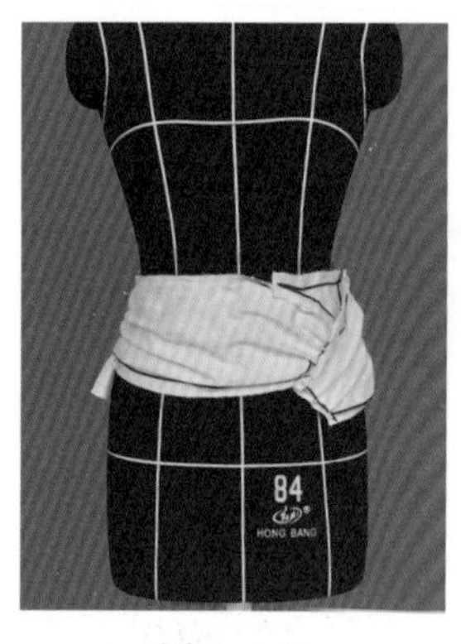

图 1-4-7

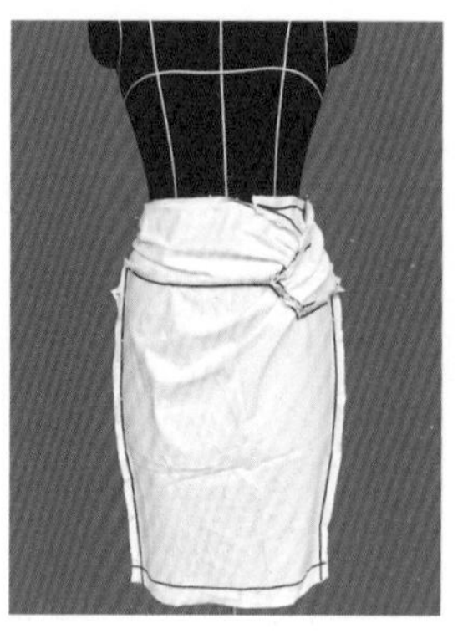

图 1-4-8

图 1-4-9

图 1-4-10

5. 工业样板制作

调整修剪好的白坯布裙片版型，如图 1-4-11 所示。

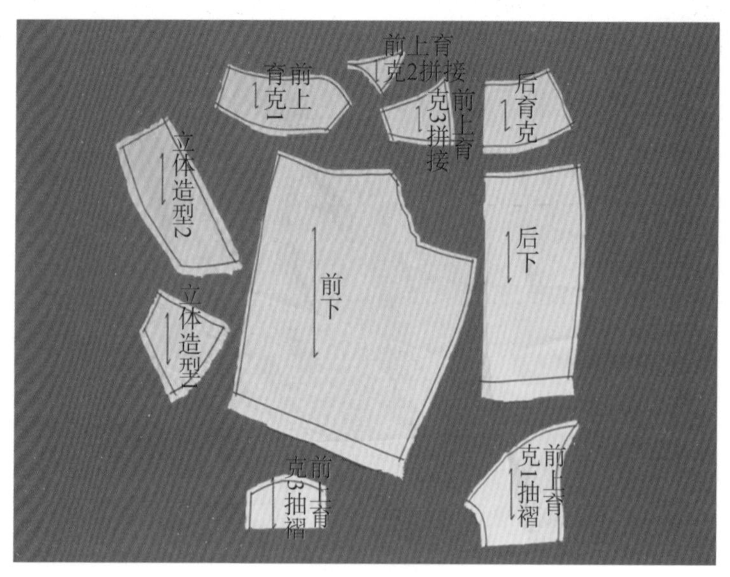

图 1-4-11

6. 成衣效果

把修好的版型重新拓制在白坯布上，假缝后穿在人台上，以成衣效果展示，如图 1-4-12 和图 1-4-13 所示。

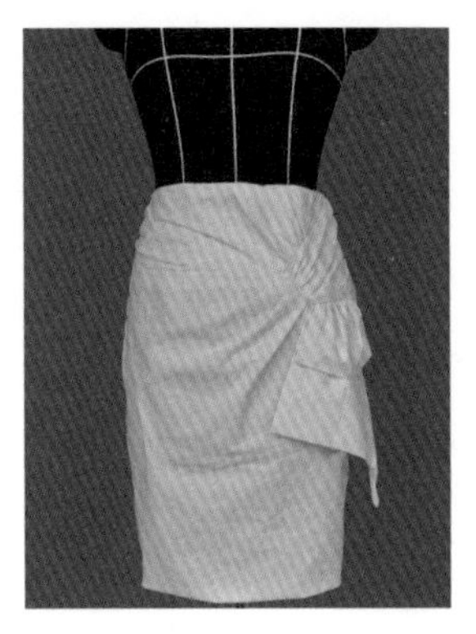

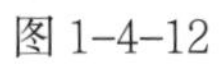
图 1-4-12

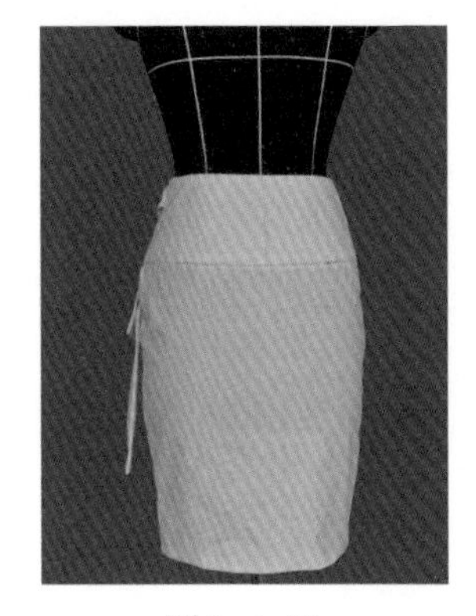

图 1-4-13

7. 成衣缝制工艺文件

见表 1-4-4。

表 1-4-4　半身裙工艺文件

<table>
<tr><td colspan="3">款号：半身裙</td><td colspan="2">尺寸表　单位：cm</td></tr>
<tr><td colspan="3" rowspan="8"></td><td>裙长</td><td>55</td></tr>
<tr><td>腰围</td><td>70</td></tr>
<tr><td>臀围</td><td>96</td></tr>
<tr><td></td><td></td></tr>
<tr><td></td><td></td></tr>
<tr><td></td><td></td></tr>
<tr><td></td><td></td></tr>
<tr><td></td><td></td></tr>
<tr><td colspan="5">面辅料列表</td></tr>
<tr><td>名称</td><td>颜色</td><td>规格</td><td>使用部位</td><td>备注</td></tr>
<tr><td>平纹棉布</td><td>白色</td><td>140</td><td>大身</td><td></td></tr>
<tr><td>无纺衬</td><td>白色</td><td>100</td><td>腰里</td><td></td></tr>
<tr><td>隐形拉链</td><td>白色</td><td>20</td><td>开口</td><td></td></tr>
<tr><td>裙勾</td><td>银色</td><td></td><td>开口</td><td></td></tr>
<tr><td colspan="5">工艺要求：
1. 所有线条顺直，针距一致为 2.5 mm；
2. 卷边不能起纽；
3. 拉链不能起拱，面料不能起皱，拉链左右高低一致；
4. 腰贴黏衬平整，不能有气泡；
5. 前片收褶均匀；
6. 所有车缝线配面料颜色。</td></tr>
</table>

（续表）

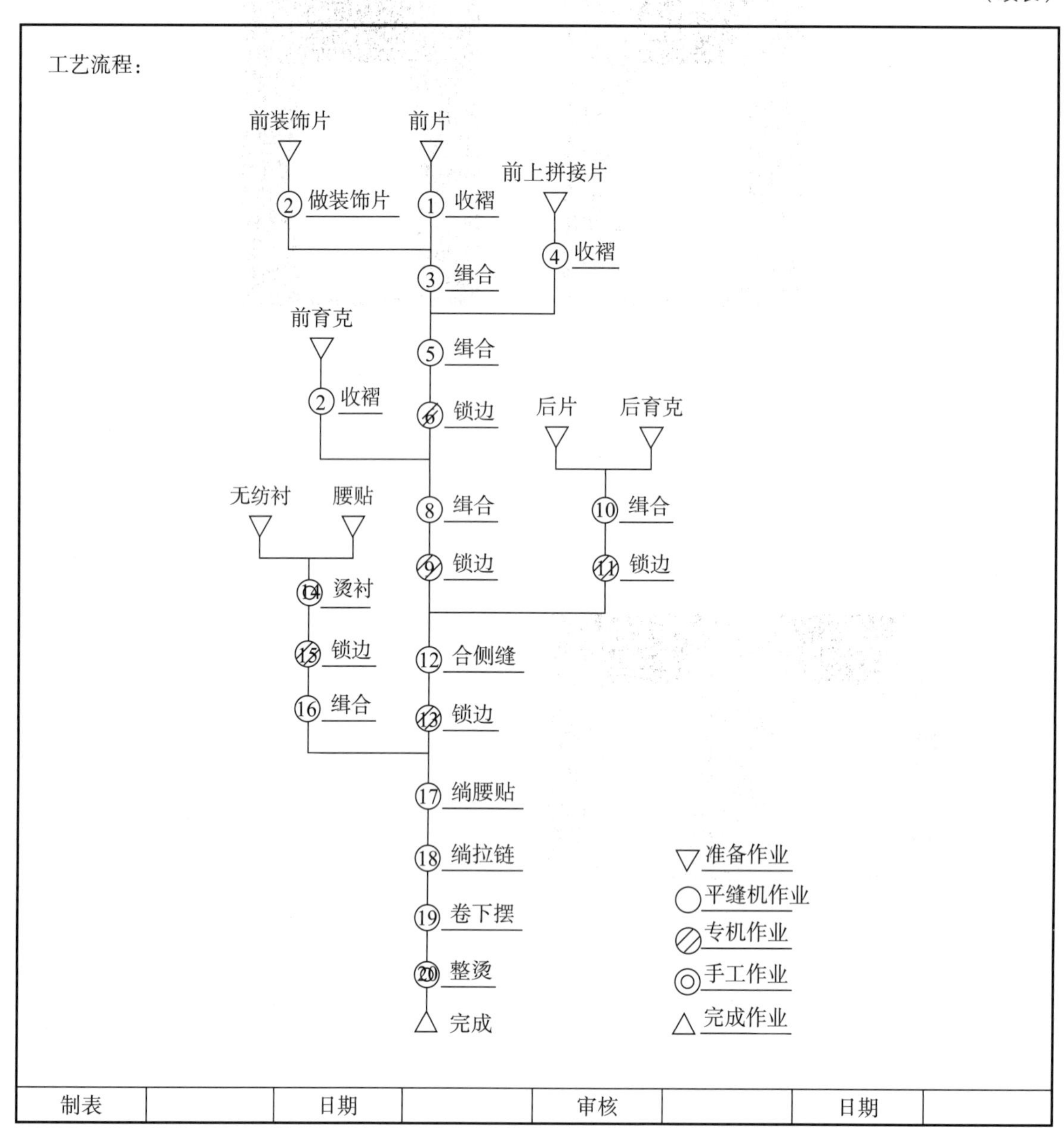
工艺流程：
前装饰片
前片
前上拼接片
2 做装饰片
1 收褶
4 收褶
3 绢合
前育克
5 绢合
2 收褶
6 锁边
后片
后育克
无纺衬
腰贴
8 绢合
10 绢合
9 锁边
11 锁边
14 烫衬
15 锁边
12 合侧缝
16 绢合
13 锁边
17 绱腰贴
18 绱拉链
19 卷下摆
20 整烫
完成
准备作业
平缝机作业
专机作业
手工作业
完成作业

制表		日期		审核		日期	

2 项目二　连衣裙立体造型与制作

知识目标

- 掌握原型衣的立体裁剪过程。
- 根据款式特点选择合适的立体造型操作方法。
- 熟练掌握合体、褶饰类型的连衣裙结构的处理技巧。

技能目标

- 学会分解连衣裙的结构，并能准确地把握每一个部位的比例关系和造型特点。
- 能够根据不同的连衣裙款式进行立体裁剪。

任务一　多褶皱荡领连衣裙的立体造型与制作

任务提出

根据款式图 2-1-1 的效果分解服装的结构，在人台上用立体裁剪的方法完成结构设计，并选择合适的面料进行假缝。

要求：假缝效果与款式图造型一致，比例关系匹配。

任务分析

1. 连衣裙的款式分析

此款连衣裙的款式特点是多褶，无袖，荡领造型，腰部以横向分割线连接上身和下裙并固定褶饰。因褶处于半固定状态，外观效果比收省更富于装饰性。后裙片收腰省，形成腰臀部的合体造型效果。完成此款需要了解衣身的结构变化原理，掌握基础的衣身立体制作过程，并结合运用波浪造型方法来完成整体的塑形。

图 2-1-1

2. 连衣裙的结构分解

此款连衣裙的结构是领口设计垂褶荡领，前裙片中间垂吊荷叶边作装饰，以前中心线为对称在臀部设计褶裥，完成造型。在处理造型线时需要注意把握好每个裁片的比例关系，确定分割线、省道的位置和长短。

相关知识

一、原型衣的立体裁剪

原型是指符合人体原始状态的基本形状，是构成服装各种造型的基础。胸部是衣身设计的重点，利用省道转移和变形可以变化出各种造型的上衣。

学习立体裁剪原型衣的目的，是为了从根本上了解原型与女体的关系，使我们对服装的设计从感性认识上升到理性认识。掌握原型的立体裁剪操作方法，学习女上衣的胸部结构变化，了解衣片构成原理，为后面的成衣立体裁剪奠定基础。

（一）布料准备

布料准备如图 2-1-2 所示。

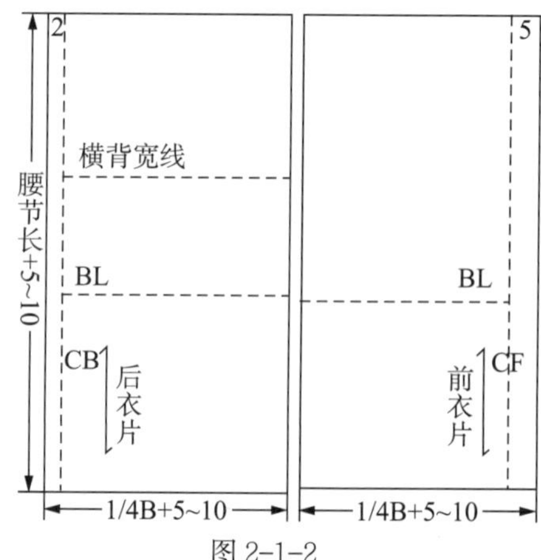

图 2-1-2

（1）确定长度：量取人台侧颈点到腰节的长度作为基本长度，加上 5~10 cm 的放松量。

（2）确定宽度：量取人台胸围，以 1/4 胸围作为基本宽度，加上 5~10 cm 的放松量。

（3）整理布纹：按布料纵横向打剪口并将布边用手撕开，用熨斗整理，保证布料的丝缕横平竖直。

（4）标记基准线：前衣片标记前中心线、胸围线；后衣片标记胸围线、横背宽线、后中心线。

（二）立体裁剪操作方法

1. 制作前衣身

（1）披布：把布料披到人台上，使布料的基准线和人台的基准线对齐，然后用大头针在颈窝、胸部、腰节处固定，如图 2-1-3 所示。

（2）领口、胸宽：将颈围处的布料抚平，使布料与人台自然贴合，并用大头针固定。在胸宽处捏起 0.5~1 cm 的布量作为松量，并用大头针固定。操作时注意布纹的顺直，如图 2-1-4 所示。

（3）固定腋下点：捏起 2~3 cm 布量作为松量固定腋下点，如图 2-1-5 所示。

（4）固定下摆点：由于胸部的自然隆起，使腰部产生了余量。留出腰部的松量为 1.5~2.5 cm，将其余量作出腰省，省尖指向乳点固定好，腰部不平服时采用打剪口的方法。抚平侧缝布料，固定下摆点，如图 2-1-6 所示。

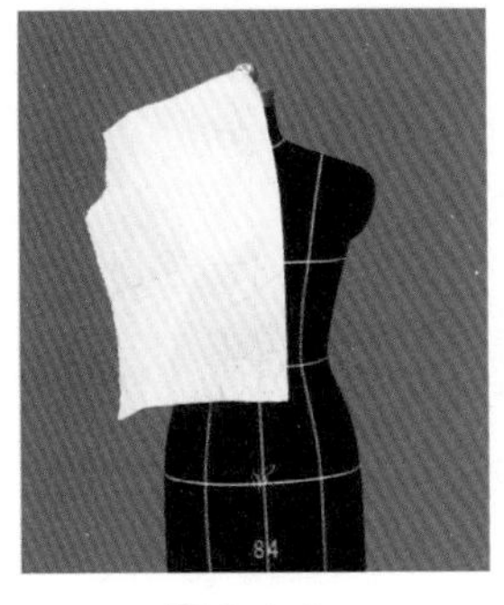

图 2-1-3

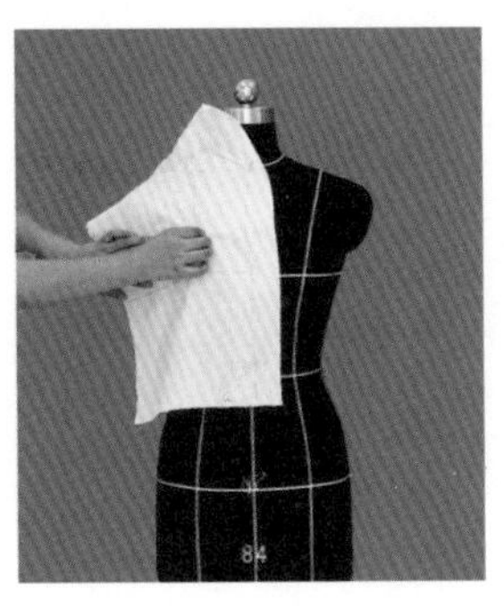

图 2-1-4

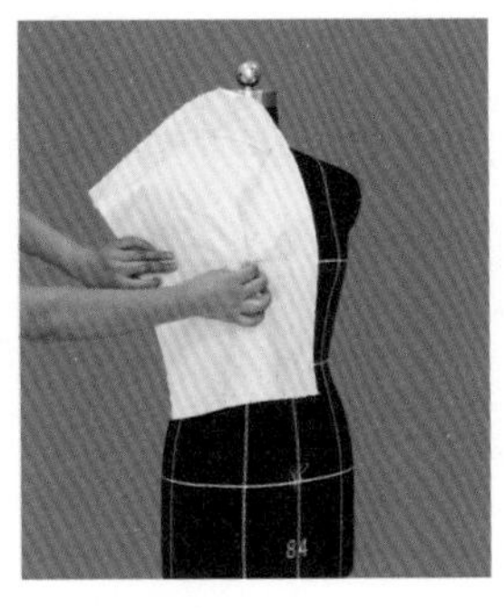

图 2-1-5

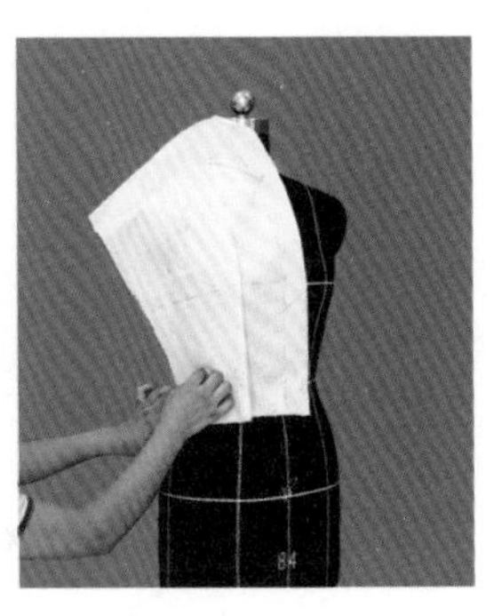

图 2-1-6

（5）做标记线：用划粉或记号铅笔标记领口、肩线、腰围、侧缝线。标记线的痕迹只要明显，越小越好。因袖窿固有的曲面形状及所处位置，很难准确确定其形状，因此是个难点。可以先标记出几个关键点，如肩点、胸宽点、袖窿深点，作为确定平面版型的依据。确定胸宽点时，要将松量包含在内，袖窿深点一般在腋下 2.5 cm 处，如图 2-1-7 所示。

（6）剪掉余料：前中留 5 cm，其余留出 1.5~2 cm 缝份，剪掉余料，如图 2-1-8 所示。

2. 制作后衣身

（1）披布：把布料披上模型，对合后中线、胸围线，背宽线水平，如图 2-1-9 所示。

（2）处理背宽、领口、肩省：使后横背宽线保持水平，在横背宽线处捏出 0.5~1 cm 的布量作为松量，并用针固定。抚平后领口，固定后侧颈点，将余量推向小肩处约 1/2 处，做一个肩省，省尖指向肩胛骨凸起的位置，如图 2-1-10 所示。

（3）固定腋下点：在胸部捏起 2~3 cm 布量作为松量固定腋下点，如图 2-1-11 所示。

（4）做腰省：考虑腰部松量后，把腰部余量作出腰省，腰省要与腰围线垂直，注意保持丝缕的顺直，省尖指向胸围线附近，如图 2-1-12 所示。

（5）固定下摆点：留出腰部松量，抚平侧缝布料，固定下摆点，如图 2-1-13 所示。

（6）做标记线，剪掉余料：用划粉或记号铅笔标记领口、肩线、腰围、侧缝线。标记线的痕迹只要明显，越小越好。因袖窿固有的曲面形状及所处位置，很难准确确定其形状，因此是个难点。可以先标记出几个关键点，如肩点、背宽点、袖窿深点，作为确定平面版型的依据。确定背宽点时，要将松量包含在内，袖窿深点一般在腋下 2.5 cm 处，也可根据款式决定。标记好后，后中留 2 cm，其余部位留出 1.5~2 cm 的缝份，剪掉余料，如图 2-1-14 所示。

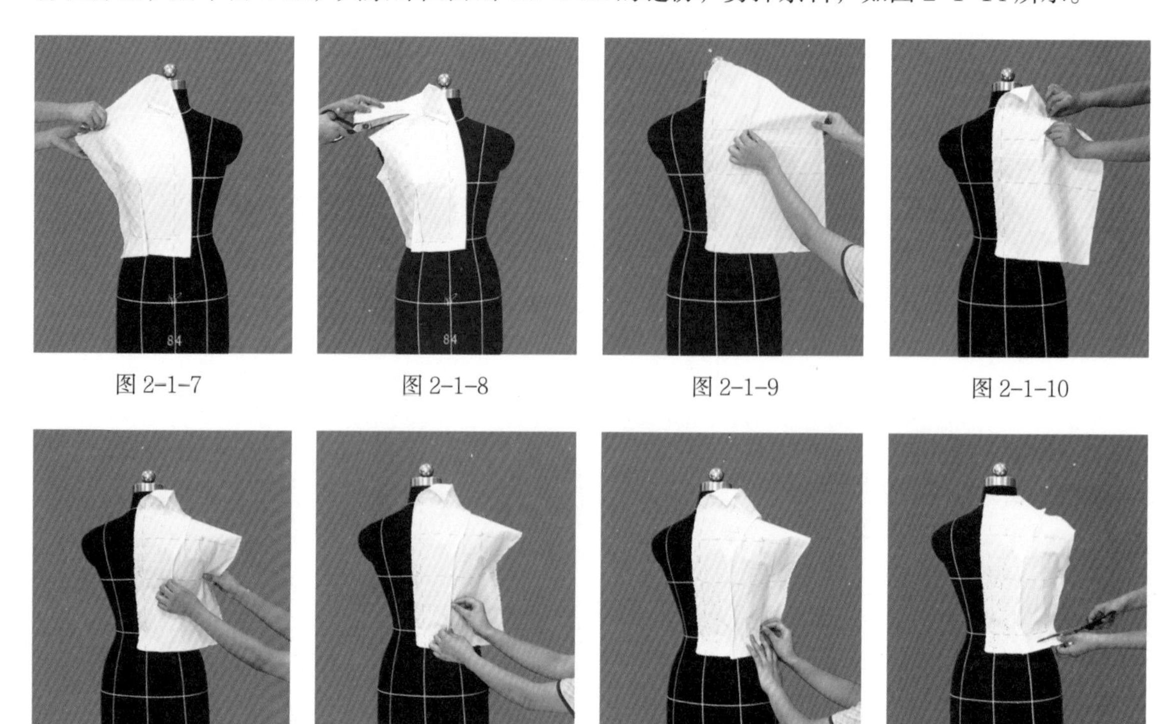

图 2-1-7　图 2-1-8　图 2-1-9　图 2-1-10

图 2-1-11　图 2-1-12　图 2-1-13　图 2-1-14

3. 原型衣的制版

整理原型衣结构图。

（1）确定结构线：将原型衣从模型上卸下，取出所有大头针，将其展成平面。并用曲线尺将袖窿曲线连接圆顺，注意使前袖窿曲度大于后袖窿曲度。用直尺修正直线部位，如图 2-1-15 所示。

（2）检查肩线、侧缝是否圆顺：将前后肩线对合，看其长度是否一致，并注意前后领口、袖山曲线的圆顺。将前后侧缝对合，使其等长，并保持前后袖窿底部、腰部过渡圆顺、自然，如图 2-1-16 ~ 图 2-1-18 所示。

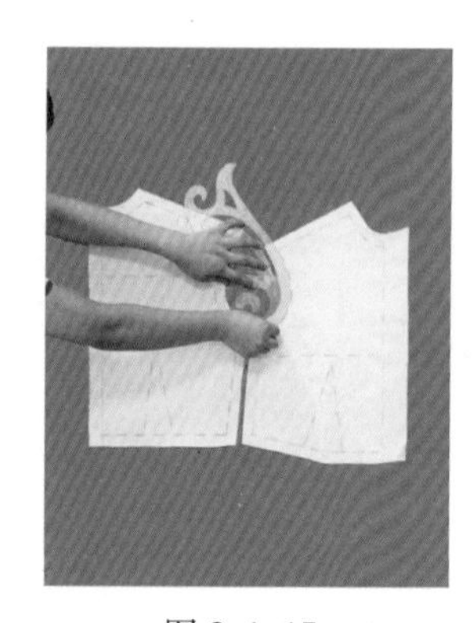

图 2-1-15

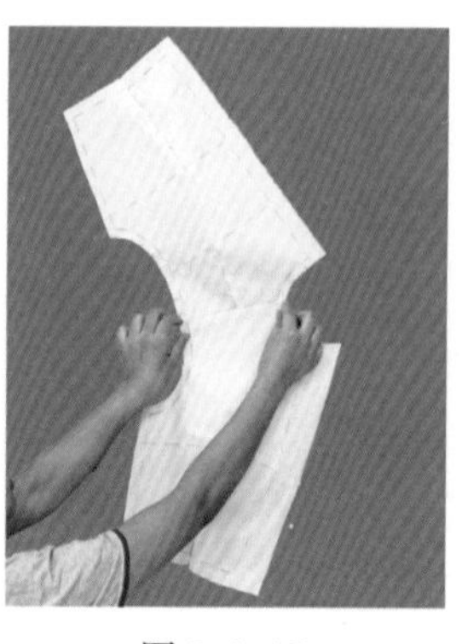

图 2-1-16

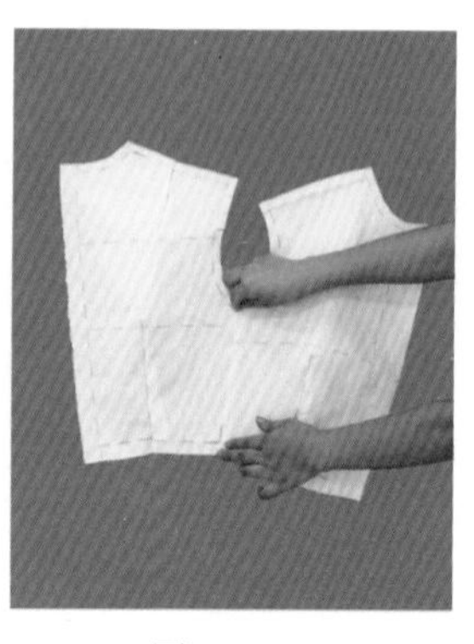

图 2-1-17

图 2-1-18

（3）整烫：在领口、袖窿等弧线处打剪口，用熨斗将布料熨平，并扣烫前、后衣片的缝份和省缝。

4. 试样补正

将假缝后的原型衣穿于模型上，认真观察样衣的前后各部位的效果，不合适的地方应再次调整，并做好标记，待纸样修正。上述方法需要反复几次，调整至满意为止，如图 2-1-19 和图 2-1-20 所示。

5. 拓印样板

（1）确定样衣样板：把试穿后的原型衣再次展成平面，熨平，按修改后的点线再次修正样板。

（2）拓印：在样衣的下面放一张纸，利用滚轮拓印布样于纸样上，也可以用其他方法拓印。做一个完整的原型衣看整体效果，如图 2-1-21 和图 2-1-22 所示。

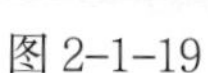

图 2-1-19

图 2-1-20

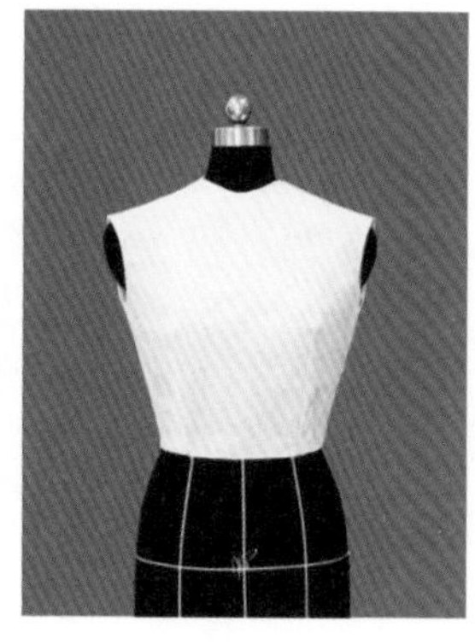

图 2-1-21

图 2-1-22

二、 连衣裙的规格设计知识

服装的造型效果如何，以及穿着是否舒适，不仅取决于测量的净体尺寸是否准确，在某种程度上还取决于服装加放量的正确与否。服装加放松量主要有两方面的作用：一是功能的需要，即为满足人体活动的需要和穿内衣的层数及厚度的需要；二是装饰的需要，即为了服装款式造型的需要。

（1）裙长（L）：从颈肩点起，经过 BP 点、腰节、臀围至膝盖以上部位。

（2）胸围（B）：号型 160/84A 对应人体的净胸围 84 cm，根据衣身合体的款式特点加上 10 cm 左右的放松量。

（3）腰围（W）：号型 160/84A 对应人体的净腰围 66 cm，根据衣身合体的款式特点加上 6 cm 左右的放松量。

（4）臀围（H）：号型 160/84A 对应人体的净臀围 90 cm，根据衣身合体的款式特点加上 4 cm 左右的放松量。

（5）肩宽（S）：号型 160/84A 对应人体的净肩宽 38 cm，根据衣身合体的款式特点加上 0~2 cm 左右的放松量。

（6）腰节（WL）：为号 /4。

任务实施

一、规格设计

尺寸规格见表 2-1-1。

表 2-1-1　尺寸规格表　　单位：cm

号型	裙长	胸围	腰围	臀围	肩宽	腰节
160/84A	80	92	72	94	38	38

二、裁片的准备

如图 2-1-23 所示。

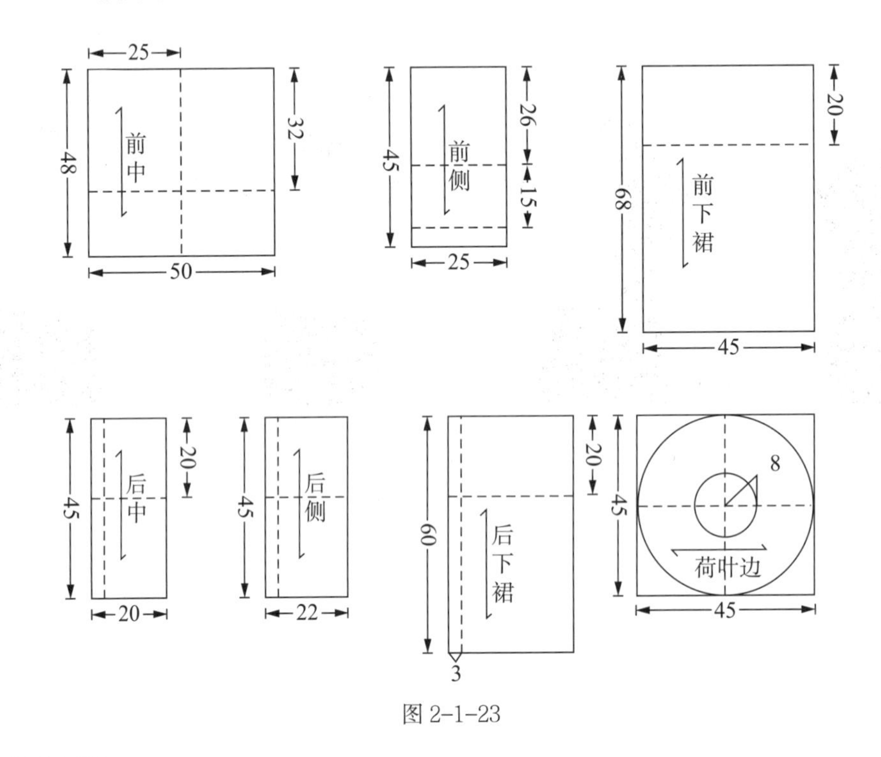

图 2-1-23

三、操作过程

1. 人台标识线的贴附

（1）选择一个标准人台（净胸围 84 cm），调整人台高度与操作者以肩部比齐为宜。人台使用中应保持竖直和稳固，以防标记带错位，导致裁片变形。在标准人台的身躯下部用白卡纸加长，以增加确定裙身褶裥造型的基础。

（2）依照款式图在完成基准线标示的人台上用红色标记带粘贴出此款连衣裙的领口线、袖窿弧线、腰部结构线及各个褶位、省位等，如图 2-1-24 和图 2-1-25 所示。

2. 立体裁剪操作步骤

（1）取备好的上身前中片坯布，对合前中线、胸围线、腰节线，注意坯布丝缕的横平竖直，用大头针在胸围线和腰围线上固定。做出领口垂浪造型后，在左右肩部固定，如图 2-1-26 所示，将人台上的前中片两侧分割线复制到坯布上，用黑色标记带粘贴出前中片的轮廓线。清剪缝份，周边留出 1.5~2 cm 的缝份。

（2）取备好的上身前侧片坯布，对合侧缝线、胸围线、腰节线，注意坯布丝缕的横平竖直，并用大头针固定。将肩胸部布料推平，调整好造型后在肩部固定，如图 2-1-27 所示，将腰部余量收成自然褶固定在腰围线上，修剪袖窿弧线，用黑色标记带粘贴出前侧片的轮廓线。清剪缝份，周边留出 1.5~2 cm 的缝份。

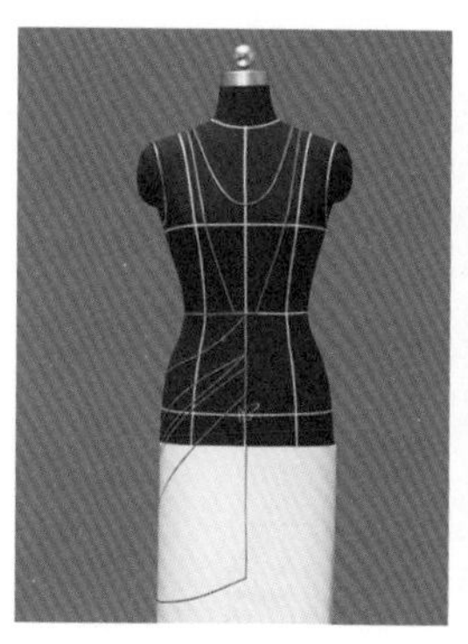

图 2-1-24

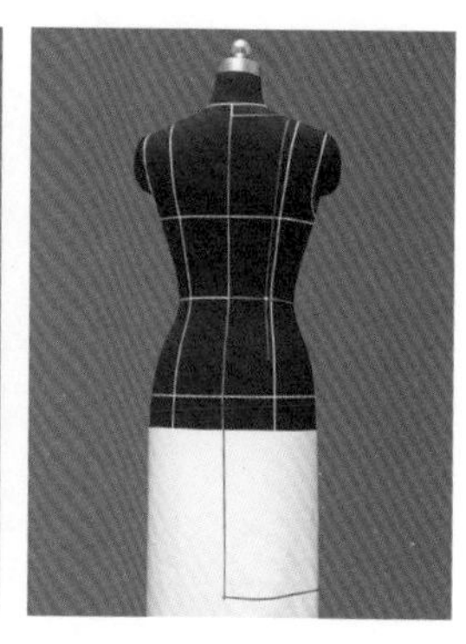

图 2-1-25

（3）取备好的上身后中片坯布，使坯布上绘制的标记线（后中线、背宽线、腰节线）与人台上对应的基准线对齐，注意坯布丝缕的横平竖直，用大头针在后中线和背宽线上固定。修剪出领口造型在肩部固定，如图 2-1-28 所示，使后中片在人台上平整服贴，腰部留少量松量固定。将人台上的后中片领口线、公主线、后中线、腰节线等复制到坯布上，用黑色标记带粘贴出后中片的轮廓线，清剪缝份，周边留出 1.5~2 cm 的缝份。

（4）取备好的上身后侧片坯布，使坯布上绘制的标记线（侧缝线、胸围线、腰节线）与人台上对应的基准线对齐，注意坯布丝缕的横平竖直，并用大头针在胸围线和腰节线上固定。将肩背部布料推平，调整好造型后在肩部固定，如图 2-1-29 所示，将腰部松量用大头针在后侧片中间收省固定，修剪袖窿弧线，留出充足的缝份量，将人台上标记的后侧片的形状复制到坯布上，用黑色标记带粘贴出后侧片的轮廓线。清剪缝份，周边留出 1.5~2 cm 的缝份。

图 2-1-26

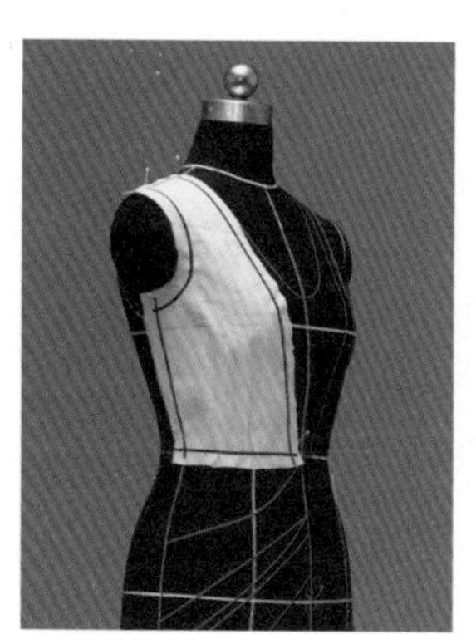

图 2-1-27

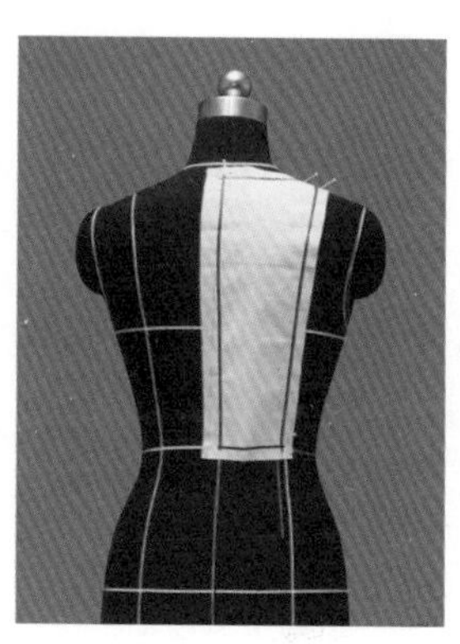

图 2-1-28

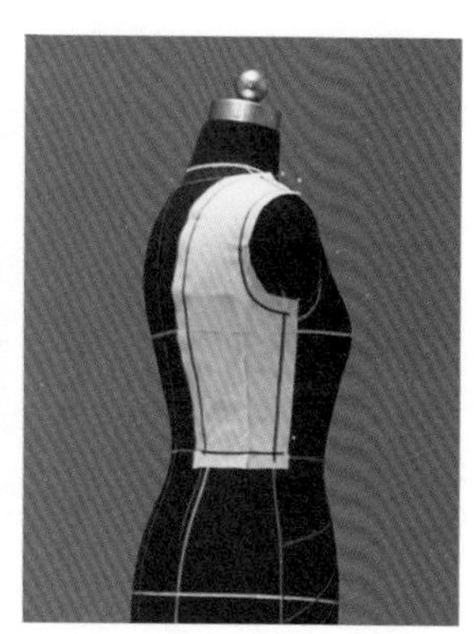

图 2-1-29

（5）取备好的后裙片坯布，对合后中线、臀围线等，注意坯布丝缕的横平竖直，用大头针沿后中线、臀围线固定，如图 2-1-30 所示，将腰臀部的余量收省固定，做出合体效果，标记出后裙片的形状，用黑色标记带粘贴出后裙片的轮廓线。清剪缝份，周边留出 1.5~2 cm 的缝份。

（6）取备好的前裙片坯布，对合前中线、臀围线等，注意坯布丝缕的横平竖直，用大头针固定。如图 2-1-31 所示，依照款式图做出腰臀部的褶饰效果，标记出前裙片的形状，用黑色标记带粘贴出前裙片的轮廓线。清剪缝份，周边留出 1.5~2 cm 的缝份。

（7）将备好的荷叶边固定在下裙部分的前中线位置，形成款式图所示的垂浪效果，如图 2-1-32 所示。

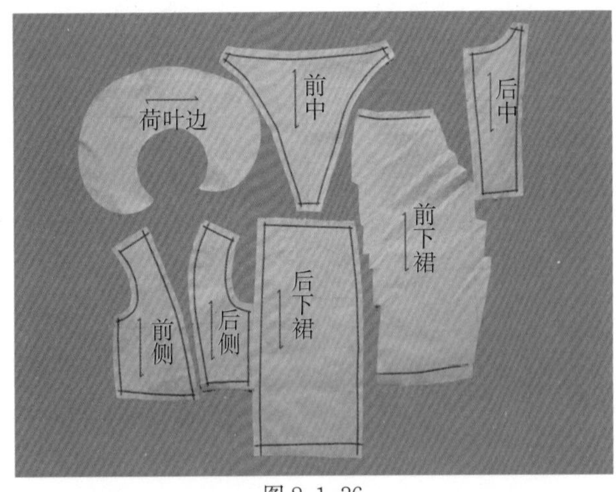

图 2-1-36

四、整理与版型修正

1. 将立体裁剪好的所有衣片、裙片依照款式图假缝在一起，穿在人台上，调整各部位的造型及松量，清剪多余布料，留出缝份量，如图 2-1-33~图 2-1-35 所示。

2. 调整修剪好的白坯布衣片版型，如图 2-1-36 所示。

3. 把修好的版型重新拓制在白坯布上，假缝后再次穿在人台上，以成衣效果展示，如图 2-1-37 和图 2-1-38 所示。

图 2-1-30

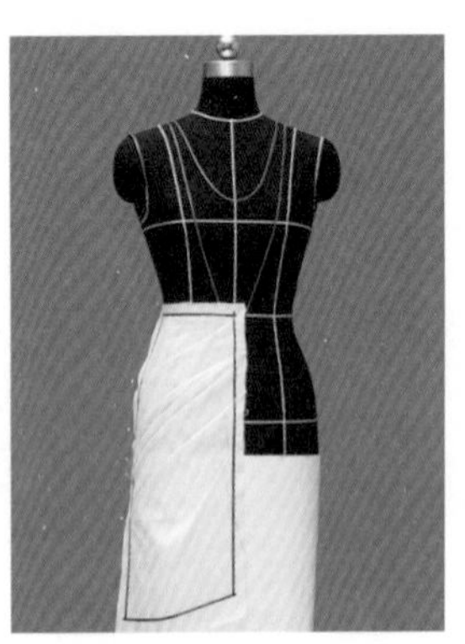

图 2-1-31

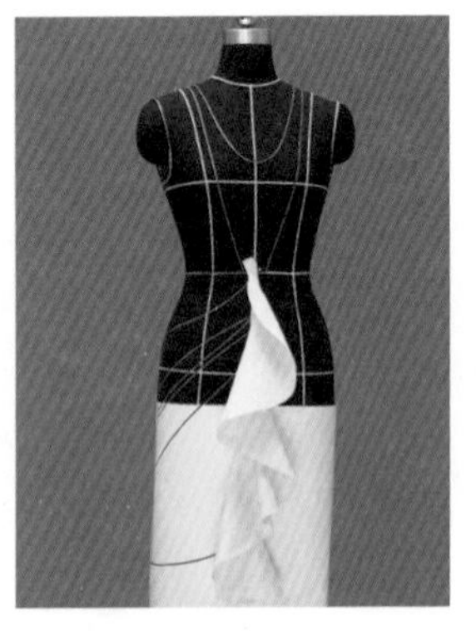

图 2-1-32

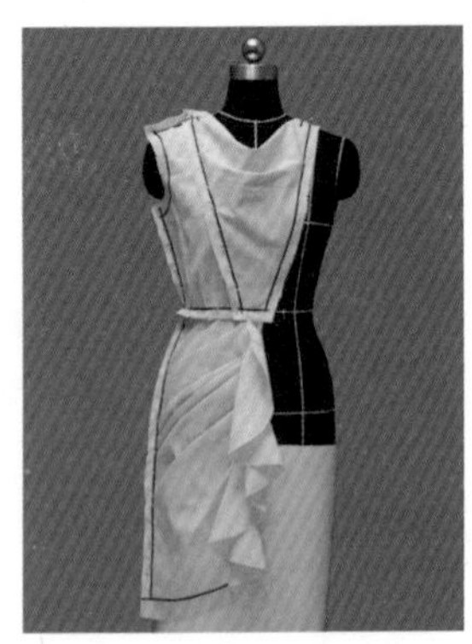

图 2-1-33

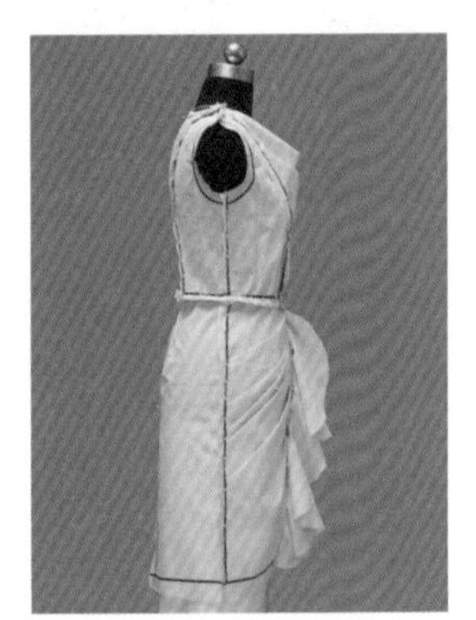

图 2-1-34

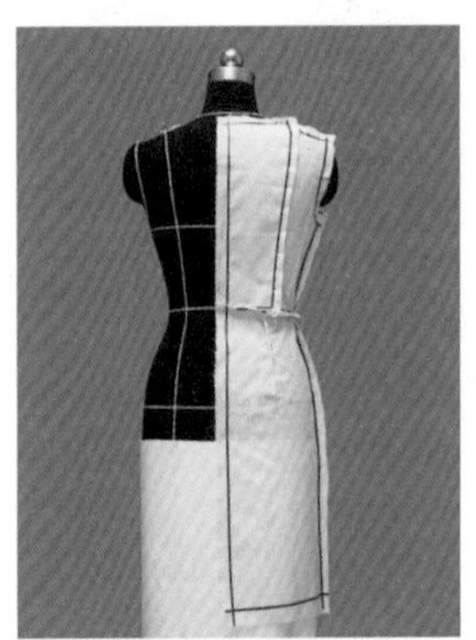

图 2-1-35

图 2-1-37

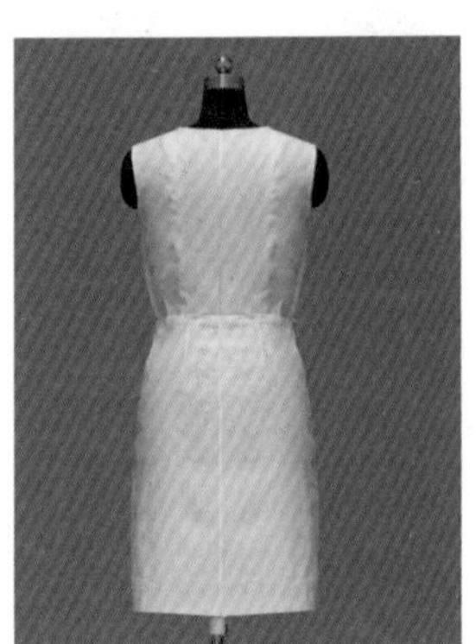

图 2-1-38

任务二　贴体褶饰连衣裙的立体造型与制作

任务提出

根据款式图 2-2-1 的效果分解服装的结构，在人台上用立体裁剪的方法完成结构设计，并选择合适的面料进行假缝。

要求：假缝效果与款式图造型一致，比例关系匹配。

图 2-2-1

任务分析

1. 连衣裙的款式分析

此款连衣裙的款式特点是无领，无袖，腰部拼接，长度在膝盖以上，为接腰高腰型连衣裙，主要体现褶的装饰特性，富有动感和青春活力。完成此款需要了解衣身的结构变化原理，掌握基础的衣身立体制作过程，并结合运用褶的造型方法来完成整体的塑形。

2. 连衣裙的结构分解

此款连衣裙的结构是前胸部以前中线为对称设计褶裥，将前颈部到胸部的余量有规则地叠进于领口固定，完成造型。袖窿处抽褶后形成不规则褶纹装饰，其稳定性和精确性都较差，但造型夸张。后背部将余量以收腰背省的形式形成合体造型效果。腰部是一条连接衣身和裙子的分隔带，其上设计四条均匀分布的横向立裥，即褶裥不倒向任何一侧，呈直立状态。前裙片上将前腰部到腹部的余量有规则地叠进于腰节固定，以前中心线为对称设计褶裥，完成造型。在处理造型线时需要注意把握好每个裁片的比例关系，确定分割线、省道的位置和长短。

相关知识

一、省、褶、分割线在衣身结构设计中的运用

为适合人体或造型需要，在女装结构设计中普遍使用收省、作褶及分割等处理方法，以丰富服装的款式变化，装饰与塑形相结合，其作用的部位是人体的基本凹凸点。上衣作褶一般是通过省转移获得，它具有强调和装饰作用，无论是分割、作褶、收省，还是三者综合应用，都要建立在一种功能的价值之上，其中两种形式可能出现在一种结构中，却不能同等重视。在综合应用中，分割线的主要作用是固定褶，褶成为造型主体，起到合身、运动和装饰的综合功能。

图 2-2-2

二、胸部结构的立体变化

1. 用省道表现胸部造型

为突出和强化胸部隆起，可以将省道进行转移或者分解，如图 2-2-2

所示，将腰省转移至左右肩部，做一个左右不对称的造型。

（1）披布：将布料披到人台上，使布料上的纵横基准线对准人台的基准线，留出腰胸部的松量，将多余的布料推向肩部，用大头针固定，如图 2-2-3 所示。

（2）做肩省：在左肩上将多余的布料做成一个肩省，省尖点指向右半身的胸高点，并标注肩省的省中心线，如图 2-2-4 所示。

（3）开省中线：省中线留 1 cm 缝份，剪开至前中线下约 5 cm 处，如图 2-2-5 所示。

（4）做另一个省道：将左半身的腰胸部留足松量，将多余的布料推移至前中线处，做一个省道，省尖指向胸高点，注意两边省尖点位置对称，如图 2-2-6 所示。

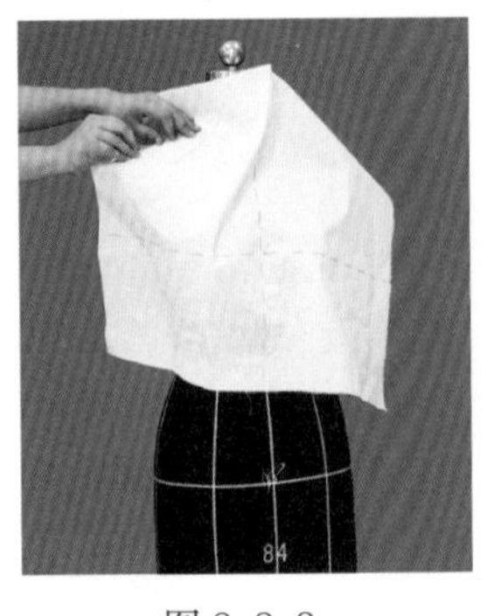
图 2-2-3

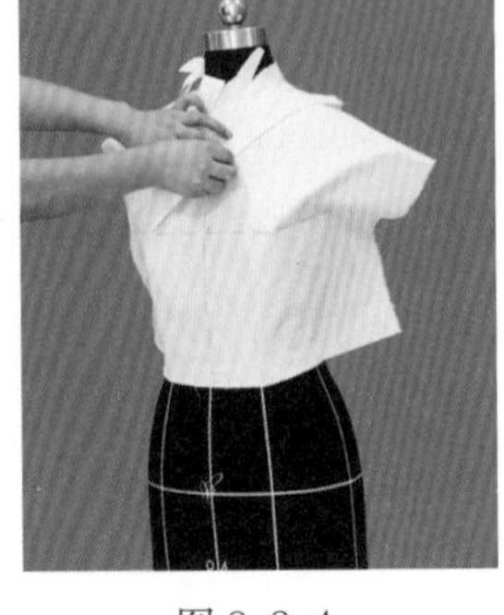
图 2-2-4

图 2-2-5

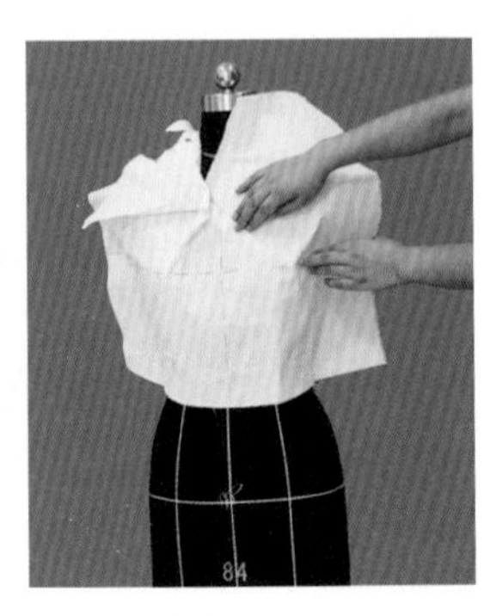
图 2-2-6

（5）处理省道重叠部分：剪掉左肩省的余量，如图 2-2-7 所示。

（6）做标记，修剪余量：用标记带粘贴出侧缝线、肩线、领口线，并在肩点、袖隆深点处做好标记，留出 1.5~2 cm 的缝份，修剪余料，如图 2-2-8 所示。

（7）整理结构图：将样衣从人台上卸下，取下别针展成平面。用圆顺的虚线连接各点，注意侧缝和肩缝等部位的吻合，确定出样衣的结构图，如图 2-2-9 所示。

（8）假缝试穿：将衣片按制成线扣烫一侧缝份，并用大头针假缝后穿于人台上，观察整体效果，不合适之处可再次修改，如图 2-2-10 所示。

总之，对于这种左右不对称的结构，制作时要做一个完整的效果，并和效果图保持一致。同时要注意保持坯布丝缕的横平竖直。

图 2-2-7

图 2-2-8

图 2-2-9

图 2-2-10

2. 用褶皱表现胸部造型

前胸部缩褶设计，在功能上是为了胸部隆起，同时改变一般的省、断缝结构而突出

图 2-2-11

缩褶的华丽风格；前胸褶裥设计，有利于合并省，达到褶裥和胸省的结合，如图 2-2-11 所示。

（1）贴附造型线：按照款式图贴附造型线，如图 2-2-12 所示。

（2）取料：量取造型线分割后的裁片区域的最宽和最长值，取裁片 1 的长度 20 cm，宽度 25 cm；裁片 2 的长度 35 cm，宽度 35 cm；裁片 3 的长度 8 cm，宽度 25 cm，如图 2-2-13 所示。

（3）制作裁片 1：将裁片 1 披到人台上，使布料的纵基准线对准人台的纵基准线。将裁片 1 的肩部、领口处抚平，用标记带粘贴出肩线、领口线、造型线，留出 1.5~2 cm 的缝份，修剪余料，如图 2-2-14 所示。

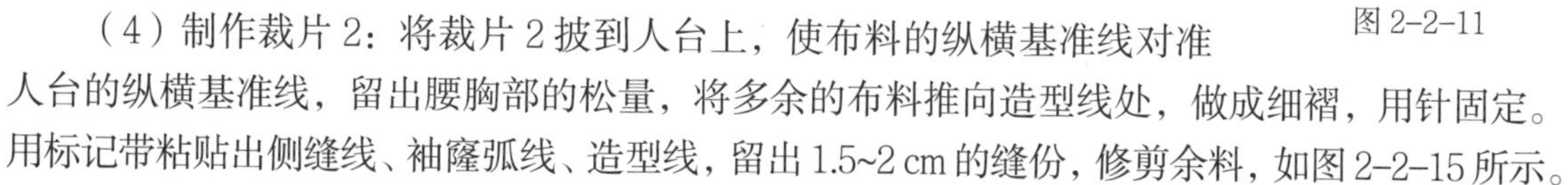

（4）制作裁片 2：将裁片 2 披到人台上，使布料的纵横基准线对准人台的纵横基准线，留出腰胸部的松量，将多余的布料推向造型线处，做成细褶，用针固定。用标记带粘贴出侧缝线、袖窿弧线、造型线，留出 1.5~2 cm 的缝份，修剪余料，如图 2-2-15 所示。

图 2-2-12

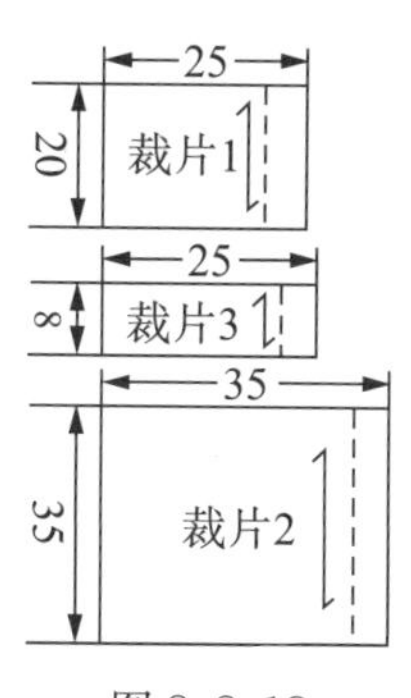

图 2-2-13

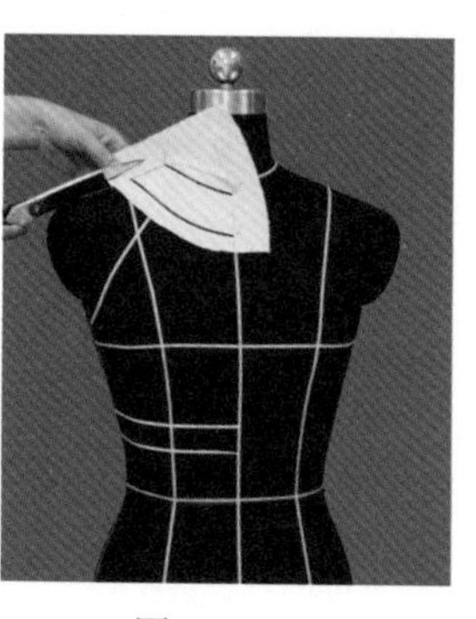

图 2-2-14

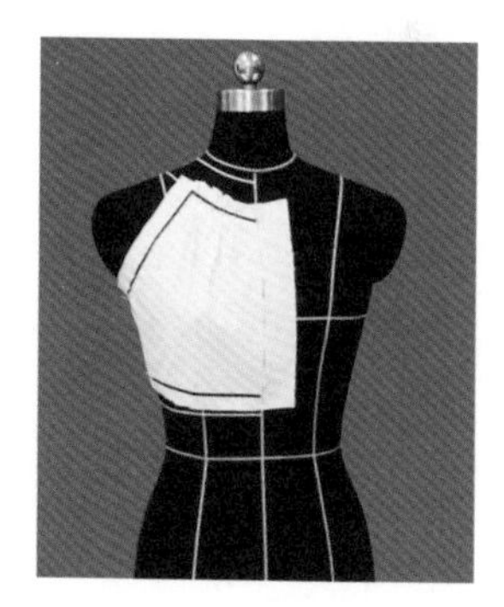

图 2-2-15

（5）制作裁片 3：将裁片 3 披到人台上，使布料的纵基准线对准人台的纵基准线。留出腰部的松量，注意此部位的腰部松量要和裁片 2 的腰部松量一致。用标记带粘贴出造型线，留出 1.5~2 cm 的缝份，修剪余料，如图 2-2-16 所示。

（6）整理结构图：将样衣卸下，展成平面。用圆顺的虚线连接各点，注意侧缝、袖窿和肩缝等部位的吻合，确定出样衣的结构图，如图 2-2-17 所示。

（7）假缝试穿：将衣片按制成线扣烫一侧缝份，并用大头针假缝后穿于人台上，如图 2-2-18 所示。

（8）整装效果：做一个完整的原型衣看整体效果，如图 2-2-19 所示。

图 2-2-16

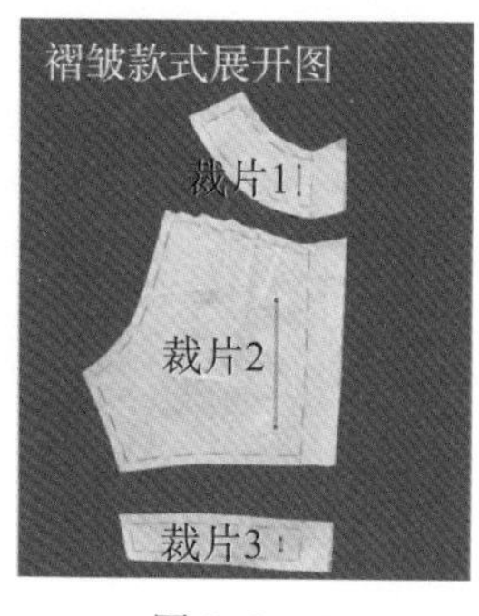

图 2-2-17

图 2-2-18

图 2-2-19

任务实施

一、规格设计

尺寸规格见表 2-2-1。

表 2-2-1　尺寸规格表　　单位：cm

号型	裙长	胸围	腰围	臀围	肩宽	腰节
160/84A	86	90	70	92	36	38

二、裁片的准备

如图 2-2-20 所示。

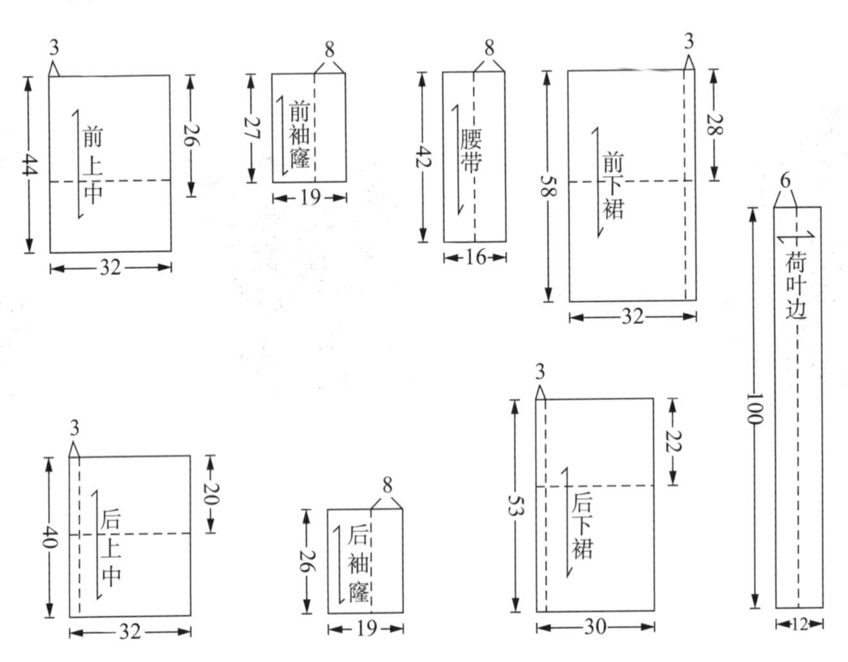

图 2-2-20

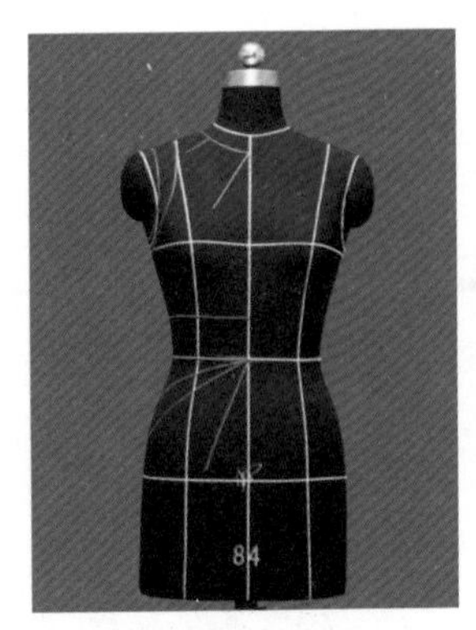

图 2-2-21

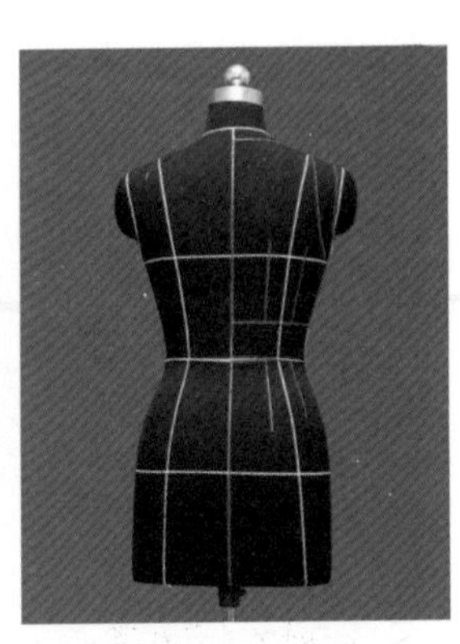

图 2-2-22

三、操作过程

1. 人台标识线的贴附

（1）做人台基准线标示。如图 2-2-21 和图 2-2-22 所示黄色标记带粘贴的位置和形式。标记带作为衣片结构线定位的依据，应该与人体表面特征线一致。

（2）依照款式图在做好基准线标示的人台上用红色标记带粘贴出此款连衣裙的领口线、袖窿弧线、腰部结构线及各个褶位、省位。

2. 立体裁剪操作步骤

（1）取备好的上身前片坯布，对合前中线、胸围线，注意坯布丝缕的横平竖直，用大头针在胸围线和前中线上固定。做出领口省造型后，修剪出领口线，留足缝份量，沿肩线固定，如图 2-2-23 所示，修剪出袖窿弧线，留足缝份，用黑色标记带粘贴出前片的轮廓线。清剪缝份，周边留出 1.5~2 cm 的缝份。

（2）取备好的上身后片坯布，对合后中线、背宽线、胸围线，注意坯布丝缕的横平竖直，用大头针在后中线和背宽线上固定。修剪出领口造型，留足缝份，在肩部固定，如图 2-2-24 所示，将腰背部余量收省固定，形成合体效果，使后片在人台上平整服贴，腰部留少量松量，修剪袖窿弧线，留足缝份。用黑色标记带粘贴出后片的轮廓线，清剪缝份，周边留出 1.5~2 cm 的缝份。

（3）将备好的前、后袖窿贴边坯布沿人台上标记线位置固定在肩线和侧缝线上，调整其松量，清剪出袖窿弧线，周边留足缝份量。用黑色标记带分别粘贴出前、后袖窿贴边的形状和尺寸，如图 2-2-25 和图 2-2-26 所示。

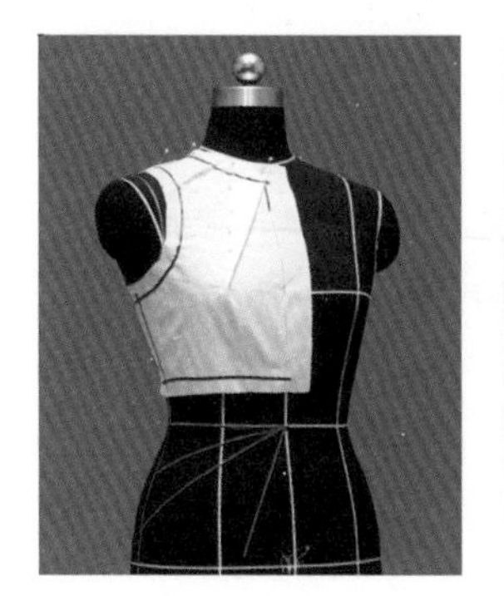
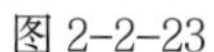
图 2-2-23

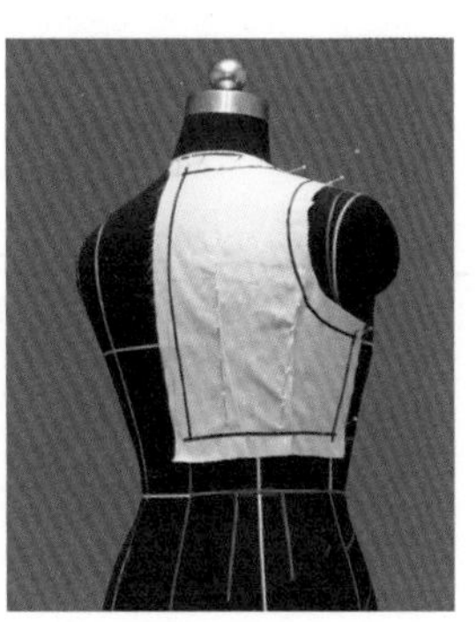
图 2-2-24

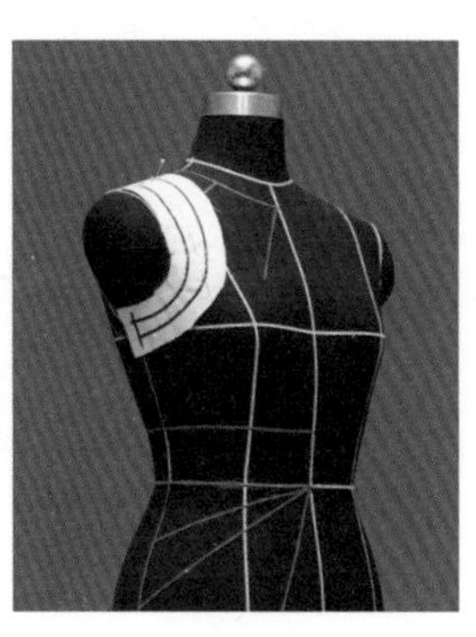
图 2-2-25

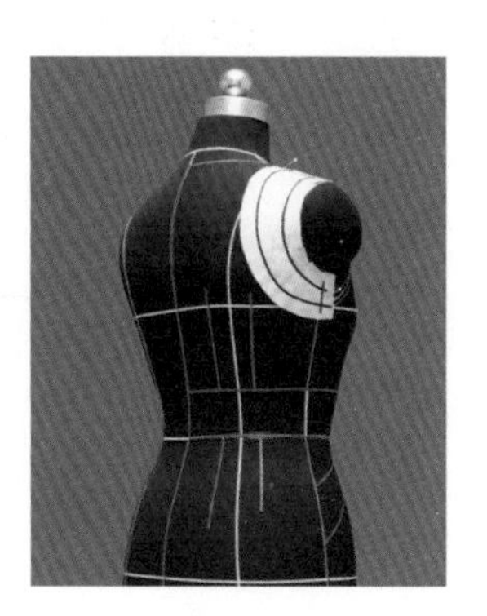
图 2-2-26

（4）取备好的袖窿装饰布对折后在毛边侧抽褶，形成不规则褶纹装饰，将其固定在袖窿处。其稳定性和精确性都较差，但造型夸张，如图 2-2-27 所示。

（5）取腰部的分隔带坯布，在其上固定出四条均匀分布的横向立裥，即褶裥不倒向任何一侧，呈直立状态。粘贴出轮廓线，留足缝份，如图 2-2-28 所示。

（6）取备好的前裙片坯布，沿前中线和臀围线将坯布固定在人台上，注意坯布丝缕的横平竖直。将前腰部到腹部的余量，依照人台上标记线位置叠进并固定，形成装饰性褶裥，完成造型，调整腰腹部的松量，固定腰节和侧缝线。用黑色标记带粘贴出前裙片的腰节线、侧缝线和下摆位置线，如图 2-2-29 所示。

（7）取备好的后裙片坯布，用大头针沿后中线、臀围线固定，如图 2-2-30 所示，将腰臀部的余量收省固定，做出合体效果，用黑色标记带粘贴出后裙片的轮廓线。清剪缝份，周边留出 1.5~2 cm 的缝份。

3. 整理与版型修正

（1）将立体裁剪好的所有衣片、裙片依照款式图假缝在一起，穿在人台上，调整各部位造型及松量，清剪多余布料，留出缝份量，如图 2-2-31 和图 2-2-32 所示。

（2）调整修剪好的白坯布衣片版型，如图 2-2-33 所示。

（3）把修好的版型重新拓制在白坯布上，假缝后再次穿在人台上，以成衣效果展示，如图 2-2-34 和图 2-2-35 所示。

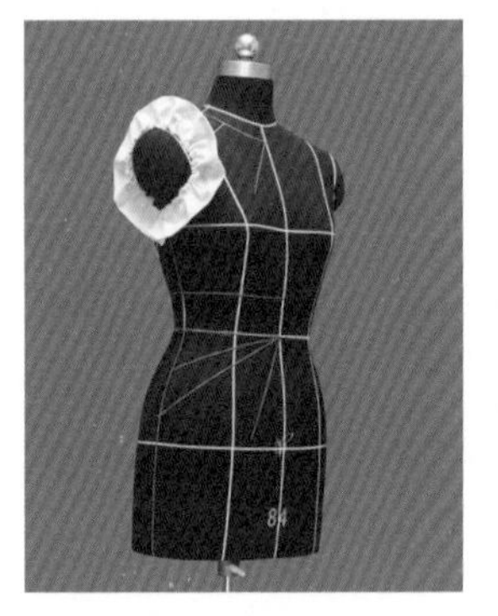

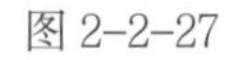

图 2-2-27

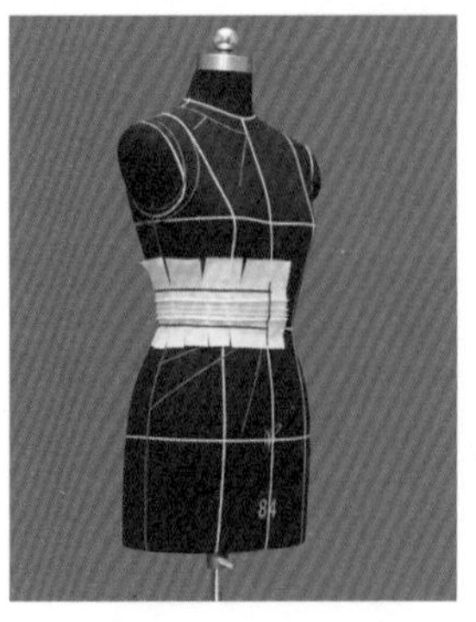

图 2-2-28

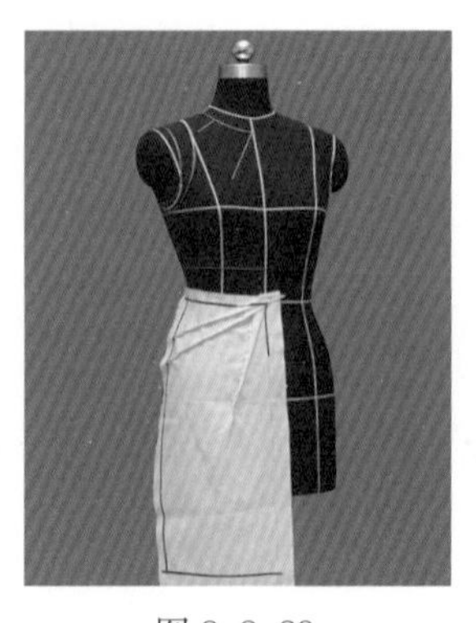

图 2-2-29

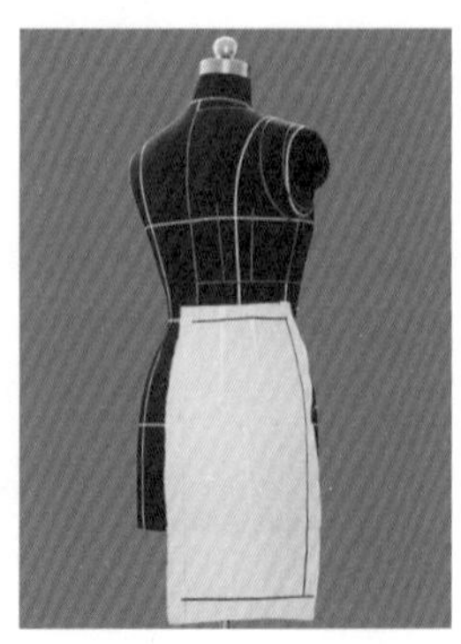

图 2-2-30

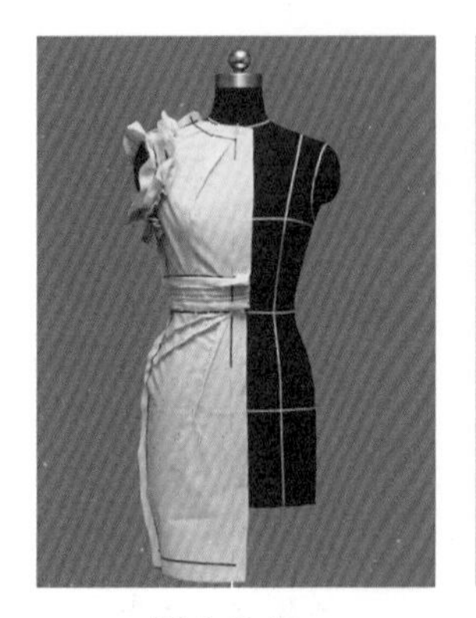

图 2-2-31

图 2-2-32

图 2-2-34

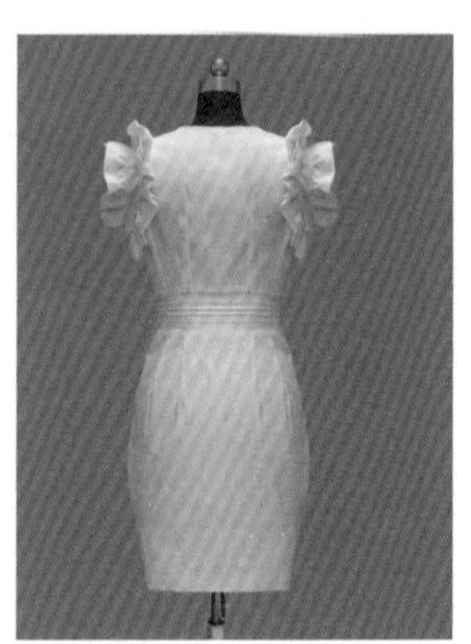

图 2-2-35

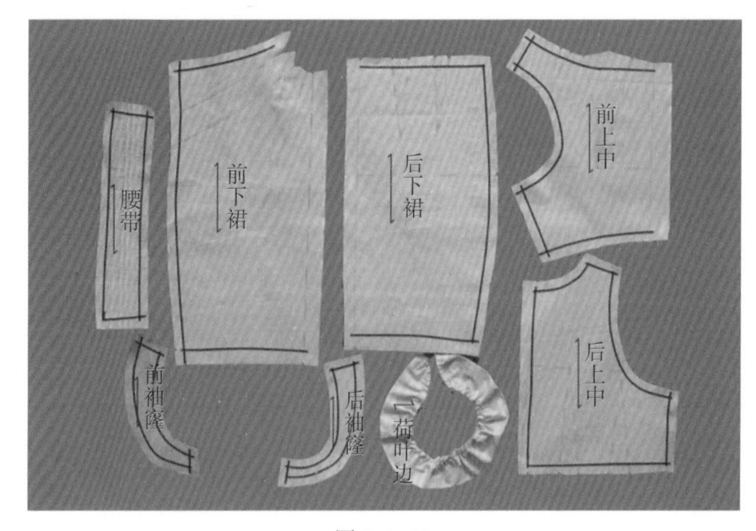

图 2-2-33

任务三　方领口覆肩袖连衣裙的立体造型与制作

任务提出

根据款式图 2-3-1 效果分解服装的结构，在人台上用立体裁剪的方法完成结构设计，并选择合适的面料进行假缝。

要求：假缝效果与款式图造型一致，比例关系匹配。

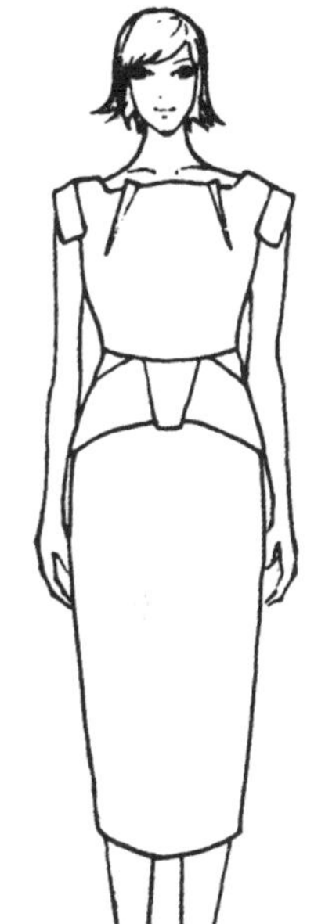

图 2-3-1

任务分析

1. 连衣裙的款式分析

此款连衣裙的特点是方形领口，袖翼覆肩，收腰合体，腰部有断缝，腰腹部设计弧形腰育克，腰臀部修身合体，裙下摆略收进。完成此款需要了解衣身的结构变化原理，掌握基础的衣身立体制作过程，并结合运用收省、作褶等造型方法来完成整体的塑形。

2. 连衣裙的结构分解

此款连衣裙的结构是前胸部以前中线为对称设计领口省，因省在正面直立处于半固定状态，外观效果比收普通胸省更富于装饰性。后背部将余量以收领口省、腰背省的形式形成合体造型效果。肩头以袖翼盖肩装饰，在处理造型线时需要注意把握好每个裁片的比例关系，确定省道的位置和长短。

任务实施

一、规格设计

尺寸规格见表 2-3-1。

表 2-3-1　尺寸规格表　　　单位：cm

号型	裙长	胸围	腰围	臀围	肩宽	腰节
160/84A	102	90	70	92	38	38

二、裁片的准备

如图 2-3-2 所示。

三、操作过程

1. 人台标识线的贴附

（1）做人台基准线标示。如图 2-3-3 和图 2-3-4 所示用黄色标记带粘贴的形式。

（2）依照款式图在做好基准线标示的人台上，用红色标记带粘贴出此款连衣裙的领口造

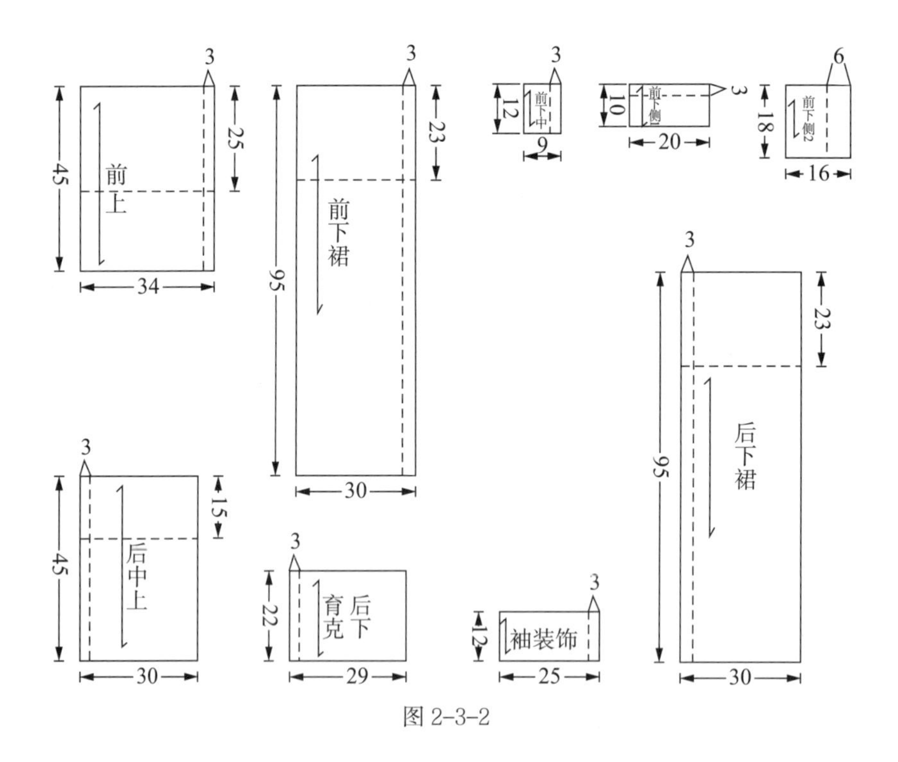

图 2-3-2

型线及领口省位、袖窿及肩部袖翼造型线、腰臀部结构线及褶位。

2. 立体裁剪操作步骤

（1）取备好的上身前片坯布，对合前中线、胸围线、腰节线，注意坯布丝缕的横平竖直，用大头针在胸围线和前中线上固定，做出领口省造型后，修剪出领口线，留足缝份量，沿肩线固定，如图 2-3-5 所示，修剪出袖窿弧线，留足缝份，将人台上的前片形状复制到坯布上，用黑色标记带粘贴出前片的轮廓线。清剪缝份，周边留出 1.5~2 cm 的缝份。

（2）取备好的上身后片坯布，对合后中线、背宽线、胸围线，注意坯布丝缕的横平竖直，用大头针在后中线和背宽线上固定。修剪出领口造型，留足缝份，在肩部固定，如图 2-3-6 所示，将腰背部余量收省固定，形成合体效果，使后片在人台上平整服贴，腰部留少量松量。修剪袖窿弧线，留足缝份，将人台上的后片形状复制到坯布上，用黑色标记带粘贴出后片的轮廓线。清剪缝份，周边留出 1.5~2 cm 的缝份。

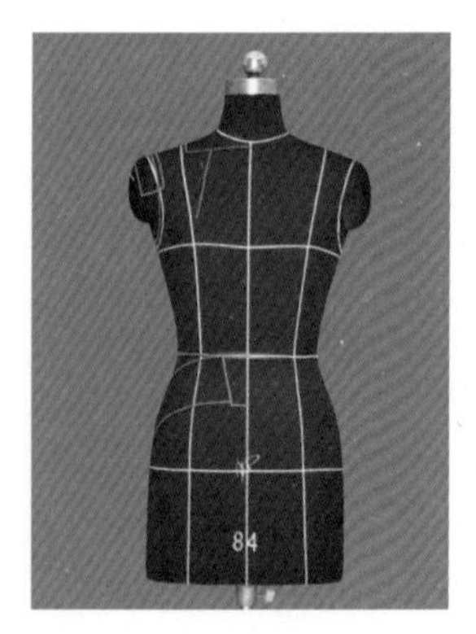
图 2-3-3

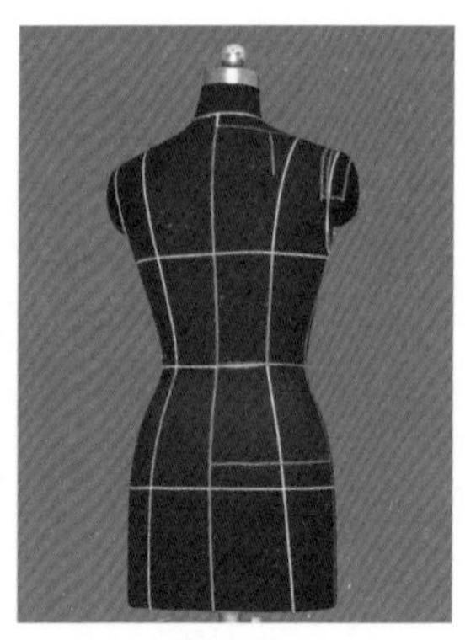
图 2-3-4

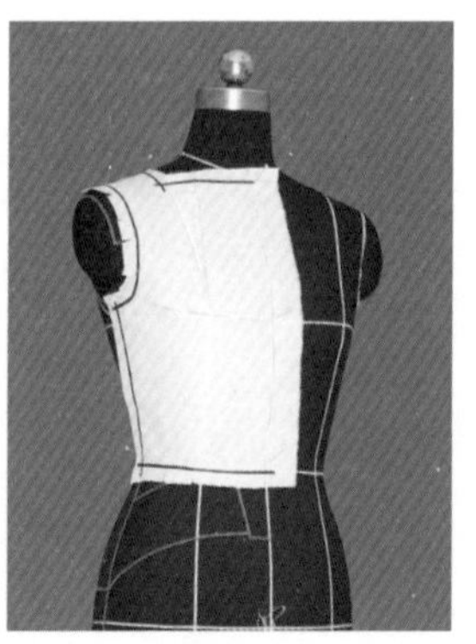
图 2-3-5

图 2-3-6

（3）取备好的前裙片坯布，使坯布上的标记线与人台上相应的基准线对准固定，注意坯布丝缕的横平竖直，将前腰腹部的余量，依照标记线位置收省，调整腰腹部的松量，形成合体效果，固定腰节和侧缝线。用黑色标记带粘贴出前裙片的腰节线、侧缝线和下摆位置线，如图 2-3-7 所示，清剪多余布料，留足缝份。

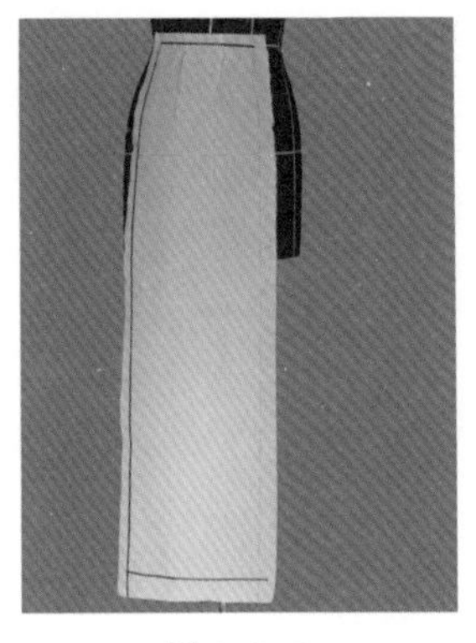
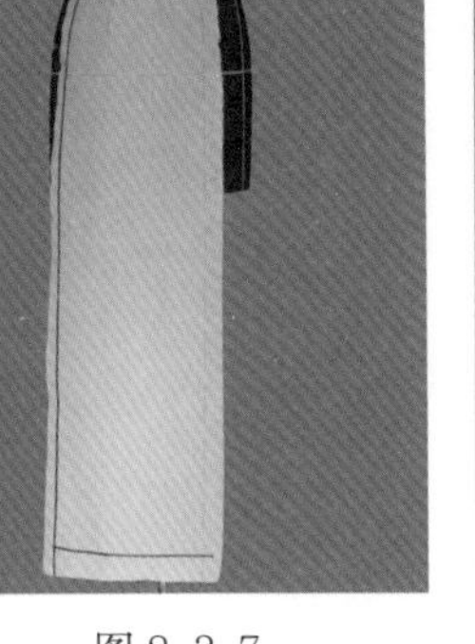

图 2-3-7

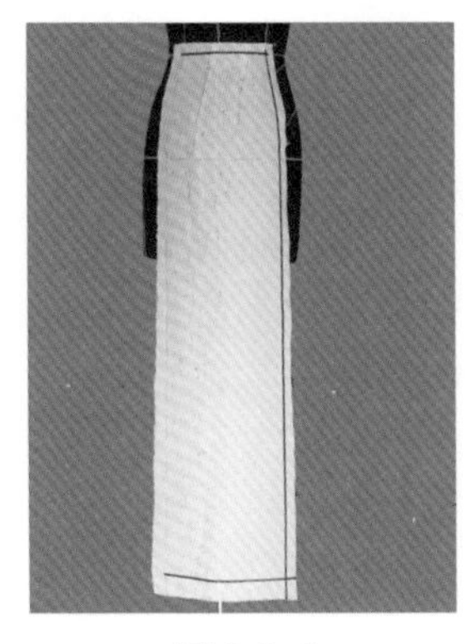

图 2-3-8

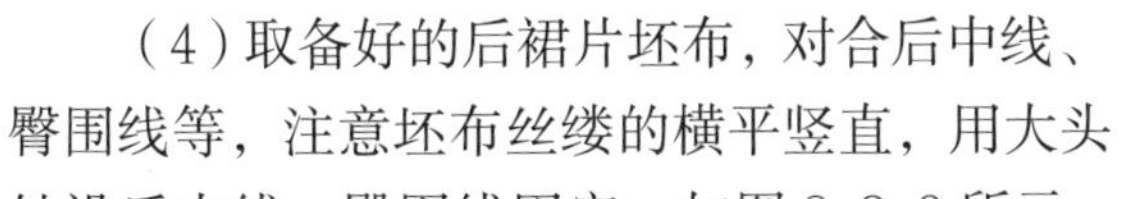

（4）取备好的后裙片坯布，对合后中线、臀围线等，注意坯布丝缕的横平竖直，用大头针沿后中线、臀围线固定。如图 2-3-8 所示，将腰臀部的余量收省固定，做出合体效果，用黑色标记带粘贴出后裙片的轮廓线。清剪缝份，周边留出 1.5~2 cm 的缝份。

（5）取备好的裙子前腰腹部外贴育克坯布，将其分别依照人台上的标记线固定，注意坯布丝缕的横平竖直，调整其松量，保持在人台上的平整服贴。清剪多余布料，周边留足缝份量，用黑色标记带粘贴出装饰性育克的轮廓线，如图 2-3-9~ 图 2-3-11 所示。

（6）取备好的后腰育克坯布，将经纱方向依照人台上的后中线固定，注意坯布丝缕的横平竖直，调整其松量，保持在人台腰臀部的平整服贴。清剪多余布料，周边留足缝份量，用黑色标记带粘贴出装饰性育克的轮廓线，如图 2-3-12 所示。

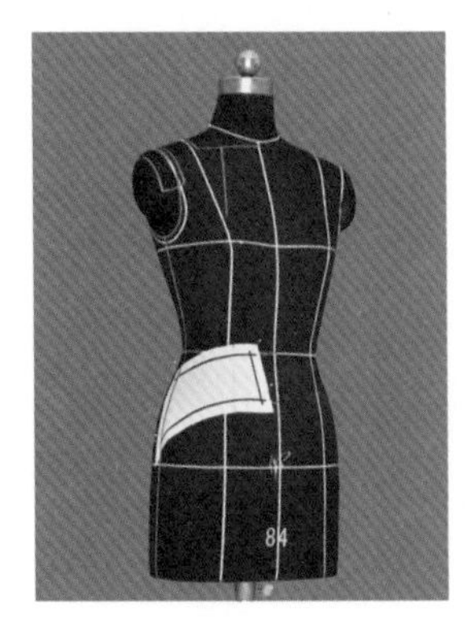

图 2-3-9

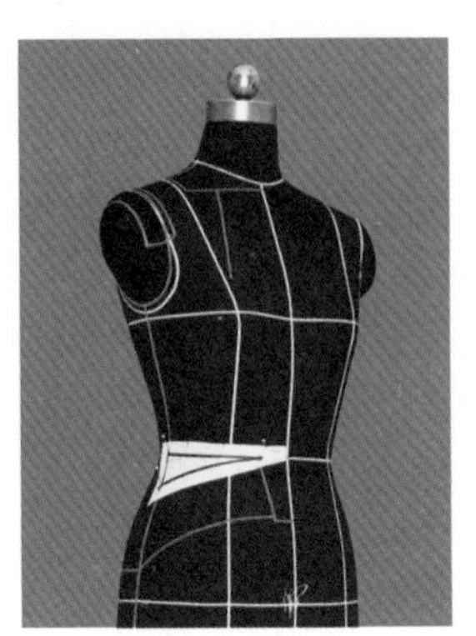

图 2-3-10

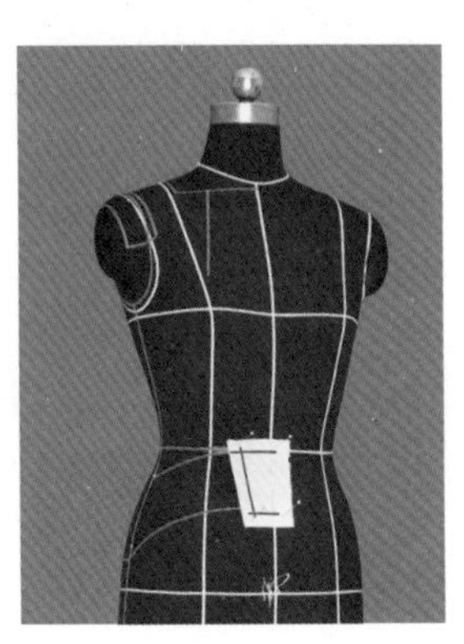

图 2-3-11

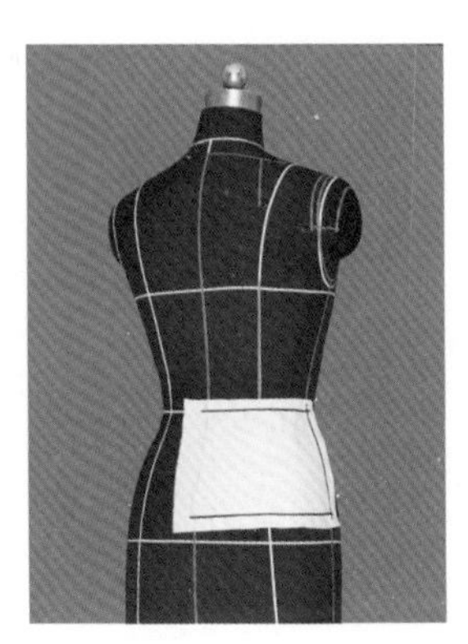

图 2-3-12

3. 整理与版型修正

（1）将立裁好的所有衣片、裙片依照款式图假缝在一起，穿在人台上，调整各部位的造型及松量，清剪多余布料，留出 1.5 cm 的缝份量，如图 2-3-13 和图 2-3-14 所示。

（2）调整修剪好的白坯布衣片版型，如图 2-3-15 所示。

4. 成衣效果

把修好的版型重新拓制在白坯布上，假缝后穿在人台上，如图 2-3-16 和图 2-3-17 所示。

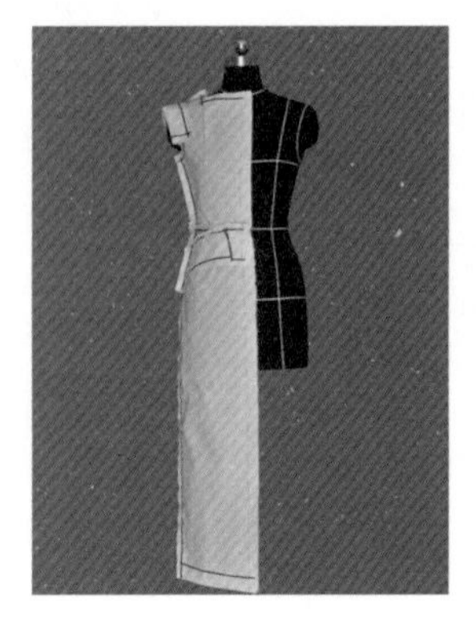

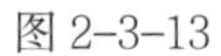

图 2-3-13

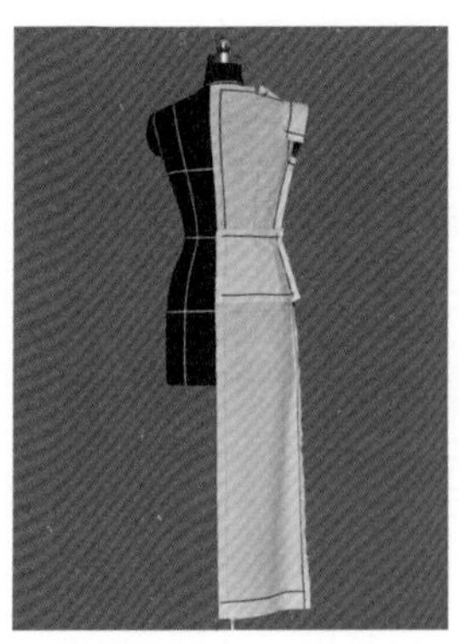

图 2-3-14

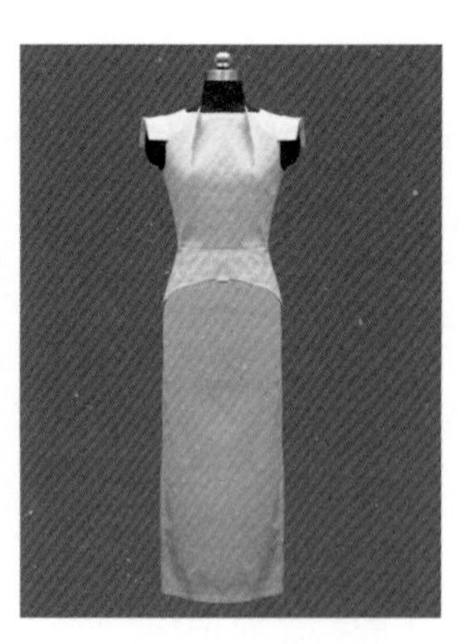

图 2-3-16

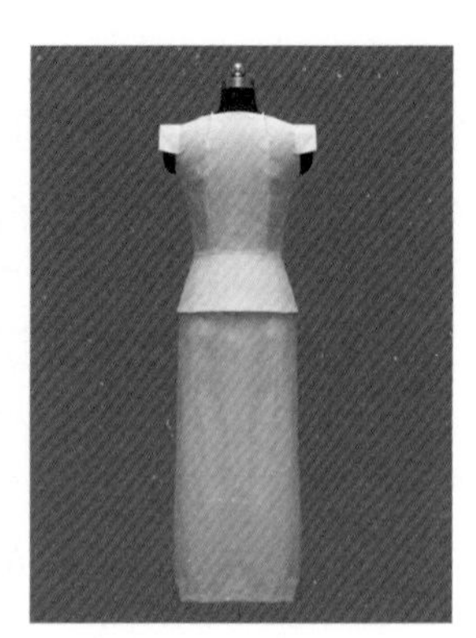

图 2-3-17

图 2-3-15

任务四 大褶饰连衣裙的立体造型与制作

任务提出

图 2-4-1

根据款式图 2-4-1 的效果分解服装的结构，在人台上用立体裁剪的方法完成结构设计，并选择合适的面料进行假缝。

要求：假缝效果与款式图造型一致，比例关系匹配。

任务分析

1. 连衣裙的款式分析

此款连衣裙的款式特点是无领，无袖，前衣片刀背缝分割，后衣片背中部镂空，腰部有断缝，裙子长度在膝盖以上，为接腰高腰型连衣裙。夸张造型的大褶裥位于下裙体的前后，两侧设计双层波浪褶，主要体现褶的装饰特性，富有动感和青春活力。完成此款设计需要了解衣身的结构变化原理，掌握基础的衣身立体制作过程，并结合运用褶饰造型方法来完成整体的塑形。

2. 连衣裙的结构分解

此款连衣裙的结构是前衣片刀背缝分割，两侧片横向分割。后衣片背中部镂空，呈裸露状态，后腰背部将余量并入分割线。裙片将腰腹、腰臀部的余量有规则地收省固定，形成合体效果。以前后中心线为对称设计夸张造型的大褶裥，位于人体前后腰腹部和腰臀部，两侧设计双层波浪褶，因褶处于半固定状态，装饰性更强。在处理造型线时需要注意把握好每个裁片的比例关系，确定分割线、褶裥的位置和大小。

相关知识

1. 工业样板知识

在服装工业生产中样板起着模具、图样和版型的作用，是排料、画样和产品缝制的重要技术依据，所有符合服装工业化生产要求的样板都称之为服装工业样板，即工业用样板。

（1）样板放缝

① 布料厚薄不同，需加放不同的缝份量。薄型面料的服装样板放缝份量一般为 0.8 cm，中型面料为 1 cm，厚型面料为 1.5 cm。

② 弧度较大的部位加放缝份要窄。缝份太大会产生皱褶现象，而工业样板的放缝设计尽可能要整齐划一，所以通常放缝为 1 cm，缝制后统一修剪缝份为 0.5 cm，既可以使成衣圆弧部位平服，又可避免因布料脱散而影响缝份不足。

③ 不同的缝合方式对加放缝份量有不同的要求。如平缝的放缝量一般为 0.8~1.2 cm，对于一些较易散边、疏松布料，在缝制后将缝份重叠在一起锁边的常用 1 cm 缝份，在缝制后将缝份劈开熨烫的常用 1.2 cm 缝份。

（2）贴边和折边

① 贴边：无袖袖窿和无领领口的贴边不仅用来隐藏毛边，还为袖窿和领口提供了支撑，使之挺括，止口平滑。对于无袖袖窿、无领领口，一般可以采取贴边、翻边、滚条三种形式，对于采取贴边的袖窿、领口，只需加放缝份 1 cm；对于采取翻边处理的袖窿、领口，只需加放翻边宽度；对于采取滚条处理的袖窿、领口，无需加放缝份。贴边必须与衣片的领口、袖窿形状完全相同，纱向也要与衣片保持一致。缝制后统一修剪领窝线及袖窿弧线，缝份为 0.3 cm，在缝份上打剪口，可以使成衣领窝线及袖窿弧线部位平服。

② 折边：夏天裙子下摆折边一般为 2~2.5 cm，西装裙折边一般为 3~4 cm，有利于裙子的悬垂性和稳定性。如果是有弧度形状的下摆，折边一般为 0.5~1 cm。对于较大的圆摆裙子（喇叭裙、圆台裙等）的下摆边缘，尽可能将折边做得很窄，卷成边的宽度为 0.3~0.5 cm，故此折边为 0.5~1 cm。如果面料很薄而织物组织结构比较结实时，可考虑直接锁密珠作为收边，也可作为装饰边。

任务实施

1. 人台标识线的贴附

（1）做人台基准线标示。如图 2-4-2 和图 2-4-3 所示黄色标记带粘贴的位置和形式。标记带作为衣片结构线定位的依据，应该与人体表面特征线一致。

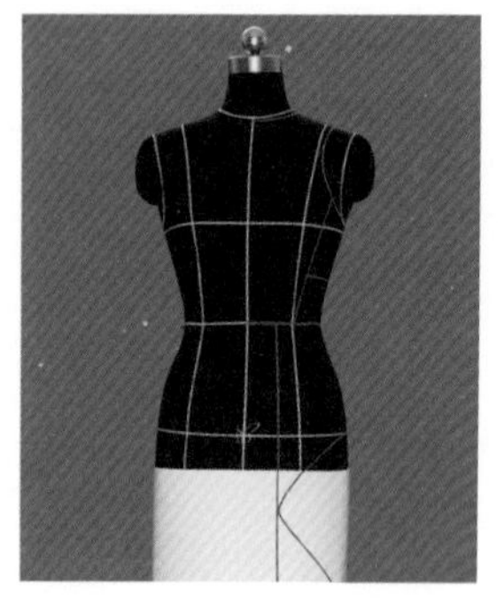

图 2-4-2

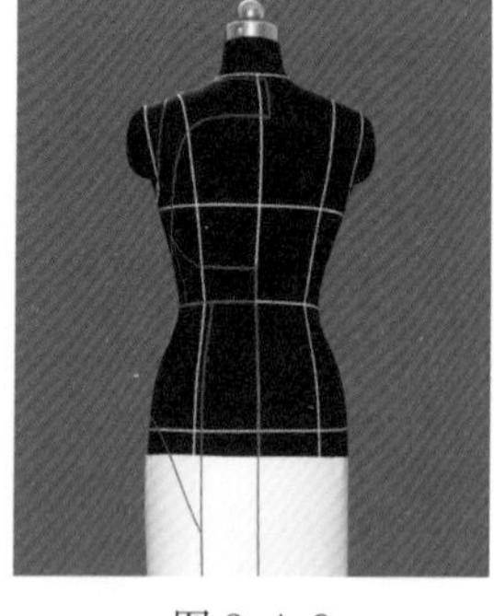

图 2-4-3

（2）在标准人台的身躯下部用白卡纸加长，以增加确定裙摆造型的基础。

（3）依照款式图在做好基准线标示的人台上，用红色标记带粘贴出此款连衣裙的领口线、袖窿弧线、腰背部结构线、各个褶位以及裙下摆位置线。

2. 裁片的准备

如图 2-4-4 所示。

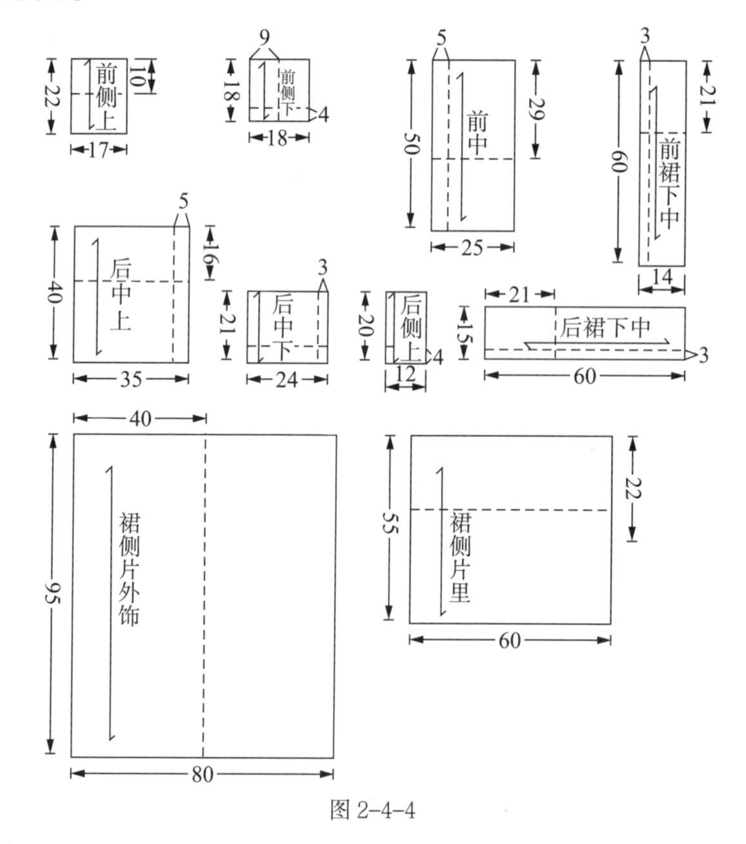

图 2-4-4

3. 操作过程

（1）取备好的上身前中片坯布，用大头针在前中线、胸围线和腰围线上固定。修剪出领口造型后，留足缝份，在肩部固定，如图 2-4-5 所示，修剪出袖窿弧线，留足缝份，调整前中片使肩胸部平服，胸围线及腰节线处有一定的松量，将人台上的前中片形状复制到坯布上，用黑色标记带粘贴出前中片的轮廓线。清剪缝份，周边留出 1.5~2 cm 的缝份。

（2）取备好的上身前侧片坯布，依照人台上标记的位置固定，注意坯布丝缕的横平竖直。将布料推平，调整好造型，如图 2-4-6 和图 2-4-7 所示，修剪袖窿弧线，留出充足的缝份量，将人台上标记的前侧片的形状复制到坯布上，用黑色标记带粘贴出前侧片的轮廓线。清剪缝份，周边留出 1.5~2 cm 的缝份。

（3）取备好的上身后上片坯布，使坯布上绘制的标记线（后中线、背宽线、胸围线）与人台上对应的基准线对齐，注意坯布丝缕的横平竖直，用大头针在后中线和背宽线上固定。修剪出领口造型，在肩部固定，如图 2-4-8 所示，使后上片在人台上平整服贴，修剪出袖窿弧线，留足缝份，在侧缝线固定。依照人台上标记线修剪出背部镂空弧形分割线，留足缝份，将人台上的后上片形状复制到坯布上，用黑色标记带粘贴出后上片的轮廓线，清剪多余布料，周边留出 1.5~2 cm 的缝份。

图 2-4-5

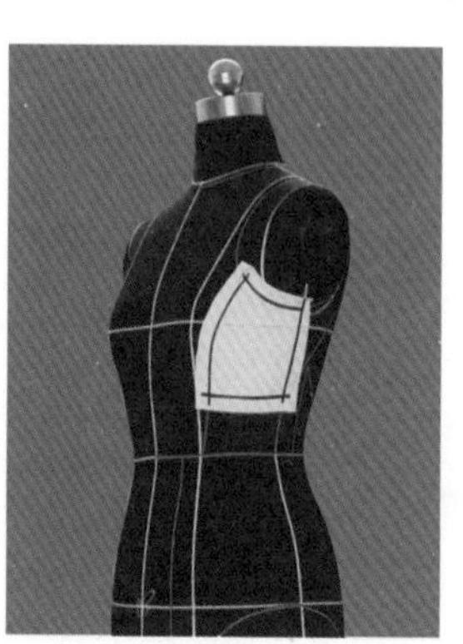
图 2-4-6

图 2-4-7

图 2-4-8

图 2-4-9

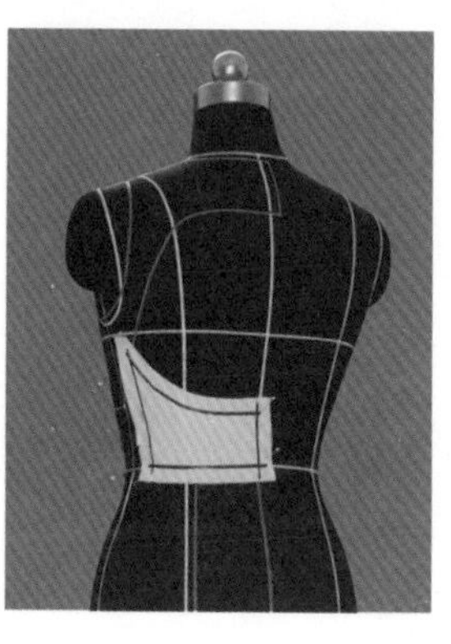
图 2-4-10

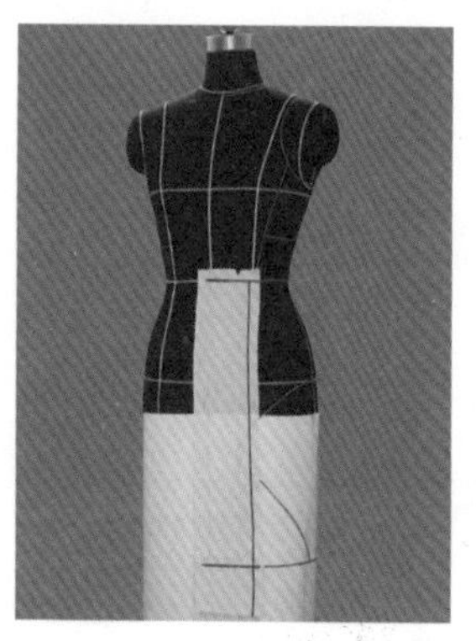
图 2-4-11

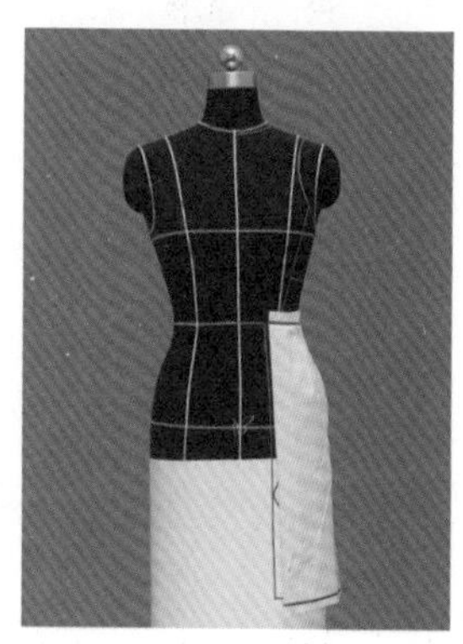
图 2-4-12

（4）取备好的上身后侧片坯布，对合标记线，注意坯布丝缕的横平竖直，固定侧缝线、后中线和腰节线，调整好造型后在腰背部固定，如图 2-4-9 和图 2-4-10 所示，修剪背部弧线，留出充足的缝份量。用黑色标记带粘贴出后侧片的轮廓线，清剪多余布料，周边留出 1.5~2 cm 的缝份。

（5）取备好的前中片坯布，对合前中线、腰节线、臀围线等，注意坯布丝缕的横平竖直，沿前中线、臀围线固定，如图 2-4-11 所示，将腰腹部推平固定，调整出合体效果，用黑色标记带粘贴出裙片的轮廓线。清剪多余布料，留出缝份。

（6）取备好的前裙侧片坯布，用大头针沿臀围线固定，如图 2-4-12 所示，依照人台上的标记线将腰腹部余量收省固定形成合体效果，调整造型在腰腹部留出松量，用黑色标记带粘贴出前裙片的轮廓线。清剪多余布料，周边留出缝份。

（7）取备好的裙子后中片坯布，用大头针沿后中线、臀围线固定，如图 2-4-13 所示，将腰臀部推平固定，做出合体效果，用黑色标记带粘贴出裙片的轮廓线。清剪多余布料，周边留出 1.5~2 cm 的缝份。

（8）取备好的后裙侧片坯布，用大头针沿臀围线固定，如图 2-4-14 所示，依照人台上的标记线将腰臀部余量收省固定形成合体效果，调整造型在腰臀部留出松量，将人台上标记的后裙侧片的形状复制到坯布上，用黑色标记带粘贴出后裙片的轮廓线。清剪多余布料。周边留出 1.5~2 cm 的缝份。

（9）如图 2-4-15 所示，将备好的裙侧装饰褶坯布依照款式造型和人台上的标记线位置固定，以前后中心线为对称形成夸张造型的大褶裥，位于人体前后腰腹部和腰臀部，两侧形成双层波浪褶，因余量处于半固定状态，外观效果的装饰性很强。用黑色标记带粘贴出轮廓线，清剪多余布料，留出 1.5~2 cm 的缝份。

4. 整理与版型修正

将立体裁剪好的所有衣片、裙片依照款式图假缝在一起，穿在人台上，调整各部位的造型及松量，清剪多余布料，留出 1.5 cm 的缝份量，如图 2-4-16~ 图 2-4-18 所示。

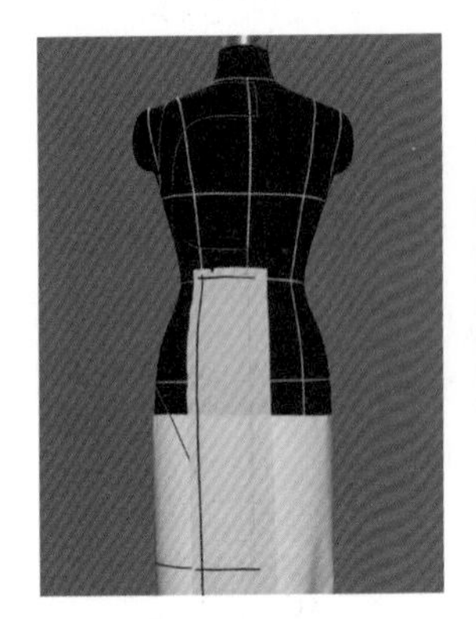
图 2-4-13

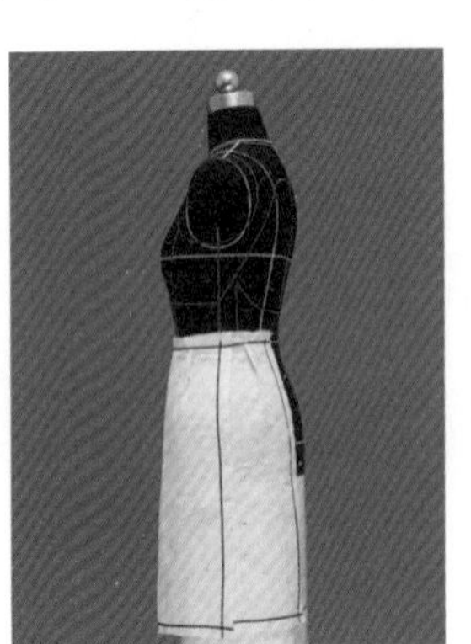
图 2-4-14

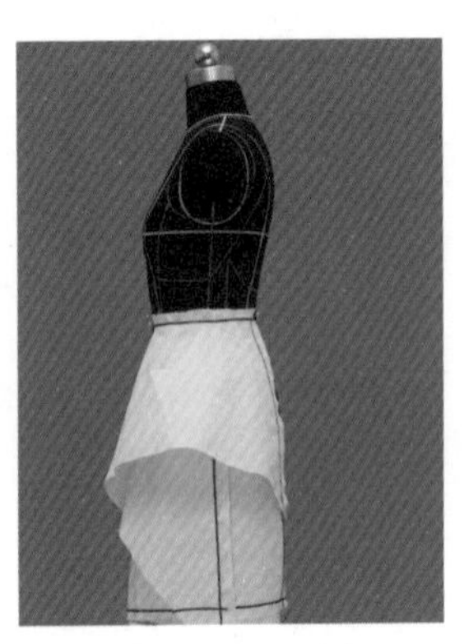
图 2-4-15

图 2-4-16

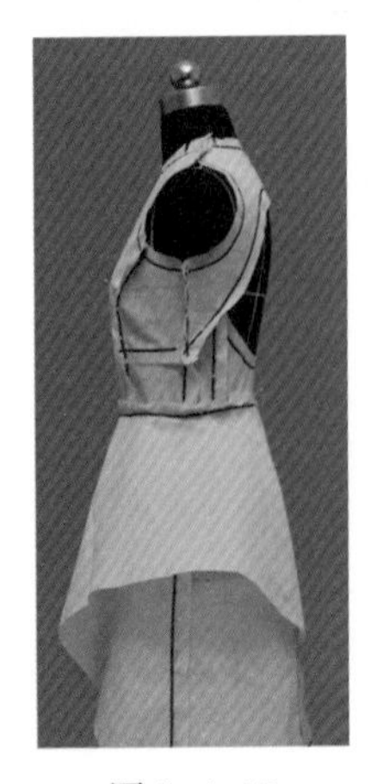
图 2-4-17

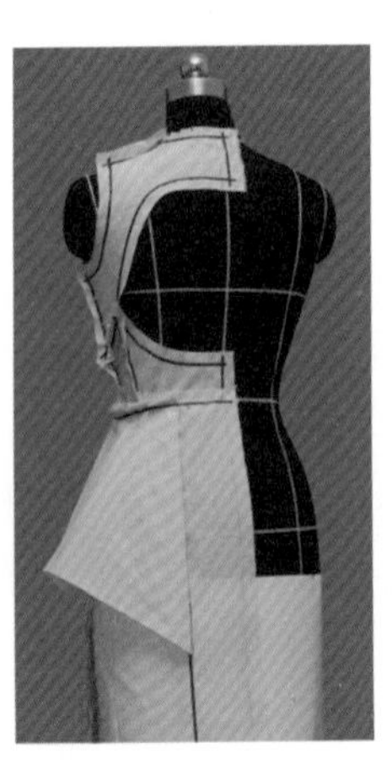
图 2-4-18

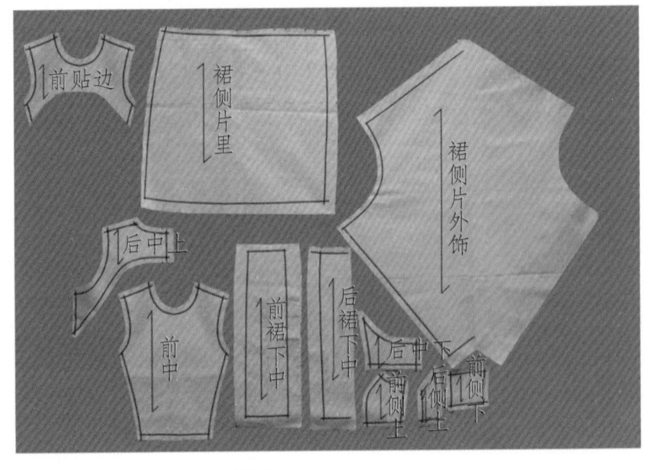

图 2-4-19

5. 工业样板制作

调整修剪好的白坯布衣片版型，如图 2-4-19 所示。

由于服装款式各异、布料组织结构及厚薄不同、服装工艺制作及机器类型的差异、服装的品质要求不同等，都会影响实际生产，因而样板的制作会有不同的要求，样板加放的缝份量也会有所不同。一般情况下，弧线部位的缝份量较小。

6. 成衣缝制工艺文件

（1）工艺单见表 2-4-1。

表 2-4-1　连衣裙工艺文件

款号：连衣裙	尺寸表　单位：cm	
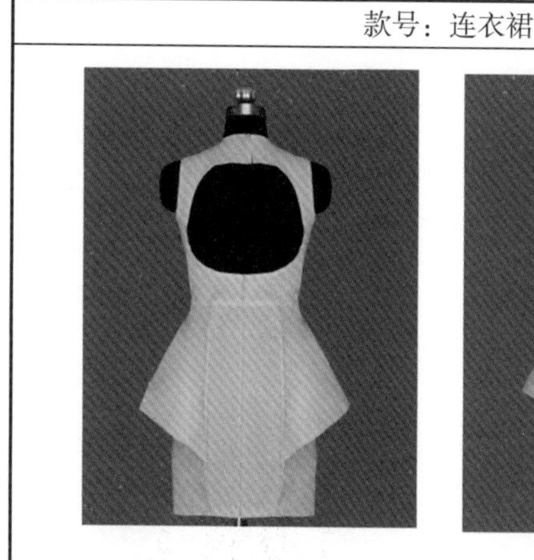 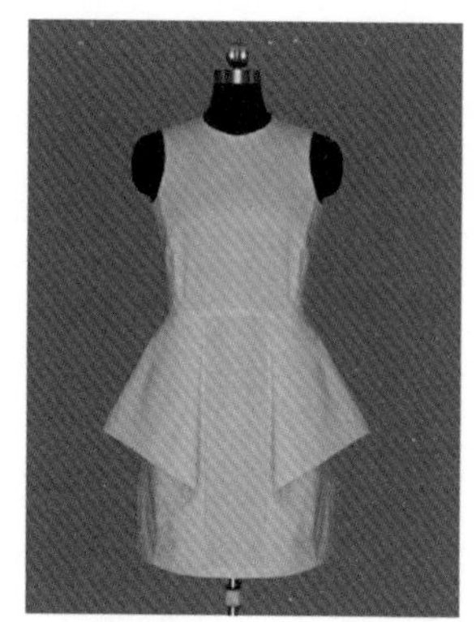	裙长（肩颈点至下摆）	90
	上身长	38
	胸围	90
	腰围	68
	臀围	92
	下摆	94
	领宽	18
	肩宽	36
	前领深	12
	波浪长（斜边）	30
	波浪宽（最宽处水平量）	25

面辅料列表

名称	颜色	规格	使用部位	备注
平纹棉布	白色	140	大身	
隐形拉链	白色	30	开口	
暗扣	白色		开口	

工艺要求：

1. 所有线条顺直，针距一致为 2.5 mm；所有车缝线配面料颜色；
2. 领口袖窿卷边圆顺平服，宽窄一致，不外翻，不起纽；0.6 cm 明线；
3. 袖窿处注意大小尺寸，大小合适，穿着不会露出内衣；
4. 后背镂空形状左右对称，卷边圆顺平服，宽窄一致，不能外翻，0.6 cm 明线；
5. 前中拼接全部为 0.6 cm 明线；
6. 裙摆左右拼接形状一致，左右对称；
7. 裙摆拼接片需黏衬，注意不能有气泡；
8. 后背隐形拉链开口，拉链需平服，不能起皱起拱，上口左右高低必须一致；
9. 后领暗扣，不能外露，不能掉；
10. 裙摆所有拼接片需左右对称；
11. 卷边不能起纽。

制表		日期		审核		日期	

（2）工艺流程如图 2-4-20 所示。

7. 成衣效果

把修好的版型重新拓制在白坯布上，假缝后再次穿在人台上，以成衣效果展示，如图 2-4-21 和图 2-4-22 所示。

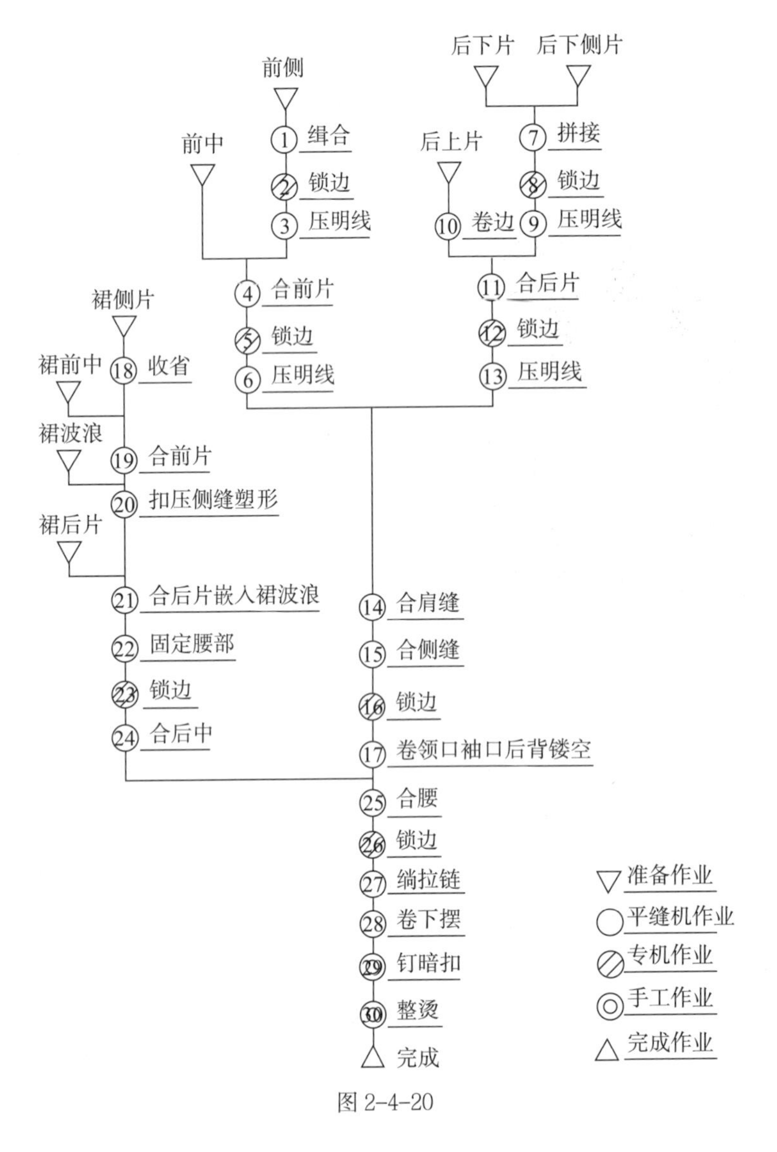

图 2-4-20

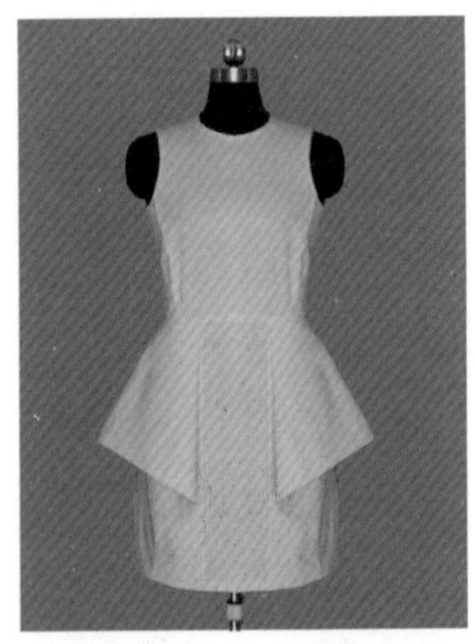

图 2-4-21

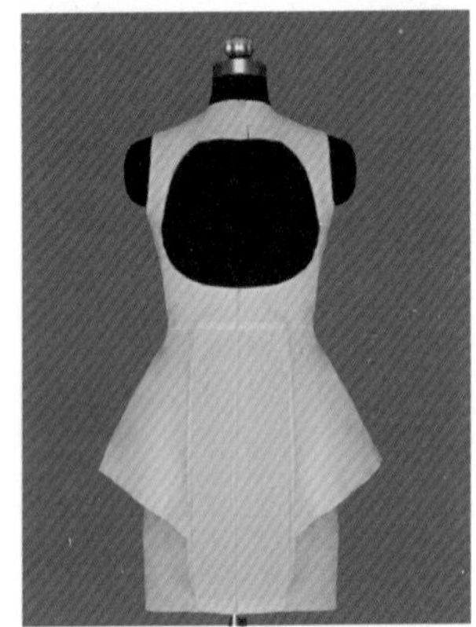

图 2-4-22

3

项目三　女衬衫立体造型与制作

知识目标

- 掌握手臂的制作过程、人台补正知识及衬衫的规格设计要点。
- 根据款式特点选择合适的立体造型操作方法。
- 熟练掌握合体类及休闲类女衬衫结构的处理技巧。

技能目标

- 学会分解女衬衫的结构，并能准确把握每一个部位的比例关系和造型特点。
- 能够根据不同的女衬衫款式进行立体裁剪。

任务一　休闲式半袖女衬衫的立体造型与制作

任务提出

根据款式图 3-1-1 的效果分解服装的结构，在人台上用立体裁剪的方法完成女衬衫结构设计，并选择合适的面料进行假缝。

要求：假缝效果与款式图造型一致，比例关系匹配。

图 3-1-1

任务分析

1. 女衬衫的款式分析

此款女衬衫的特点是前开口，明贴门襟，阔立领，有褶饰的灯笼形半袖，前后衣身设肩育克。前衣片胸围以上部分弧形分割设计，胸围以下加褶宽松休闲；后衣片横向弧线形分割，育克中间规律压褶设计，衣片中间设自然褶，使得该款服装极富动感。褶的设计是此款衬衫的时尚亮点，让职场女性的强势气场中多了几分柔美婉约，既甜美又性感。完成此款需要了解衣身的结构变化原理，掌握基础的衣身立体制作过程，并结合运用分割线与褶饰造型方法来完成整体的塑形。

2. 女衬衫的结构分解

此款女衬衫的结构是单立领结构，领口开度较大，领面较宽，领型夸张，前中扣合。半袖结构，袖山头切展增加较多横向褶量，袖子较贴体。衣身由前肩育克 2 片、前上片 6 片、前下片 2 片、后育克 1 片、后片 1 片，共计 12 片组成，外加门里襟明贴边。衣长为常规设计，在臀围线以下部位。在处理造型线时需要注意把握好每个裁片的比例关系，确定分割线及褶的位置。

相关知识

1. 手臂的制作

手臂与人体模型一样是立体裁剪不可少的工具，手臂模型是仿人体手臂的形状而制作的。最外层用布料包裹，内部用棉花充填（一只手臂约用 150 g 棉花）。手臂模型可以自由拆卸，在立体制作需要时可装上，使人体模型更符合真实人体。

（1）材料：准备白坯布（长 × 宽）70 cm× 40 cm，撕掉 2 cm 布边，将布纹丝缕整理好并熨烫平整，厚度为 1.6 cm 的填充棉（约 150 g），缝纫线。

（2）制图：手臂模型结构图如图 3-1-2 所示。

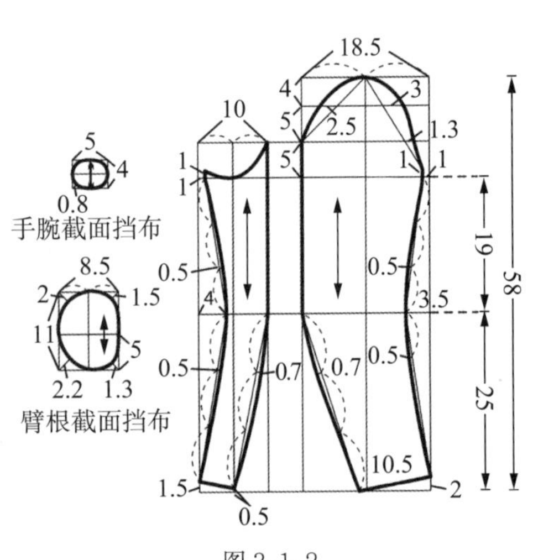

图 3-1-2

（3）裁剪：用白坯布粗裁，袖中线、袖肥线、袖肘线各部位的纵横丝缕方向都用有色线缝出标记。这些线与纸样对应，四周加放缝份，进行裁剪。

（4）缝制

① 前后袖缝对齐缝合，做出手臂向前弯曲形状的手臂套。

② 裁剪填充棉，装于手臂套内，整理出与人体手臂相似的向前弯曲形状。

③ 臂根围挡布和腕围挡布周边用线抽缩缝，在中间塞入厚纸，将缝份抽缩。

④ 手腕处用手缝，均匀分配抽缩量，将手腕挡布与手臂对准缝合。

⑤ 抽缩臂根围并整理好缩缝量，将手臂根围处与臂根围挡布对准缝合。

⑥ 将准备好的装袖布条固定密缝在手臂的袖山头部位，用于装手臂。

（5）使用：将手臂装在人台上，使手臂的臂根贴合在人台的臂根部，并把手臂肩头的布条紧紧地固定在人台的肩部。调整手臂与人台的关系，使其符合人体手臂向前弯曲的形状以及手臂与人体躯干部分正常的组合形态。

2. 衬衫的规格设计要点

服装规格中的衣长、袖长、胸围、领围、肩宽、裤长、腰围、臀围等，就是用控制部位的数值加上不同的放松量来制定。为了方便使用，一般可用“号”的百分率加减放松量来确定衣长、袖长、裤长的规格，用“型”加放松量来确定胸围、腰围的规格。领围、肩宽、臀围的数值再加上放松量作为服装围度的规格。

服装规格设计具有随意性和极限性。随意性是指服装长度和围度可以随服装款式和结构的变化设计规格，上衣规格可长也可短，有的款式上衣露脐，有的款式衣长过臀，随意设计可以产生标新立异的效果。极限性是指服装规格设计受到人体的制约有个最低极限，即上衣再短也不能没有摆缝，围度再小也不能小于人体围度。女衬衫规格设计见表 3-1-1。

表 3-1-1 女衬衫规格设计

单位：cm

部 位	计 算 公 式	加放松量参考值		衬衫款式图
胸围	胸围 = 型 + 定数	紧身型	6~10	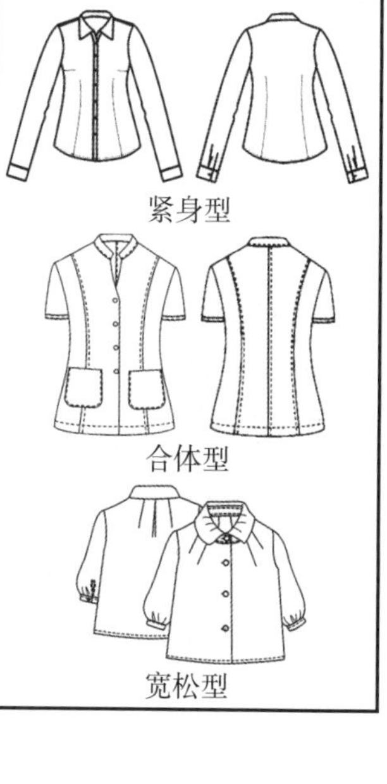 紧身型 合体型 宽松型
		合体型	10~14	
		宽松型	大于 20	
腰围	腰围 = 净腰围 + 定数	紧身型	6~10	
		合体型	10~14	
		宽松型	与胸围同大	
领围	领围 = 颈围 + 定数	紧身型	1~1.5	
		合体型	1.5~2.5	
		宽松型	2.5	
肩宽	总肩宽 = 总肩宽（净体）+ 定数	紧身型	0~1	
		合体型	1~2	
		宽松型	3~4	
衣长	衣长 = 号 ×40% ± 定数		6	
腰节	腰节长 = 号 ×25%		减 0~2	
袖长	袖长 = 号 ×30% ± 定数		10	

3. 两片袖的立体制取

两片袖结构是由大小两块袖片组成，是一种合体式的袖结构。两片袖的立体裁剪一般是以手臂为基础，先完成大小袖片的基本形，用立体裁剪和平面裁剪相结合的方法修正袖山弧线，最后在人台上确定两片袖的造型。

操作步骤如下：

（1）用两块白坯布覆盖在手臂上，分别量出长度和宽度并加放一定的松量，标示出大小裁片的中心线和袖肥线。从布边至袖山顶 3 cm 处作一记号，覆盖在手臂上，同时将布样在中心线处放松量 3 cm 左右，顺手臂向下逐一固定，余量向两侧推移至袖缝处，并作出记号，如图 3-1-3~ 图 3-1-5 所示。

（2）将小袖片布料置于手臂内侧部分，与大袖片顺分割线部位捏合处理。调整袖山顶部吃量和袖窿固定，如图 3-1-6 和图 3-1-7 所示。

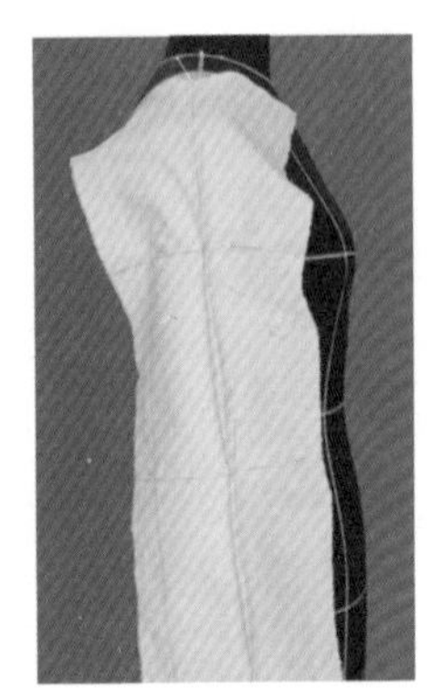
图 3-1-3

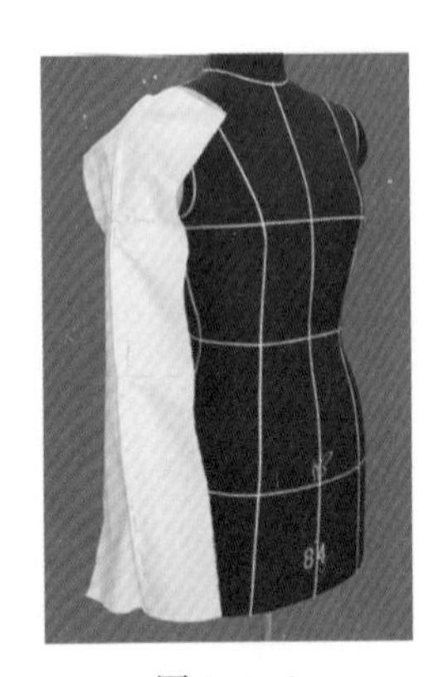
图 3-1-4

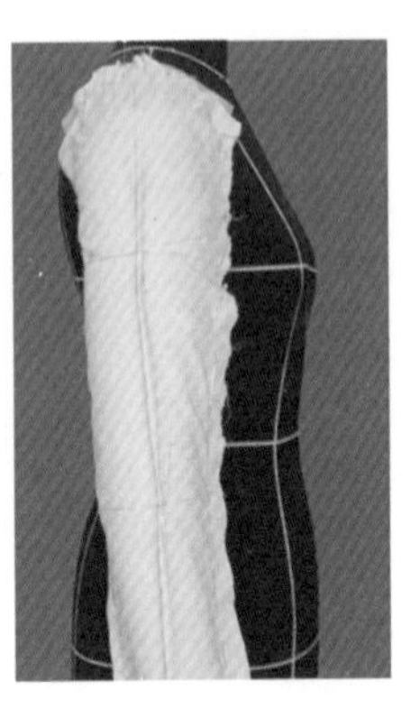
图 3-1-5

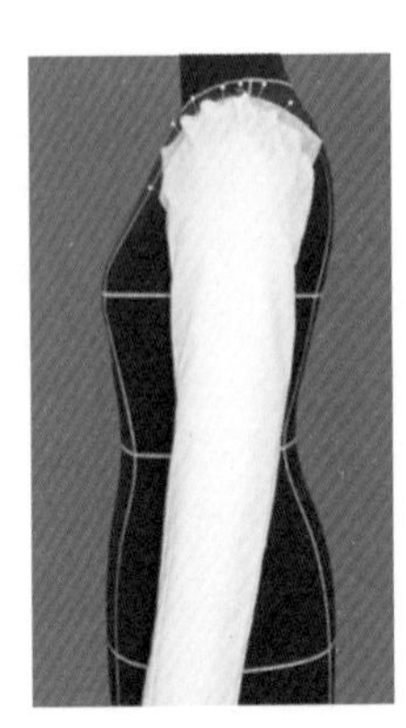
图 3-1-6

（3）小袖片袖窿操作步骤与大袖片相同，因在手臂内侧需要粗裁，所以将手臂取下调整，如图 3-1-8 所示。

（4）基本型完成后分别取下，置于平台上，依据平面裁剪的方法画出袖山弧线，并留有一定的余量，剪去多余的布料，如图 3-1-9 所示。

（5）用手针将大小袖片缝合并与衣身复合，重新修正，最后确定袖片版型，如图 3-1-10 所示。

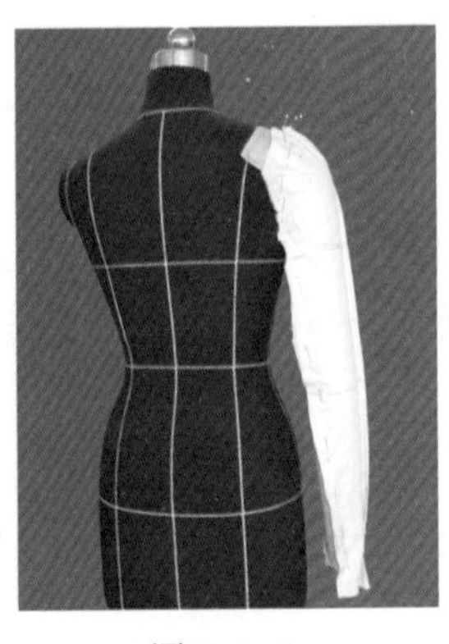
图 3-1-7

图 3-1-8

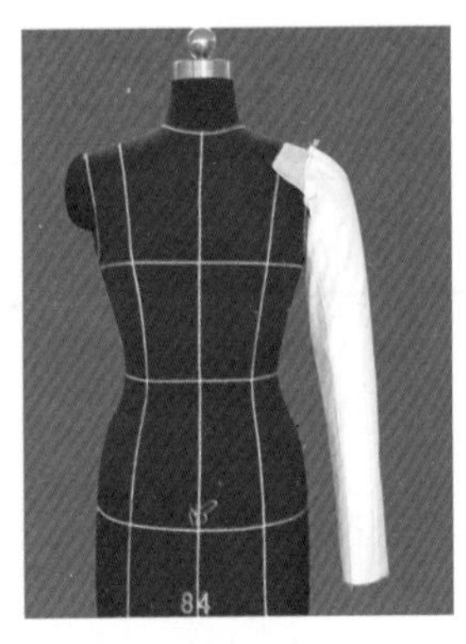
图 3-1-9

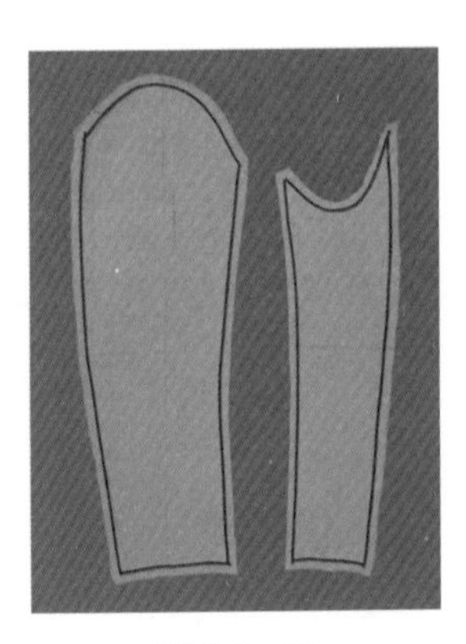
图 3-1-10

任务实施

1. 规格设计

尺寸规格见表 3-1-2。

表 3-1-2　尺寸规格表　　单位：cm

号型	衣长	胸围	领围	肩宽	袖长
160/64A	66	102	38	40	8

2. 裁片的准备

按布料纵横向打剪口，并将布边用手撕掉，把布纹熨烫整理好，保证布料的丝缕横平竖直。取料图如图 3-1-11 所示。

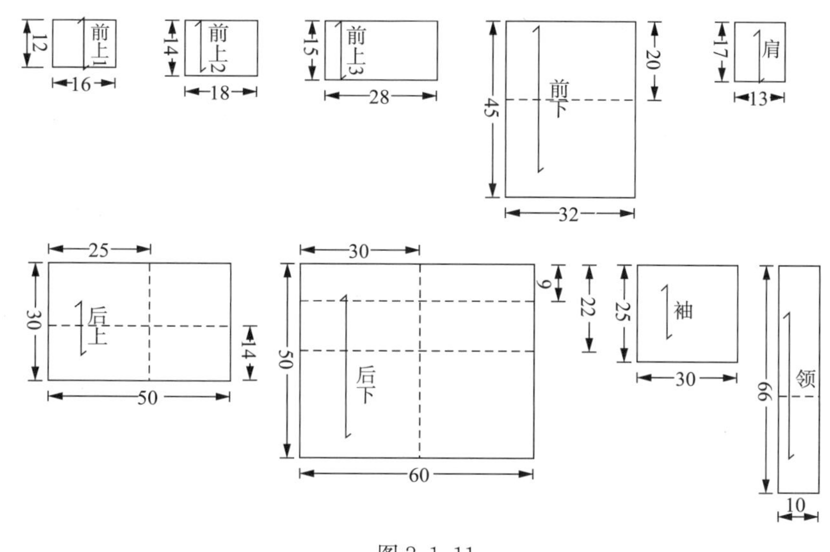

图 3-1-11

3. 操作过程

（1）按照款式图所示结构特征，在人台上用红色标记带粘贴出前后衣片的领口位置、前门襟位置及门襟宽度、肩育克线、肩胸部的弧形分割线、肩背部的弧形分割线以及下摆位置线，如图 3-1-12 和图 3-1-13 所示。

（2）取备好的肩育克坯布，用大头针沿肩线固定在人台上，注意坯布丝缕方向的横平竖直，用黑色标记带将人台上的肩育克形状复制到坯布上，清剪周边的多余布料，留出 3 cm 左右的缝份量，如图 3-1-14 所示。

（3）取备好的前上片坯布一块，用大头针沿前中心线和肩育克线分别固定在人台上，注意坯布丝缕方向的横平竖直。用黑色标记带将人台上的前上片刀斧形状复制到坯布上，清剪周边的多余布料，留出 3 cm 左右的缝份量。如图 3-1-15 所示，用同样的立体裁剪方法获得另一片刀斧形的前上片。清剪刀斧形的衣片周边的多余布料，留出 2 cm 左右的缝份量。

（4）取备好的前上侧片坯布一块，将坯布上的基准线与人台上对应的标记线对准，用大

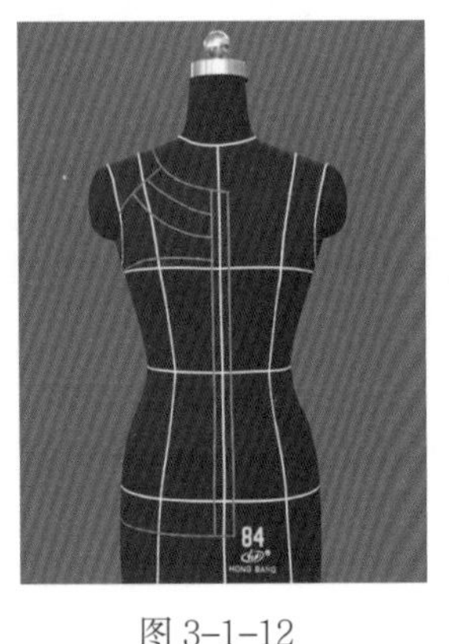
图 3-1-12

图 3-1-13

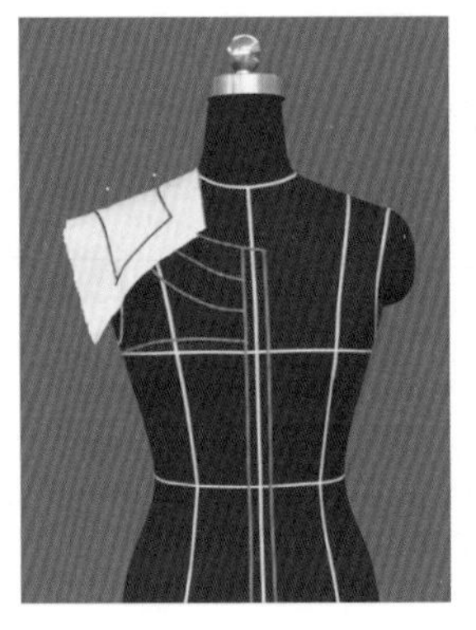
图 3-1-14

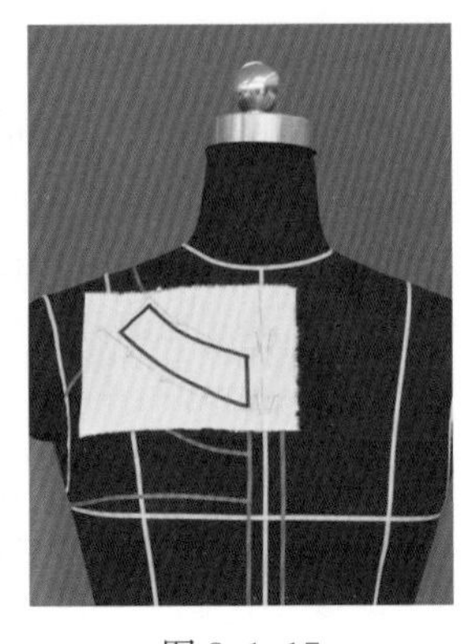
图 3-1-15

头针固定在人台上。注意坯布丝缕方向的横平竖直，调整胸部的松量，使其松紧适宜。修剪袖窿弧线，清剪缝份，留出较大的余量，用黑色标记带将人台上的前上侧片的形状复制到坯布上，如图 3-1-16 所示。

（5）取备好的前下片坯布一块，将坯布上的基准线与人台上对应的标记线对准，用大头针沿前中心线固定在人台上，在胸围线上边弧形分割线的中间位置，用大头针固定四个 1~1.5 cm 的褶，再将坯布与侧缝线固定。注意坯布丝缕方向的横平竖直，用黑色标记带将人台上的前下片形状复制到坯布上，清剪多余布料，周边留出较大的余量，如图 3-1-17 所示。

（6）取备好的后育克坯布，中间偏右侧熨烫出三个 1~1.5 cm 大的顺向压褶；将坯布上的基准线与人台上对应的标记线对准，再用大头针固定在人台上，注意坯布丝缕方向的横平竖直；修剪出袖窿弧形，周边留出较大的余量；用黑色标记带将人台上的后育克形状复制到坯布上，如图 3-1-18 所示。

（7）取备好的后下片坯布，将坯布上的基准线与人台上对应的标记线对准，用大头针沿后育克线、侧缝线将坯布固定在人台上，同时在背中线右侧固定四个约 1~1.5 cm 大的褶，注意坯布丝缕方向的横平竖直；修剪出弧形分割线形状，周边留出较大的余量；用黑色标记带将人台上的后育克弧形分割线、侧缝线、下摆形状复制到坯布上，如图 3-1-19 所示。

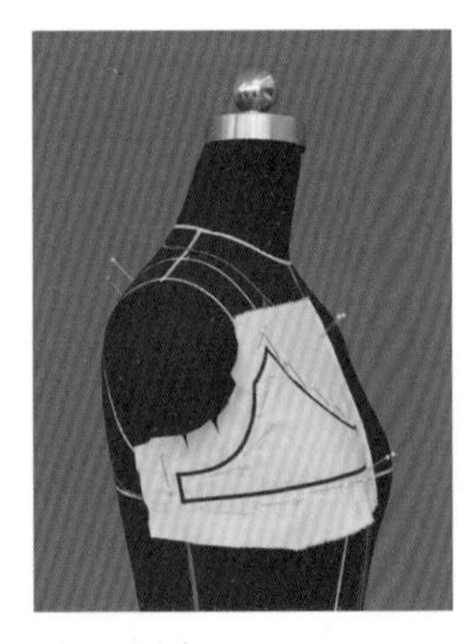
图 3-1-16

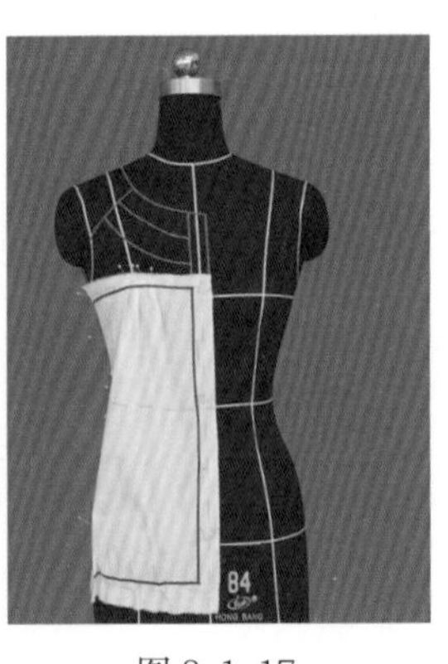
图 3-1-17

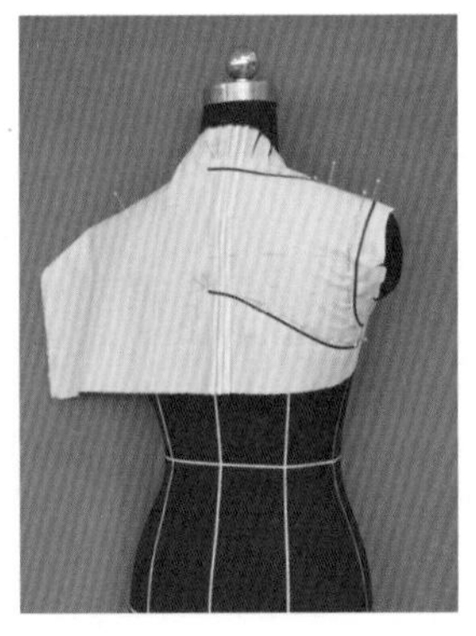
图 3-1-18

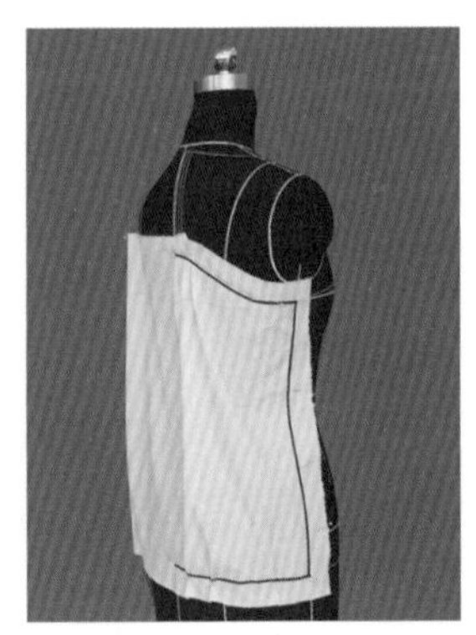
图 3-1-19

（8）取备好的袖子坯布，用大头针沿袖窿弧线的上半部分固定坯布，调整松量达到松紧适中；用黑色标记带粘贴出半袖形状，清剪多余布料，周边留出较大的余量，如图 3-1-20 所示。

（9）将立裁出的各个对称衣片复制后，按照款式图所示结构构成，将所有衣片用大头针假缝在一起，穿到人台上。将备好的领子绱缝到衣服的领口，再将备好的门里襟贴边假缝在前衣片上，如图 3-1-21~ 图 3-1-23 所示。

4. 整理与版型修正

（1）从各个角度和不同方向观察立裁造型效果，依据款式图调整不尽合理的结构线以及放松量的分配。

（2）胸部褶量及放松量设为 18 cm，1/4 衣片在胸围各放 4 cm，剩下 2 cm 在 1/4 衣片侧缝处加放 2 cm，侧缝在腰部略收进。衣服长度超过臀部，调整臀部的放松量使衬衫宽松不贴体，如图 3-1-23 所示。

（3）衬衫领按照单立领的立体裁剪过程进行，注意领与脖颈间空隙度的把握。

（4）调整好造型后，清剪缝份，袖口和侧缝处留 2.5 cm，其余部位留 1 cm，如图 3-1-24 所示。

5. 成衣效果

把修好的版型重新拓制在白坯布上，假缝后再次穿在人台上，以成衣效果展示，如图 3-1-25 和图 3-1-26 所示。

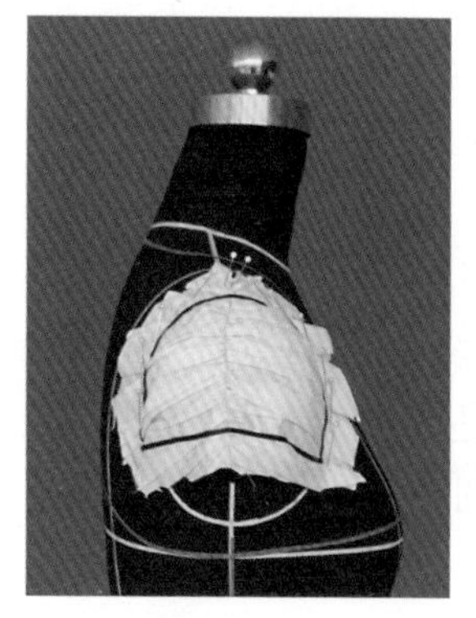

图 3-1-20

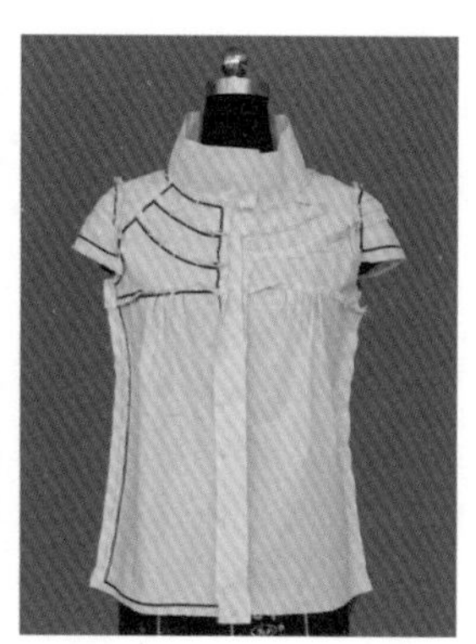

图 3-1-21

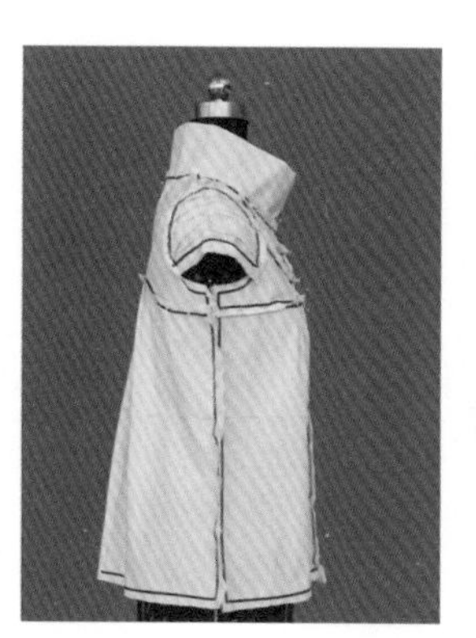

图 3-1-22

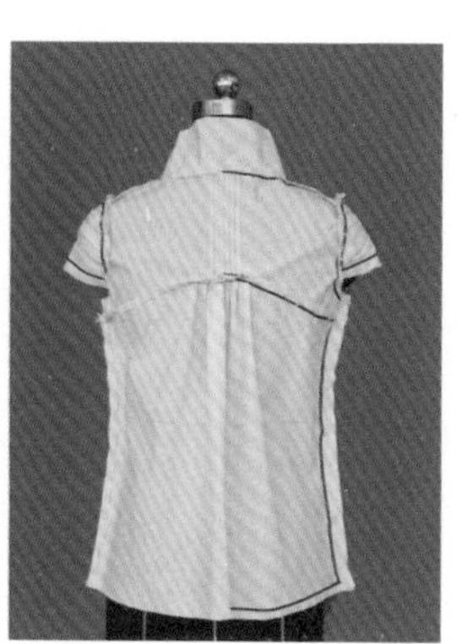

图 3-1-23

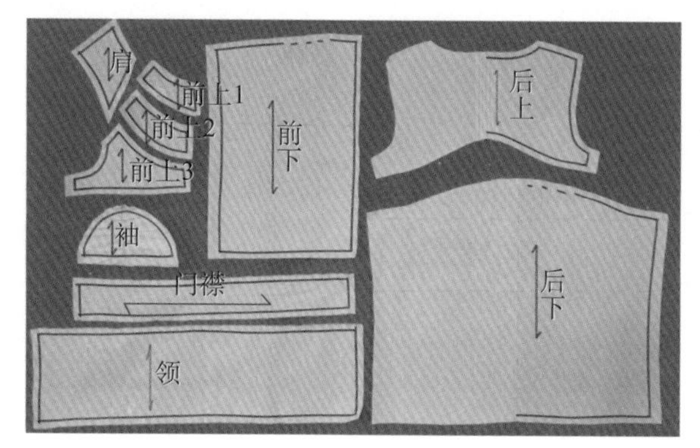

图 3-1-24

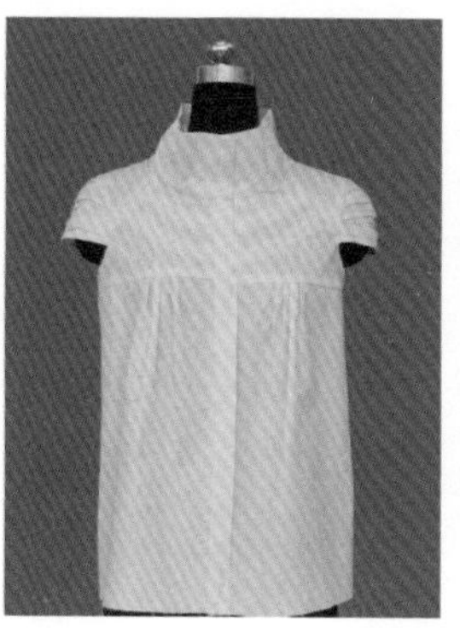

图 3-1-25

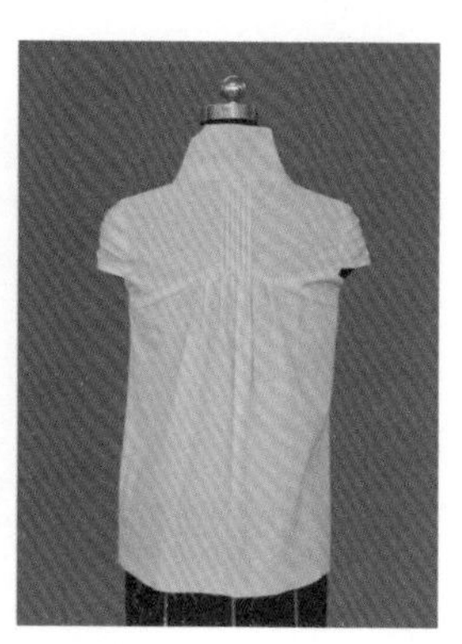

图 3-1-26

任务二　坦领短袖女衬衫的立体造型与制作

任务提出

根据款式图 3-2-1 的效果分解服装的结构，在人台上用立体裁剪的方法完成女衬衫的结构设计，并选择合适的面料进行假缝。

要求：假缝效果与款式图造型一致，比例关系匹配。

图 3-2-1

任务分析

1. 女衬衫的款式分析

此款女衬衫的款式特点是坦领，灯笼袖，直腰身，胸围和臀围处贴体，腰围的放松量设计较大，臀围线以下装宽荷叶边下摆。前胸部设规律压褶，前门襟为套头式装门襟，明贴门襟两边以本色布抽木耳褶装饰。后衣身设肩育克。胸围以下加褶宽松休闲，臀部贴体并以窄带固定荷叶形宽下摆，使得该款衬衫富有童趣。完成此款设计需要了解衣身的结构变化原理，掌握基础的衣身和袖子立体制作过程，并结合运用分割、褶饰造型方法来完成整体的塑形。

2. 女衬衫的结构分解

此款女衬衫是坦领结构，领口开度为基本领口尺寸，领面较宽，前中扣合。衣身由前肩育克、前下片、后育克、后下片、荷叶形宽下摆、臀部窄带、门里襟、抽褶装饰边等衣片组成。衣长为非常规设计，衣下摆为荷叶边，在臀围线以下部位。一片袖结构，装袖头，袖山切展增加较多褶量，袖身较宽，袖口抽褶，形成灯笼形状。在处理造型线时需要注意把握好每个裁片的比例关系，确定分割线、褶裥的位置和大小。

相关知识

1. 人台补正知识

人台是按照标准制作的，可以适应各种体型的需要，但与实际人体比较，总会有一些细微差别。如果需要根据某个体型进行立体裁剪时，就必须实施人台的补正；当造型需要强调某一部位时，也需要对该部位实施补正。操作时，只能加厚某些部位而不能切削。一般是用较薄的成型填料（如针刺棉）剪成需要的形状，厚度不足时，可在内层再重叠一片形状相似的小片，保证造型自然。

（1）胸部的补正：强调胸部的隆挺，根据人台实际状态，将垫布裁成椭圆形，加垫层纳缝后，用大头针固定在人台上。补正后不能破坏胸部自然优美的造型。

（2）肩部的补正：强调平肩效果时加垫肩。可根据需求选用适当的成品垫肩，如有特殊需要，也可以自制垫肩。

（3）背部的补正：依据人体特征加附椭圆形垫片，进行肩胛骨的突出补正，可加强造型的立体感。

（4）肩背部的补正：为突出肩背厚度，需要进行补正。由薄至厚添加垫片，使形状自然，且保留背部立体造型。

（5）胯部的补正：为突出胯部，需要进行补正。这种加附大多是为满足体型的要求。补正时注意腰围至臀围的自然过渡。

任务实施

1. 规格设计

尺寸规格见表 3-2-1。

2. 裁片的准备

表 3-2-1　尺寸规格表　单位：cm

号型	衣长	胸围	臀围	肩宽	领围	袖长	袖口
160/84A	76	102	94	40	38	25	15

女衬衫各个衣片立裁用坯布的备布尺寸及形状如图 3-2-2 所示，将各块坯布丝缕归正，整烫平整后，在坯布上用铅笔沿经纱方向画出前、后中线，沿纬纱方向画出胸围线、腰围线（红色虚线）等必要的基准线备用。

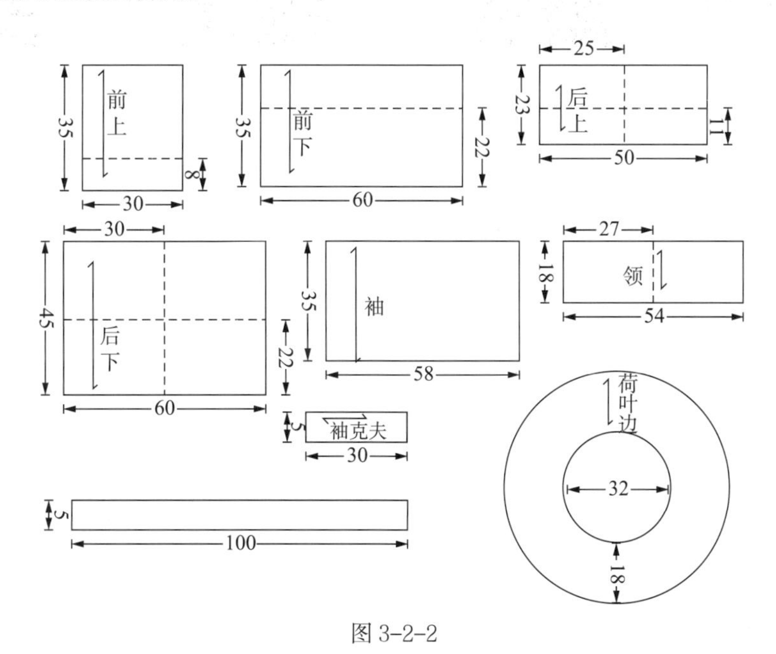

图 3-2-2

3. 操作过程

（1）依照款式图所示的结构特征，在人台上用红色标记带粘贴出前后衣片的领口位置、前门襟位置及门襟宽度、肩胸部的分割线及压褶位置、肩背部的分割线以及臀围线处的分割带宽度。用蓝色标记带粘贴出坦领的轮廓线，如图 3-2-3 和图 3-2-4 所示。

（2）取备好的前肩育克坯布，用大头针沿前中线、胸围线、肩线固定在人台上。修剪领口弧线并打剪口，留出缝份量，使颈部及肩部合体，固定颈肩点。按人台上红色标记带粘贴的褶位，别出四个规律压褶，每个褶为 2~4 cm。在胸围线上留 1 cm 松量，修剪出袖窿弧线，留出充足余量，注意坯布丝缕方向的横平竖直。用黑色标记带将人台上的前肩育克形状复制到坯布上，清剪肩缝线处、育克线处、领口及袖窿处的多余布料，留出 2 cm 左右的缝份量，如图 3-2-5 所示。

（3）将坯布上的基准线与人台上对应的标记线对准，用大头针沿前中心线固定在人台上，在胸围线下边分割线位置处和臀围线上，分别用大头针固定出 1~1.5 cm 大的自然褶数个（将松量形成的褶均匀分布），再将坯布与侧缝线固定。注意坯布丝缕方向的横平竖直，用黑色标记带将人台上的前下片形状复制到坯布上，清剪多余布料，周边留出较大的余量，如图 3-2-6 所示。

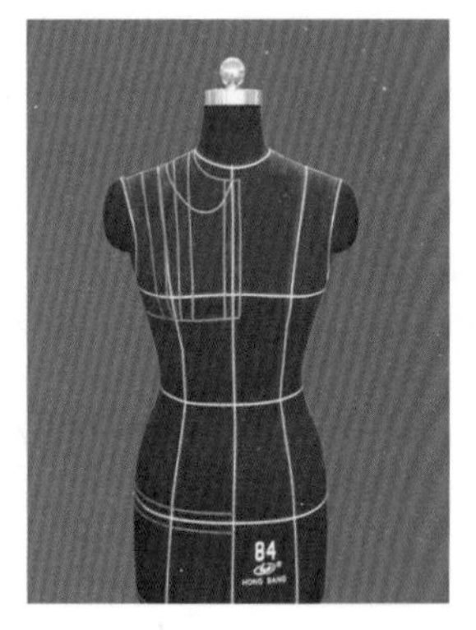

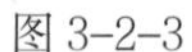
图 3-2-3

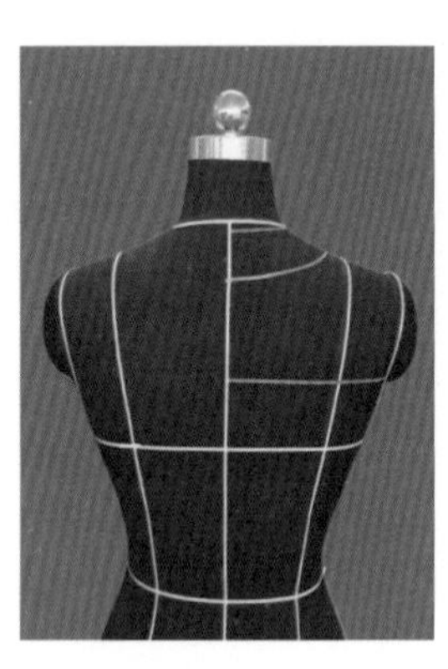

图 3-2-4

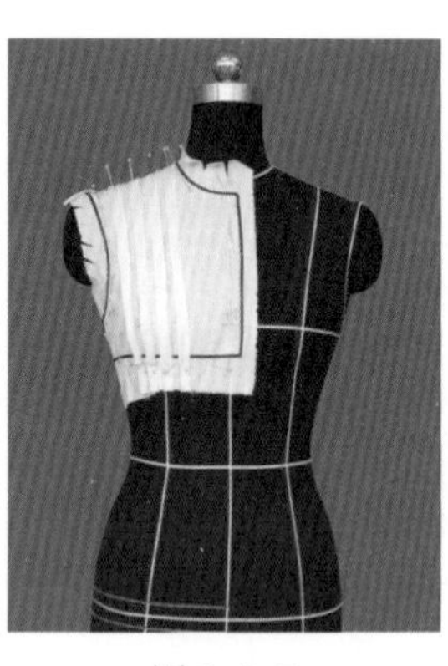

图 3-2-5

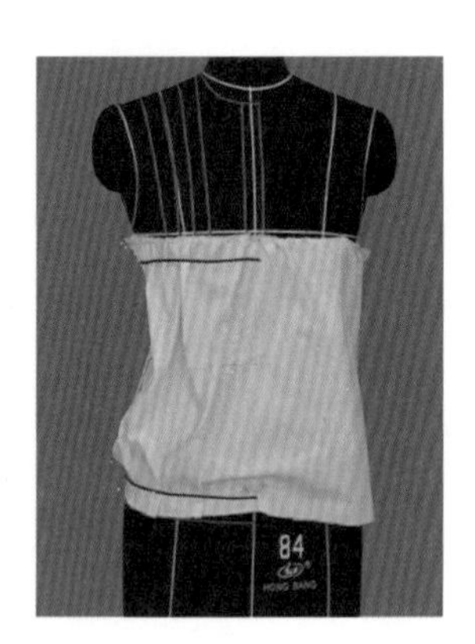

图 3-2-6

（4）取备好的后育克坯布，将其上基准线与人台上对应的标记线对准，再用大头针沿背中线、肩线、背宽线固定，注意坯布丝缕方向的横平竖直。修剪领口弧线并打剪口，留出缝份量，使颈部及肩部合体，固定颈肩点。修剪出袖窿弧形，周边留出较大的余量。用黑色标记带将人台上的后育克形状复制到坯布上，如图 3-2-7 所示。

（5）取备好的后下片坯布，将坯布上的基准线与人台上对应的标记线对准，用大头针沿后中线、胸围线将坯布固定在人台上，然后在后育克线和臀围线上分别固定数个约 1~1.5 cm 大的褶（将松量形成的褶均匀分布），注意坯布丝缕方向的横平竖直。再固定侧缝线，修剪出袖窿弧线的形状，周边留出较大的余量。用黑色标记带贴附出后育克分割线、侧缝线、臀围线的形状，如图 3-2-8 所示。

（6）取备好的荷叶边坯布，将其内圆周长弧线对准人台上臀围的标记线，用大头针固定，调整好坯布在臀围线上的松量及波浪褶的分布，再将分割带毛边折光固定在臀围线上，如图 3-2-9 所示。

（7）取备好的领子坯布，将领后中基准线对准人台上的后中心线并用大头针固定，在后领口线 1/3 处使纬向纱线与领口线重合，以横针固定，保持领后中线垂直，粗裁去多余的坯布。将坯布从后方披挂到肩部，沿颈部打剪口，并剪去多余布料，留足缝份，沿领口以横针固定领子，使坯布绕过肩颈部，且在肩背部和肩胸部平服。调整好领子松量和布纹方向，用黑色标记带将人台上蓝色标记带粘贴形成的领子轮廓线复制到坯布上，观察领子形状并微调，如图 3-2-10 所示。

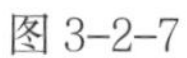
图 3-2-7

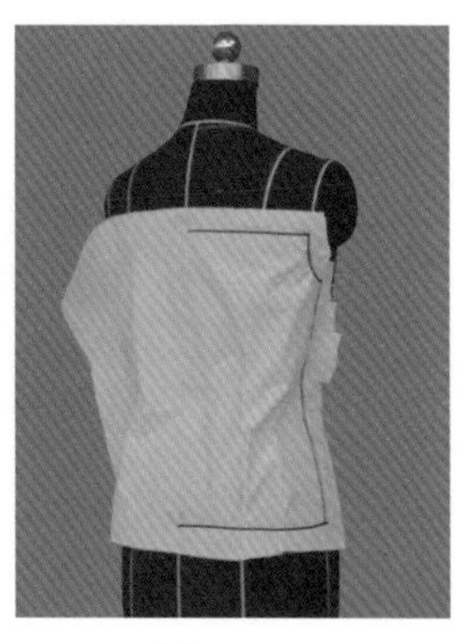
图 3-2-8

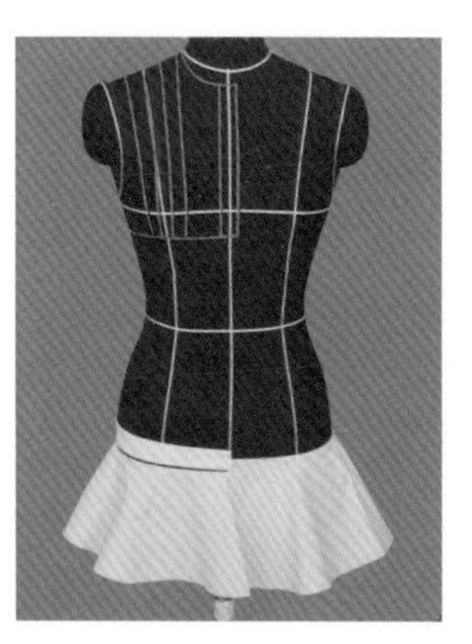
图 3-2-9

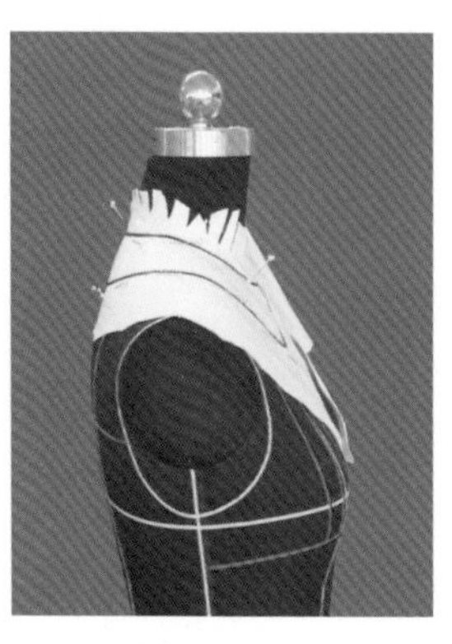
图 3-2-10

（8）将做好的手臂装在人台上，取备好的袖子坯布，使袖中线对准手臂上的标记线固定，粗裁袖山弧线，在袖山头均匀收褶固定。在前后袖山弧线处打剪口，将袖子坯布固定在人台所标记的袖窿弧线上，拉开手臂调整袖子的活动量，留足缝份，清剪多余布料，如图 3-2-11 所示。

（9）在袖口处收褶固定，调整褶量，形成完美的灯笼袖形状。用黑色标记带粘贴出袖窿弧线和袖口位置线，如图 3-2-12 所示。

（10）卸下手臂，观察、调整灯笼袖的袖窿、袖口以及放松量大小和袖子造型，达到与款式相符、完美无缺的效果，如图 3-2-13 所示。

4. 整理与版型修正

（1）将立体裁剪出的各个对称衣片复制后，按照款式图所示结构构成将所有衣片假缝在一起，穿到人台上。将立体裁剪好的领子、袖子（已绱好袖头）绱缝到衣身上，再将备好的门里襟贴边以及抽褶装饰花边假缝在前衣片开口处，如图 3-2-14 所示。

图 3-2-11

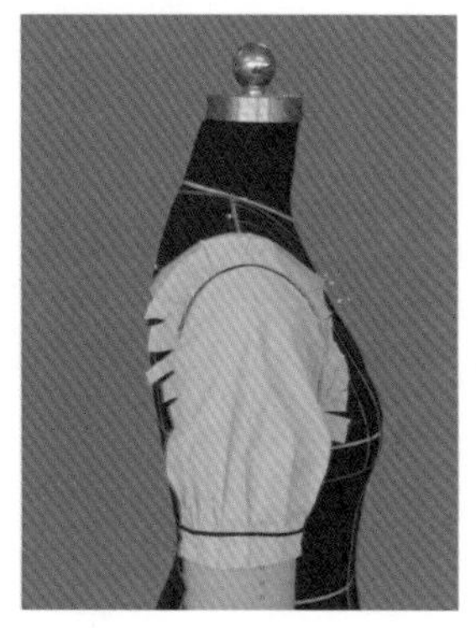
图 3-2-12

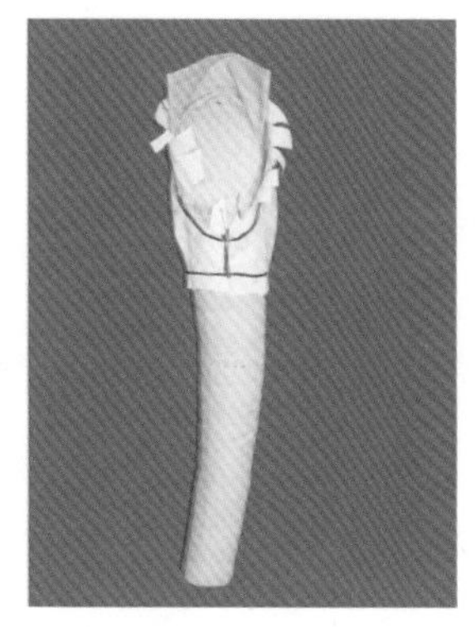
图 3-2-13

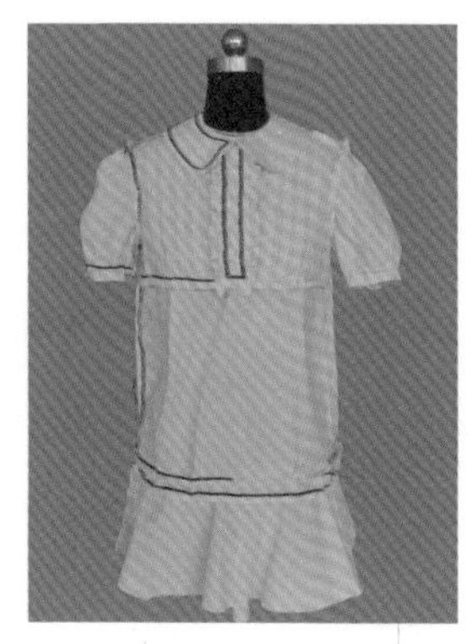
图 3-2-14

（2）胸部褶量及放松量设为 18 cm，1/4 衣片在胸围各放 4 cm，剩下 2 cm 在 1/4 衣片侧缝处加放 2 cm。衣服长度超过臀部，调整臀部的放松量使衬衫较为贴体，如图 3-2-15 所示。

（3）此款衬衫领子为坦领结构，注意领子与脖颈间空隙度的把握以及领子在肩背部和肩胸部的平整服贴效果，如图3-2-14和图3-2-16所示。

（4）从各个角度观察立裁造型效果，依据款式图调整不尽合理的结构线以及放松量的分配。调整好造型后，清剪缝份，袖各部位留1.5 cm缝份，用黑色标记带粘贴出各个衣片的轮廓线，如图3-2-14~图3-2-16所示。

（5）调整修剪好的白坯布衣片版型，如图3-2-17所示。

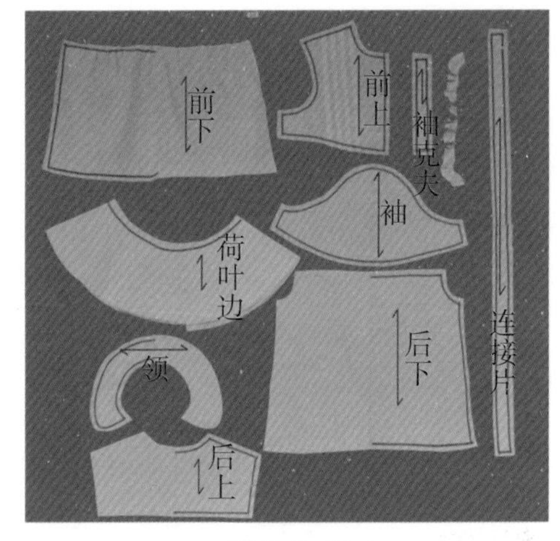

图3-2-17

5. 成衣效果

把修好的版型重新拓制在白坯布上，假缝后再次穿在人台上，以成衣效果展示，如图3-2-18和图3-2-19所示。

图3-2-15

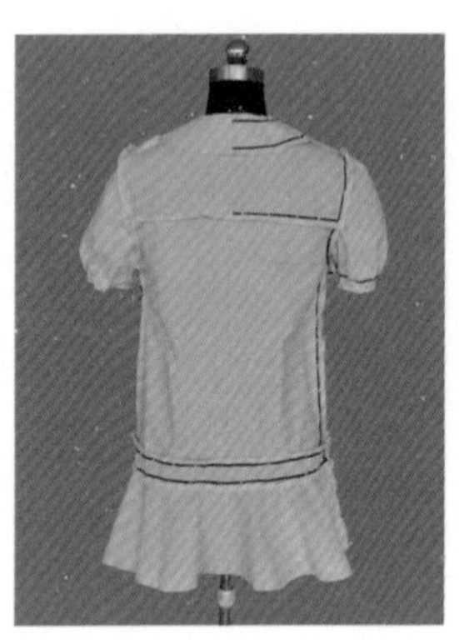
图3-2-16

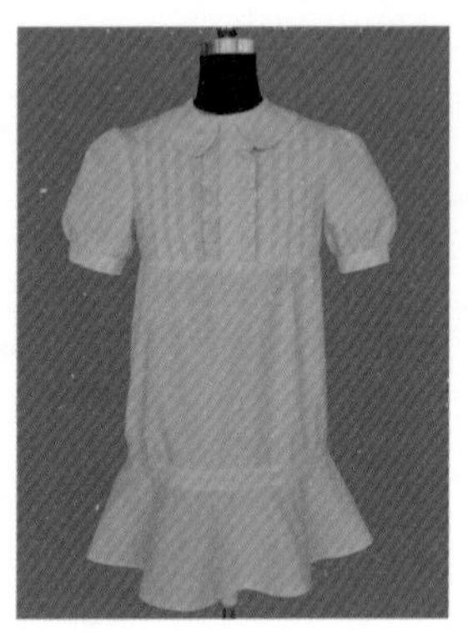
图3-2-18

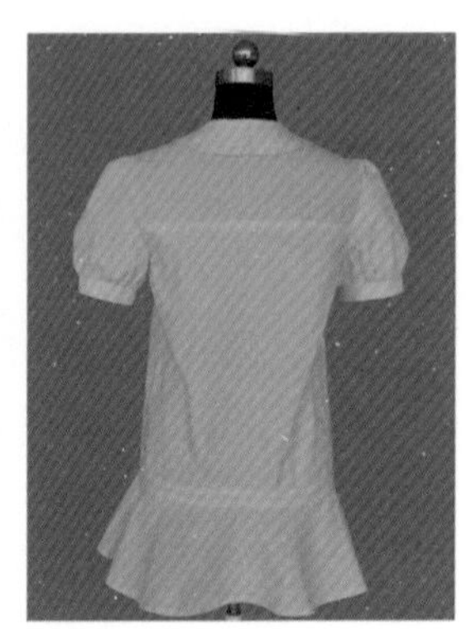
图3-2-19

任务三　圆领灯笼袖O型女衬衫的立体造型与制作

任务提出

1. 女衬衫的款式图

如图3-3-1所示。

图3-3-1

2. 任务要求

完成圆领灯笼袖O型女衬衫的立体造型和成衣效果。要求用运立体裁剪手段，准确表达此款女衬衫的圆领、灯笼袖、O型廓型及胸背弧线分割结合褶裥设计的造型及结构特点。

任务分析

1. 女衬衫的款式分析

本款衬衫属较宽松的衣身结构。前衣片有过肩设计，结合圆型领圈进行弧线分割，领胸部设计有放射性褶裥。前中设计有明贴边门襟。后片在横背宽处进行弧线分割，后中设一对褶。前后身下摆收碎褶，形成O型廓型。衣袖为传统的灯笼袖。本款衬衫休闲舒适，具有很好的包容性，是腰腹及手臂过胖者修饰体型的最佳选择。

2. 女衬衫的结构分解

（1）衣领：无领圆形领圈设计，领圈贴边有分割线的作用。

（2）衣身：由前过肩、前片、后过肩、后片、明门襟、下摆组成。前片与领口相接部位有放射性褶裥，下摆也设有褶裥与之呼应。后上片横背宽处有弧线分割，后中设一个对褶。配合灯笼袖，肩部应稍窄。此款服装属于较长款式，衣长尺寸设计可以偏长一些，在视觉上形成修长的椭圆。

（3）衣袖：一片袖平行展开加褶形成灯笼袖，袖口用袖克夫收拢。

相关知识

1. 女衬衫面料的分类与特点

按照女式衬衫风格来分类，可以大致分为田园风格、淑女风格、复古风格、通勤风格、休闲风格、中性风格、民族风格等。根据不同风格的女式衬衫，在设计时也要选择相应的面料。

（1）田园风格衬衫：这类款式衬衫设计较为宽松，采用无领或者贴领。通常采用纯天然的碎花面料，或者纯色面料，例如中平布、棉麻混纺、青年布、泡泡纱、绉布、棉提花布，如图3-3-2所示。

（2）淑女风格衬衫：款式较为复杂，色彩鲜艳，运用蕾丝及大量荷叶边作为装饰，一般可选的面料种类很多，例如精梳棉布、雪纺、烂花布、蕾丝，如图3-3-3所示。

（3）复古风格衬衫：一般款式较为简约含蓄，具有很强的怀旧、复古倾向。常采用有光泽、有质感的服装面料，例如美丽绸、软缎、塔夫绸、绵绸、电力纺，如图3-3-4所示。

（4）通勤风格衬衫：一般款式简单大方，选用的面料要上乘有质感，一般选用精梳棉布、人造棉、软缎、塔夫绸、电力纺、贡缎、细纺等面料，如图3-3-5所示。

（5）休闲风格衬衫：一般以条纹、格子面料居多，款式较为宽松舒适，因此面料多选用方便缝制裁剪及造型的面料，如棉麻混纺、纯棉中平布、府绸、罗缎、灯芯绒、色织布等，如图3-3-6所示。

（6）中性风格衬衫：基本没有明显的收腰效果，以牛仔衬衫最为常见，除了牛仔布之外，还可以选用青年布、线呢、麻纱等面料，如图3-3-7所示。

（7）民族风格衬衫：通常具有明显的民族特色，例如选用扎染、刺绣面料，一般色彩鲜艳、图案纹样别具特色，常用的面料有纯棉扎染面料、纯麻扎染面料、织锦缎等，如图3-3-8和图3-3-9所示。

图 3-3-2

图 3-3-3

图 3-3-4

图 3-3-5

图 3-3-6

图 3-3-7

图 3-3-8

图 3-3-9

2. 平面结构设计与立体结构设计

平面结构设计即先绘制出平面纸样，再按纸样裁剪面料。立体结构设计即通常说的立体裁剪，是用布料覆盖在人台上，直接造型得到立体的样衣。平面结构适合于表达常规款式，方便快捷成本低。立体裁剪做出的造型更加自然生动，但是成本较高。通常两种方法可以互补，常规结构用平面结构设计，平面结构设计不能完成的时候用立体结构设计。

任务实施

1. 规格设计

尺寸规格见表 3-3-1。

表 3-3-1　尺寸规格表　　单位：cm

号型	衣长	胸围	肩宽	臀围	袖长	袖口
160/84A	70	96	35	98	25	14

2. 裁片的准备

各个衣片立裁用坯布的备布尺寸及形状如图 3-3-10 所示，各块坯布丝缕归正，整烫平整，用铅笔绘制好必要的基准线（经纱方向画出前、后中线；纬纱方向画出背宽线或肩胛线，胸围线，腰围线，臀围线等）备用。

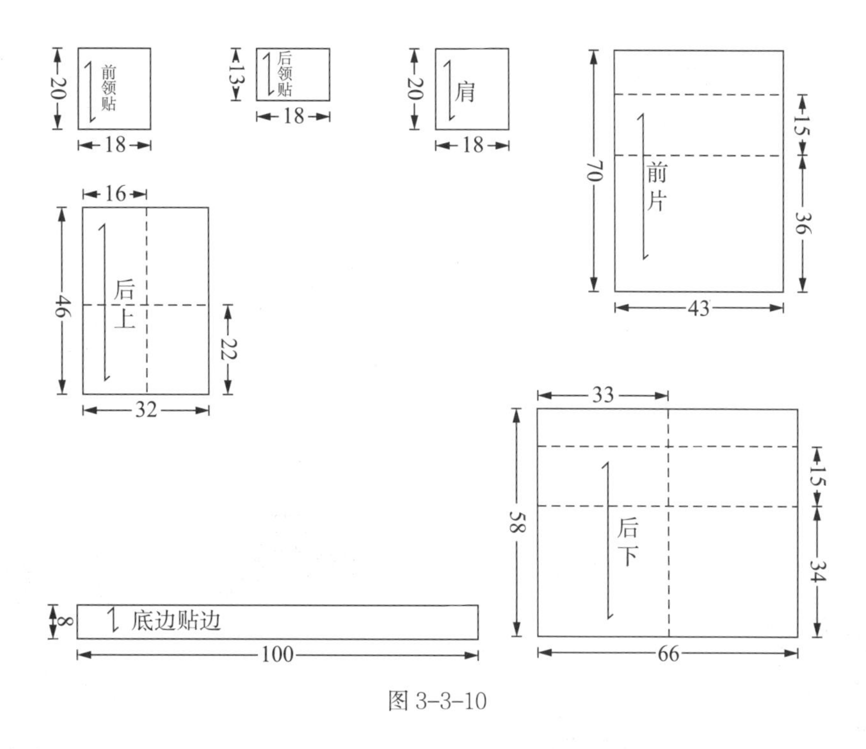

图 3-3-10

3. 操作过程

（1） 贴出红色造型线。用红色标记带粘贴出款式的造型线，注意分割线及褶裥的位置要准确，如图 3-3-11 和图 3-3-12 所示。

（2）取备好的前领贴坯布一块，将前中线与人台前中线对齐，用大头针固定，留出足够搭门量。将领部布料多余量推向肩部，粗裁，如图 3-3-13 所示。取备好的前片坯布一块，用大头针将坯布前中线在固定人台上，腋下胸围处留出一指宽松量，用大头针固定。用手轻抚袖窿处布料，并将余量向肩、领部推移，袖窿处修剪多余布料，并打剪口使布料服贴，注意留出适当松量。浮起的布料在肩部、领口捏褶，按人台标识线均分为四个褶，用大头针固定。调整腰部、下摆松量，使之呈 A 廓型，用大头针在腰部、下摆的侧缝处固定，注意坯布丝缕方向的横平竖直。下摆处捏出五个褶，用大头针固定。用黑色标记带将人台上的前片的形状复制到坯布上，清剪多余布料，周边留出 2 cm 左右的缝份量，如图 3-3-14 所示。

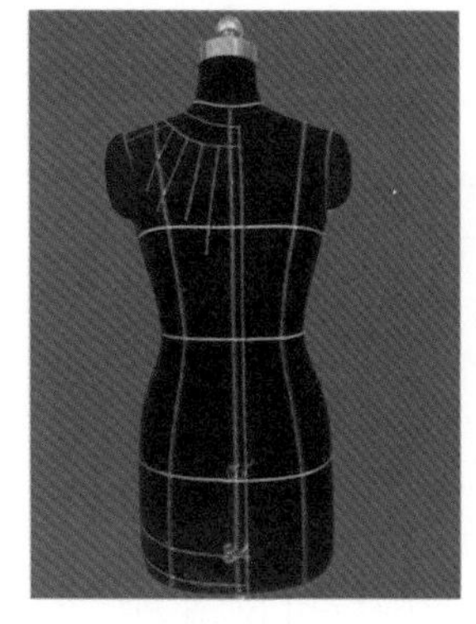

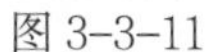
图 3-3-11

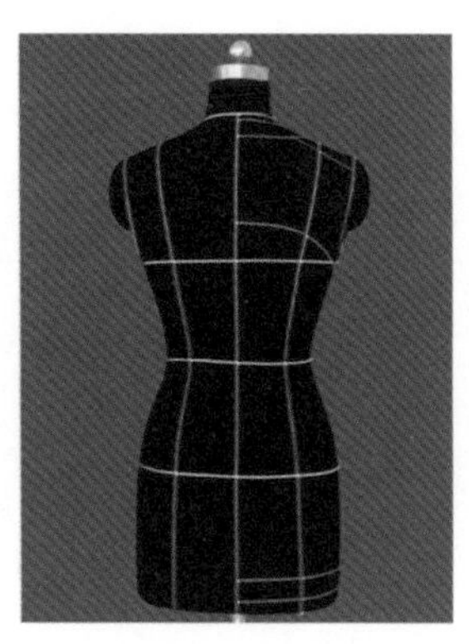

图 3-3-12

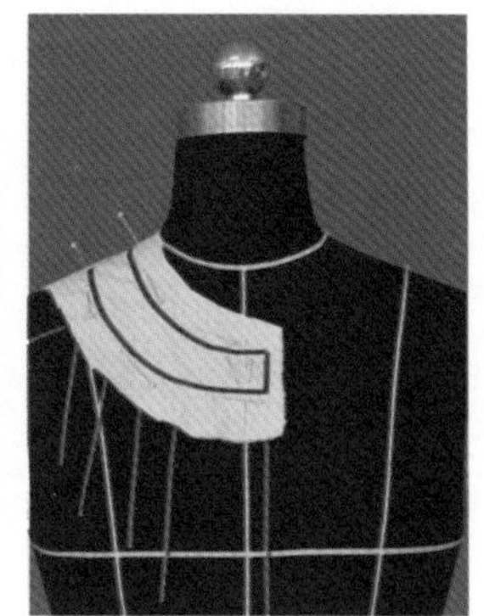

图 3-3-13

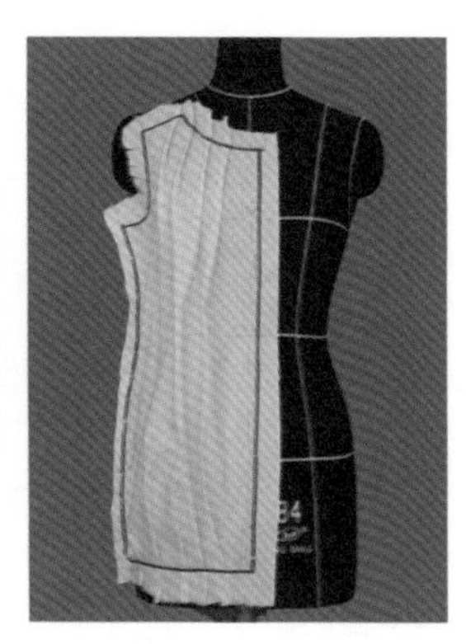

图 3-3-14

（3）取备好的后领贴坯布一块，将坯布上的后中线与人台上的后中线对准。清剪颈部多余布料，打剪口使坯布服贴在人台的肩颈部，将人台上的领贴造型线复制到裁片上，清剪多余布料，周边留出 2 cm 左右的缝份量，如图 3-3-15 所示。

（4）取备好的后上片坯布一块，将坯布上的后中线与人台上的后中线对准。轻捋布料使之服贴于人台表面，并留有适当松量，曲面转折较大部位打剪口，使之服贴，留出 2 cm 左右缝份量，清剪多余布料，如图 3-3-16 所示。

（5）取备好的后下片坯布一块，将坯布上的后中线与人台上的后中线对准，后中捏褶，用大头针将于后上片的接缝处固定在人台上。下摆捏褶，用针固定。把人台上的造型线拓到坯布上，未服贴于人台的部位应适当放出造型量，按造型线清剪多余布料，周边留出 2 cm 左右的缝份量，如图 3-3-17 所示。把前后片侧缝线固定在一起，如图 3-3-18 所示。

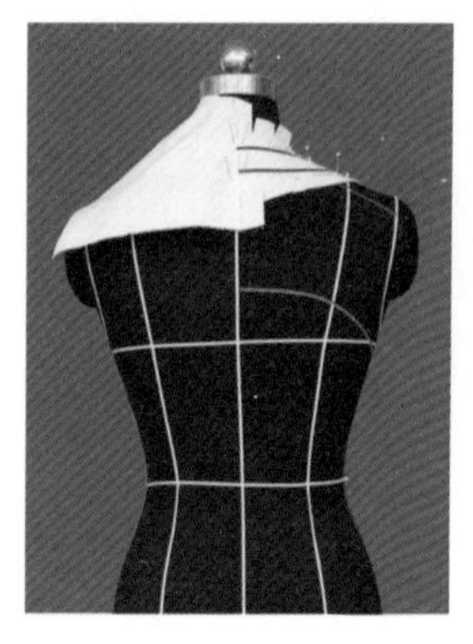

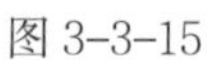

图 3-3-15

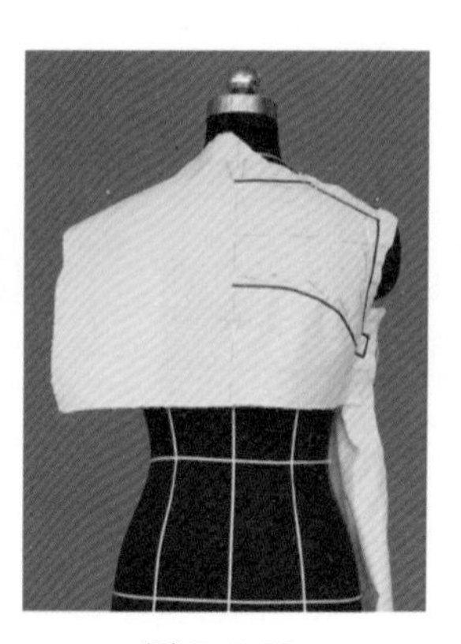

图 3-3-16

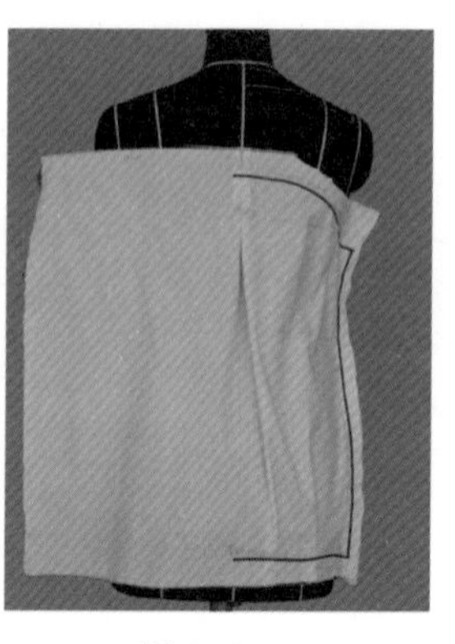

图 3-3-17

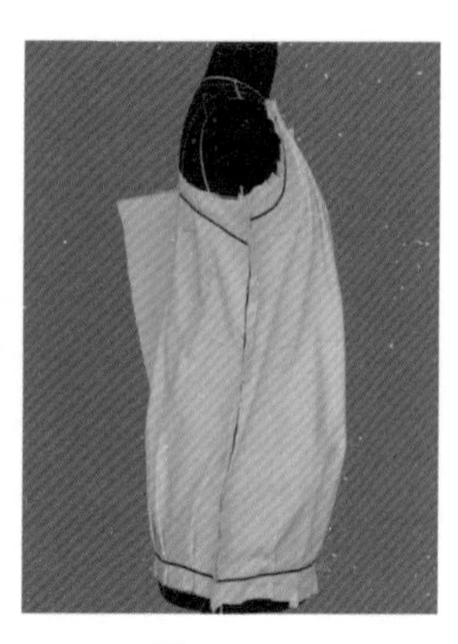

图 3-3-18

（6）取备好的肩、门襟、下摆，按照以上方法用针固定到坯样上，贴出造型线，袖子为传统泡泡袖，按平面裁剪方式获得，如图 3-3-19 所示。

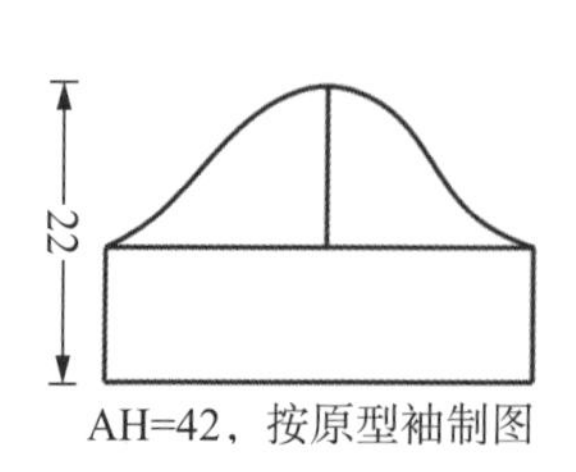

图 3-3-19

（7）将所有衣片按照款式图所示结构构成，用大头针假缝在一起，穿到人台上，如图 3-3-20 和图 3-3-21 所示。

4. 整理与版型修正

（1）调整肩部造型，左右肩宽各减少 1cm。

（2）胸围收小一指宽，在腋下处前后片各收拢 1 cm。在侧缝高腰节处收小，下摆略放出，使侧缝线条更流畅优美，从侧面看侧缝线居中。

（3）调整好造型后，用黑色标记带粘贴出各个衣片的轮廓线，清剪缝份，各部位均留 1.5 cm。调整修剪好的白坯布衣片版型，如图 3-3-22 所示。

（4）把修好的版型重新拓制在白坯布上，假缝后再次穿上人台，以成衣效果展示，如图3-3-23和图3-3-24所示。

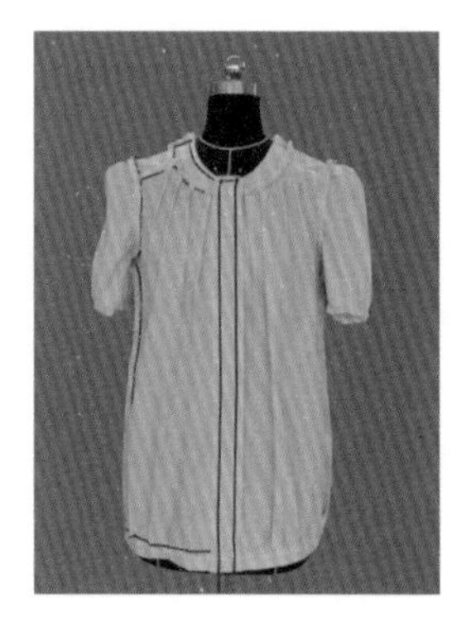
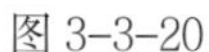
图 3-3-20

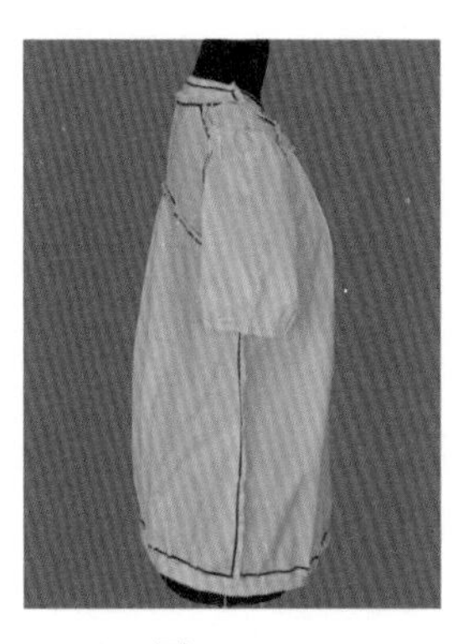
图 3-3-21

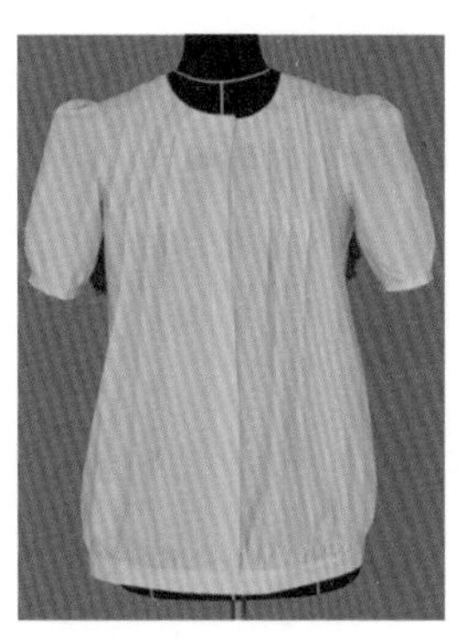
图 3-3-23

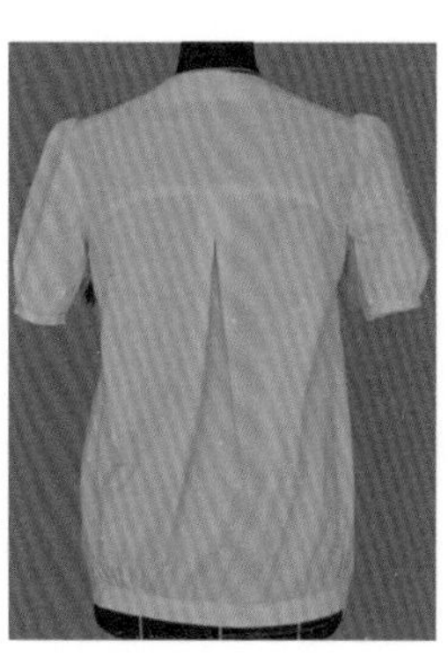
图 3-3-24

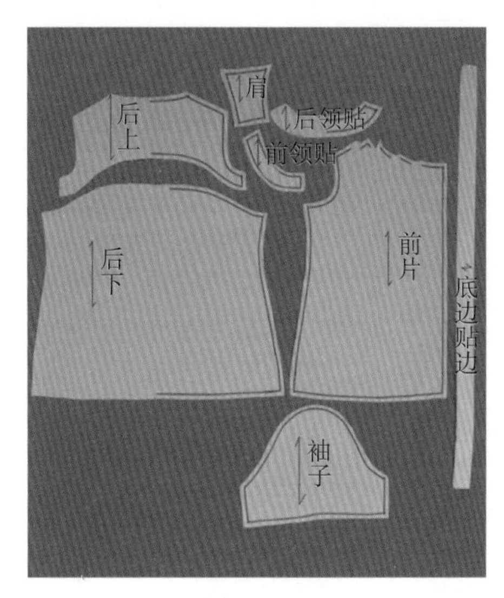

图 3-3-22

任务四　公主线荷叶袖女衬衫的立体造型与制作

任务提出

请为中学数学李老师设计并制作一件夏季衬衫，适合教学场合穿着。客户特征：年龄27岁，身高162 cm，体型偏瘦，溜肩，瓜子脸，肤色较白，性格活泼开朗，喜欢年轻时尚风格的设计，偏爱明度较高的颜色。

任务分析

1. 客户需求分析

教师职业在着装上要求简洁和大方，在设计上运用过多的颜色和装饰会分散学生的注意力。李老师喜欢色彩柔和明亮的时尚款式，希望在课堂上带给学生平静柔和的视觉享受，颠覆传统的一本正经、不苟言笑的形象，通过合体的着装给人亲近温和的感觉，以拉近老师和学生的距离。

2. 设计市场调研方案

为了更好的满足客户的需求，紧跟时尚潮流，需要对衬衫市场进行调研，了解衬衫的流行规律，分析当季衬衫在不同风格塑造上的面料、色彩、图案的变化 。

任务实施

1. 调研结果分析

将工作分解为网络调研和实地调研，由于客户喜欢年轻时尚的风格，所以调研重点为韩系和国内年轻风格定位的品牌。通过整组讨论的方式决定最终调研内容，最后共同整理出所有资料，完成对衬衫的设计和定稿，见表 3-4-1。

表 3-4-1　衬衫调研表

品　牌	廓　型	色　彩	面　料	装　饰	纹　样
Zara	H 型 X 型 A 型	黑白色 撞色系 民族风类型 荧光色	色丁面料、棉类 蕾丝面料 雪纺面料 聚酯类面料	刺绣 印花 编结	腰果纹 花卉纹 几何纹
Only	H 型 X 型	黑白色 荧光色 电光蓝 橘色系	色丁面料 雪纺面料 聚酯类面料 牛仔面料	印花	几何纹 抽象纹
Alexander Wang	H 型	黑白色 沙丘色 银色	聚酯类面料	分割	
Ochirly	X 型 H 型	黑白色 薄荷绿 黄色 粉色	雪纺面料 色丁面料 蕾丝面料 纱织面料	荷叶边 刺绣 印花 褶裥	民族纹样 花卉 天鹅

（续表）

品　牌	廓　型	色　彩	面　料	装　饰	纹　样
Goelia	X 型 H 型 A 型	绿色 蓝色 黑白色 黄色	雪纺面料 色丁面料 蕾丝面料 棉质面料	荷叶边 印花 褶裥	花卉 民族纹样
on&on	X 型	黑白色 裸色 薄荷绿 电光蓝	色丁面料 雪纺面料	印花	青花纹 几何纹 花卉纹

当季衬衫在面料和色彩上较为多变，面料上多选用轻薄舒适的材料，色彩上趋向于选用黑白色和荧光色，细节设计上多采用花边、镂空、褶裥来进行装饰，如图 3-4-1 和图 3-4-2 所示。针对客户的需求，款型设计中采用 X 型的轮廓，有拉长身高的作用，并且使身材凹凸有致；瓜子脸型配任何领型均可，鉴于方便和外套搭配，设计了小圆领；肩部比较窄或溜肩的女性在服装的肩部可以有荷叶边和灯笼袖的设计，以增加肩部的视觉比例的广度，此款选择在肩部增加一些活泼轻松的设计，使整体风格符合教师身份；色彩上选择白色或者冷色调的颜色，如薄荷绿、粉蓝等明亮的色彩；面料选择柔和的棉质面料。

2. 工艺文件制作要点

这款衬衫为较贴体风格衣身。前衣片公主线分割，领窝处有三个小褶，前中贴门襟，直下

图 3-4-1

图 3-4-2

摆。后衣片刀背缝分割，一片式翻领结构，泡泡袖设计，袖口有阴裥，肩头处设装饰双层荷叶边。既可穿出年轻女性的时尚可爱，又不失淑女装的气质。

3. 成衣缝制工艺文件

见表 3-4-2。

（1）衣领：一片式翻领结构设计。

（2）衣身：由前中片、前侧片、后中片、后侧片，共计 8 片组成。前中开口六粒扣，明贴门襟，直下摆。此款服装属于较短款式，因此衣长尺寸设计应偏短一些。

（3）衣袖：由一片组成宽松立体泡泡袖结构，袖口设计褶裥。

表 3-4-2　女衬衫工艺文件

<table>
<tr><td colspan="3">款号：女衬衫</td><td colspan="2">尺寸表　单位：cm</td></tr>
<tr><td colspan="3" rowspan="11"></td><td>衣长（肩颈点至下摆）</td><td>56</td></tr>
<tr><td>1/2 胸围（腋下 1 cm）</td><td>44</td></tr>
<tr><td>1/2 腰围</td><td>36</td></tr>
<tr><td>袖长（肩点至袖口）</td><td>25</td></tr>
<tr><td>1/2 袖口</td><td>12</td></tr>
<tr><td>肩宽</td><td>35</td></tr>
<tr><td>领宽</td><td>8</td></tr>
<tr><td>前领深</td><td>8</td></tr>
<tr><td>后领深</td><td>2</td></tr>
<tr><td>领面宽</td><td>5</td></tr>
<tr><td>肩部荷叶宽</td><td>5</td></tr>
<tr><td colspan="5">面辅料列表</td></tr>
<tr><td>名称</td><td>颜色</td><td>规格</td><td>使用部位</td><td>备注</td></tr>
<tr><td>平纹棉布</td><td>白色</td><td>140</td><td>大身</td><td></td></tr>
<tr><td>无纺衬</td><td>白色</td><td>100</td><td>领里、门襟里</td><td></td></tr>
<tr><td>钮扣</td><td></td><td>1.6</td><td>门襟</td><td></td></tr>
<tr><td colspan="5">工艺要求：
1. 所有线条顺直，针距为 2.5 mm；
2. 合前后片注意缝份倒向侧缝，在袖窿处位置高低一致；
3. 门襟不能起纽，压线上下均匀；
4. 门襟里黏无纺衬，不能有气泡；
5. 肩上荷叶装饰左右对称，位置一致；
6. 袖子左右对称；
7. 领底黏衬，不能有气泡；
8. 衣领左右对称；
9. 卷下摆不接受起纽；
10. 车缝线配面料颜色；
11. 钮眼竖锁，线配面料颜色。</td></tr>
</table>

（续表）

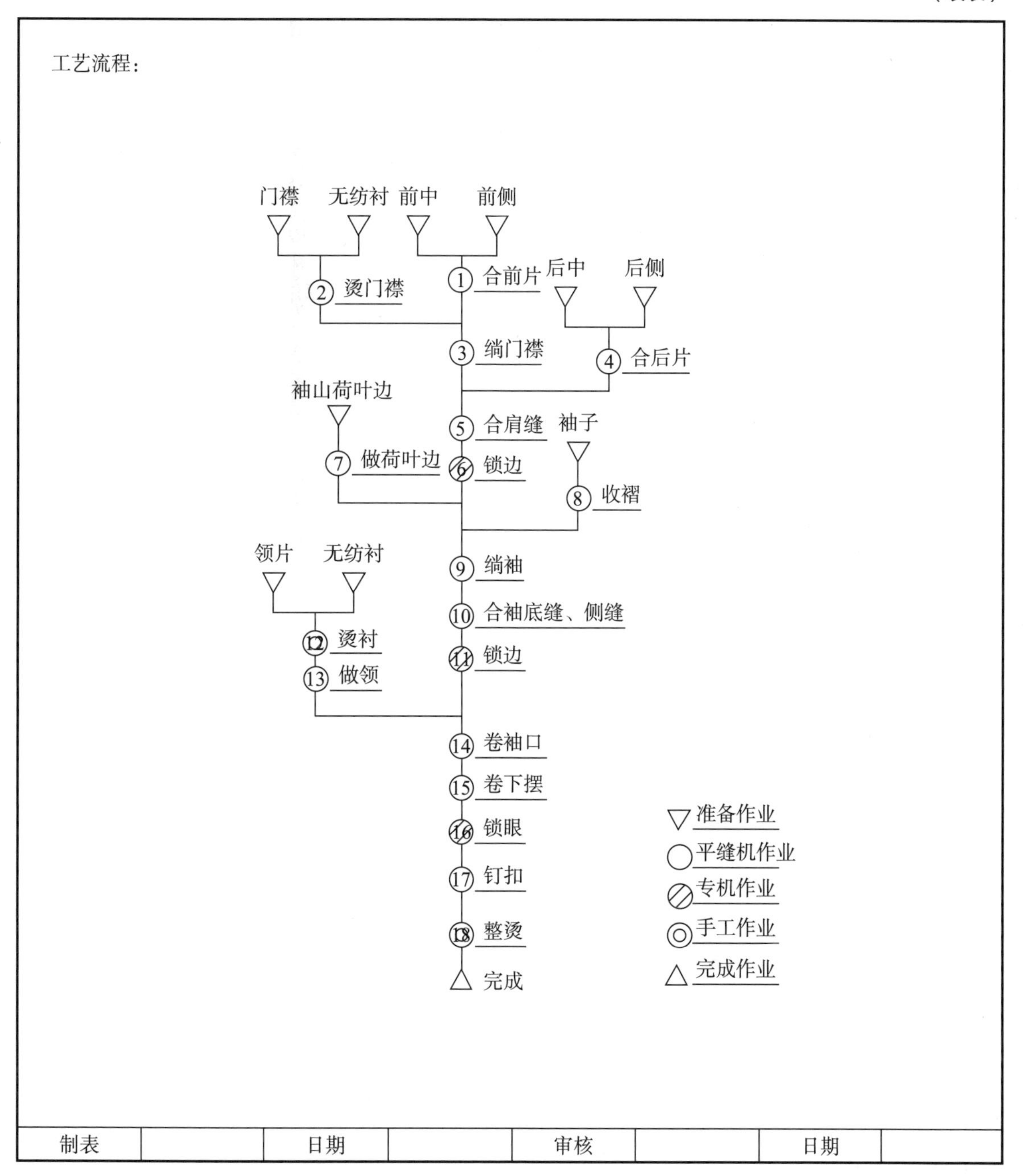
工艺流程：
门襟
无纺衬
前中
前侧
2 烫门襟
1 合前片
后中
后侧
3 绱门襟
4 合后片
袖山荷叶边
5 合肩缝
袖子
7 做荷叶边
6 锁边
8 收褶
领片
无纺衬
9 绱袖
10 合袖底缝、侧缝
12 烫衬
13 做领
11 锁边
14 卷袖口
15 卷下摆
16 锁眼
17 钉扣
18 整烫
完成
准备作业
平缝机作业
专机作业
手工作业
完成作业
制表
日期
审核
日期

4. 裁片的准备

各个衣片立裁用坯布的备布尺寸及形状如图 3-4-3 所示，各块坯布丝缕归正，整烫平整，用铅笔绘制好必要的基准线（经纱方向画出前、后中线，袖中线；纬纱方向画出背宽线或肩胛线，胸围线，腰围线，臀围线，袖肥线，袖肘线等）备用。

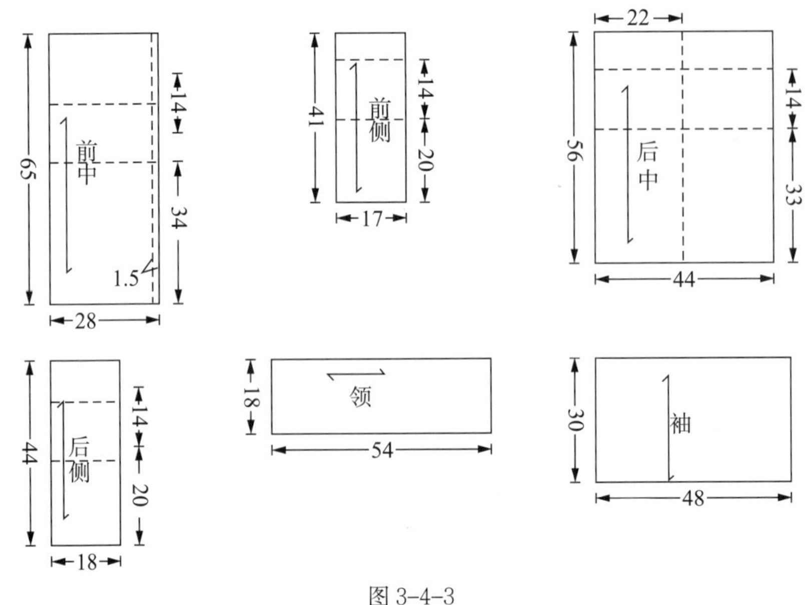

图 3-4-3

5. 操作过程

（1）按照款式图所示结构特征，在人台上用红色标记带粘贴出领窝处褶位、领口、底摆、门襟止口、刀背缝的形状和位置，如图 3-4-4 和图 3-4-5 所示，注意下摆位置线应在臀围线以上部位。

（2）取坯布，固定前中片，顺时针向侧面推平布料，留出松量使坯布服贴在人台的胸腰部和肩部，将余量布料推至领窝处，设置出 3 个褶量固定，贴出轮廓线，剪去多余布料，留足缝份量，如图 3-4-6 所示。

（3）在前侧片中间用大头针沿经纱方向挑出松量固定，将坯布上的胸围线、腰围线等基准线与人台上对应的标记线对准。修剪袖窿留出较大的余量，调整胸腰部松量，贴出轮廓线，周边留出 2 cm 左右的缝份量粗裁，如图 3-4-7 所示。

（4）取备好的后中片坯布，用大头针沿背中线、胸围线、臀围线固定在人台上。调整好胸围、腰围、臀围处的松量，用黑色标记带将人台上的后中片形状复制到坯布上，清剪周边的多余布料，留出 2 cm 左右的缝份量，如图 3-4-8 所示。

（5）取备好的后侧片坯布，在侧片中间沿经纱方向，用大头针挑出松量固定，调整好胸围、腰围处的松量，用黑色标记带将人台上的后侧片形状复制到坯布上，清剪周边的多余布料，留出 2 cm 左右的缝份量，如图 3-4-9 所示。

（6）装上假手臂后贴出袖窿线。取袖子坯布基准线（袖中线、袖山底线）与假手臂中线对应，臂根线下端对准。调整袖山褶量设计，同时用大头针别出袖口阴裥，在袖窿处将布料打剪口，平整多余的布料，如图 3-4-10 所示。用坯布裁出装饰的荷叶花边两层，装饰在肩头处，调整花边宽度和造型，如图 3-4-11 所示。

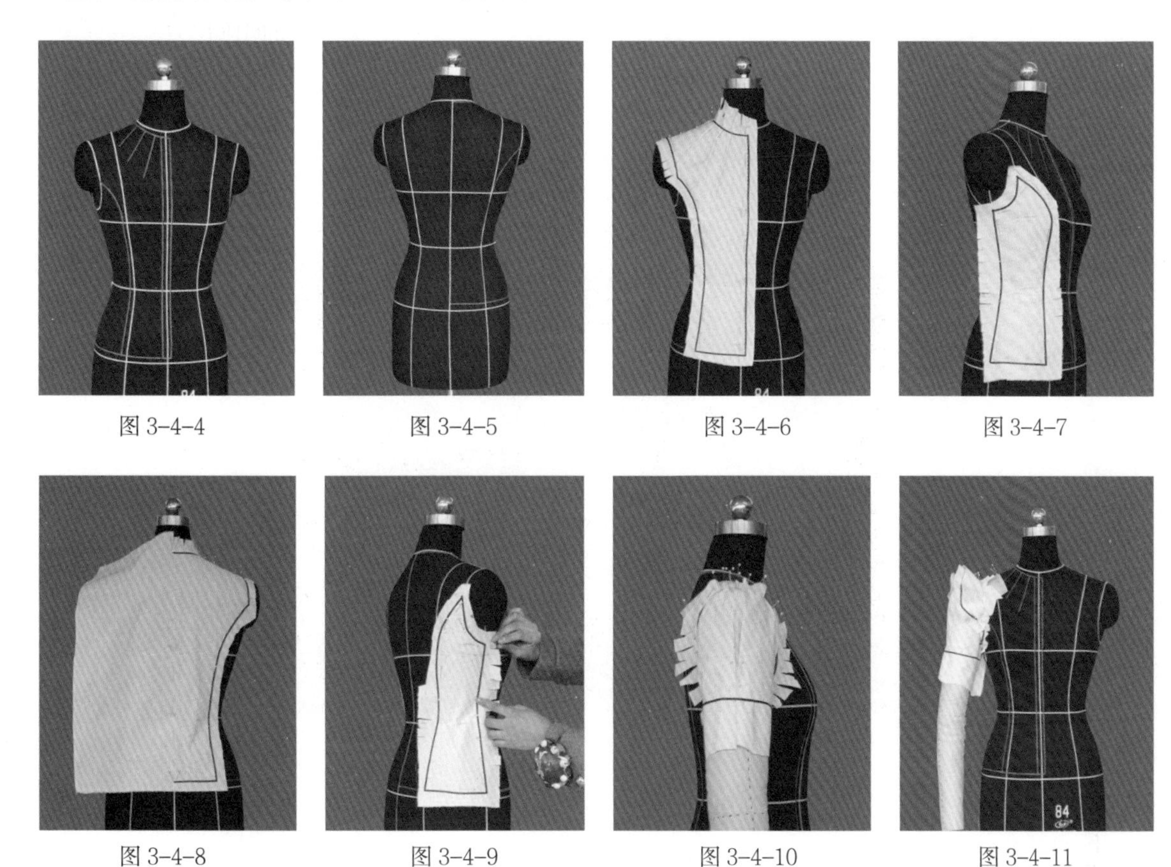

图 3-4-4　图 3-4-5　图 3-4-6　图 3-4-7

图 3-4-8　图 3-4-9　图 3-4-10　图 3-4-11

（7）取备好的领子坯布，将坯布上的基准线（领后中心线）与人台上对应的标记线对准，用大头针别住中线部位，领窝处布料从后中心开始向前推平，依次顺着打剪口固定，布料适当向上部推送，形成领外口延展趋势。如图 3-4-12 所示，用黑色标记带贴出需要的领子造型。

（8）将立体裁剪出的衣片（对称一半的衣片）按照款式图所示结构构成用大头针假缝在一起，穿到人台上，如图 3-4-13~ 图 4-3-15 所示。

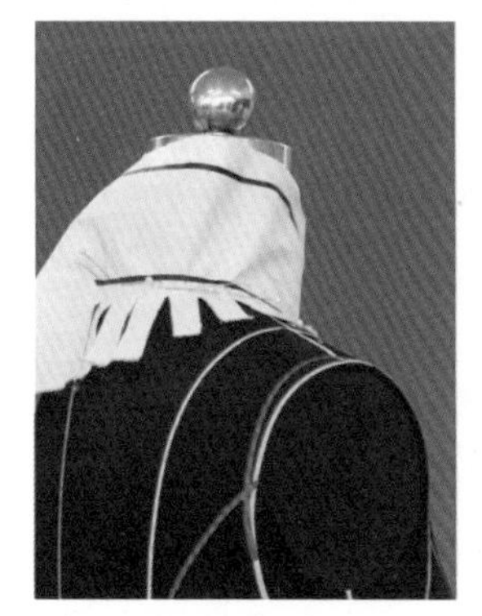

图 3-4-12

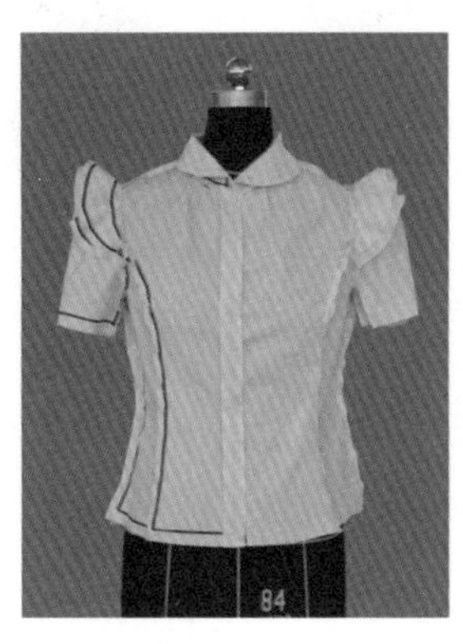

图 3-4-13

图 3-4-14

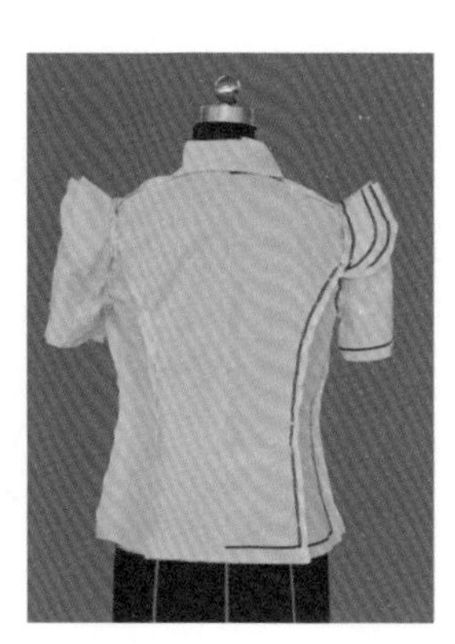

图 3-4-15

6. 整理与版型修正

（1）胸部放松量设计为 4 cm，主要集中在胸宽处和背宽处，以及两侧缝处各加放 1 cm，侧缝在腰部收进形成较贴体造型。

（2）翻褶领造型在颈部平展，领子翻折自然平服，注意领子与脖颈间空隙度的把握。

（3）调整好造型后，清剪缝份，另外裁出门襟贴边宽 3 cm 加放缝份，袖口和下摆留 2 cm, 其余各部位均留 1 cm。

（4）调整修剪好的白坯布衣片版型，如图 3-4-16 所示。

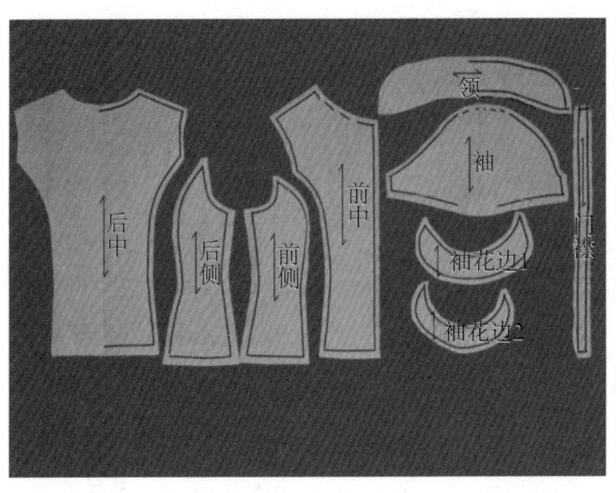

图 3-4-16

（5）把修好的版型重新拓制在白坯布上，假缝后再次穿上人台，以成衣效果展示，如图 3-4-17 和图 3-4-18 所示。

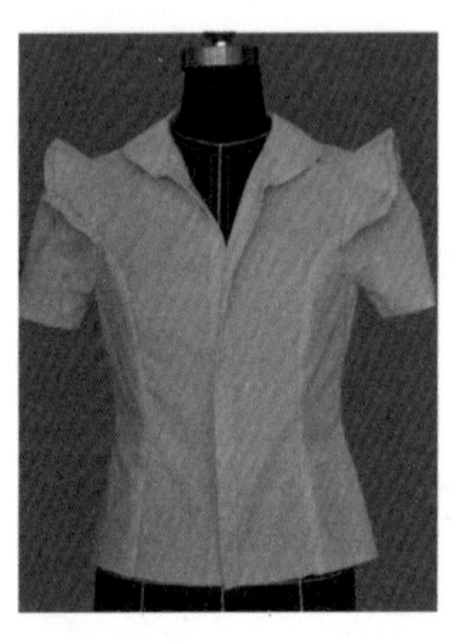

图 3-4-17

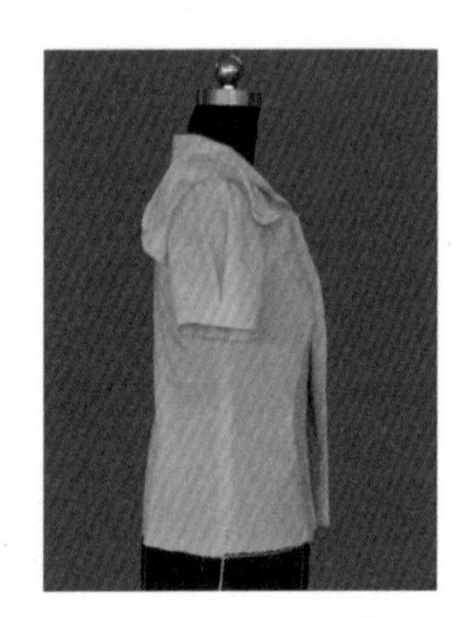

图 3-4-18

项目四　女外套立体造型与制作

知识目标

- 掌握各种衣领的立体制取、分割线在上衣中的应用及女外套规格设计要点。
- 根据女外套款式特点选择合适的立体造型操作方法。
- 熟练掌握职业套装类型的女外套结构的处理技巧。

技能目标

- 学会分解女外套的结构，并能准确地把握每一个部位的比例关系和造型特点。
- 能够根据不同的女外套款式进行立体裁剪。

任务一　连身立驳领修身女外套的立体造型与制作

任务提出

图 4-1-1

根据款式图 4-1-1 的效果分解服装的结构，在人台上用立体裁剪的方法完成女外套的结构设计，并选择合适的面料进行假缝。

要求：假缝效果与款式图造型一致，比例关系匹配。

任务分析

1. 女外套的款式分析

此款女外套的款式特点是较贴体修长衣身。前衣片公主线分割与斜向、横向分割相结合，前门襟为斜向圆下摆，前中开门一粒扣。后衣片刀背缝分割。连身立驳领结构，也可作为大翻领使用，合体两片袖设计。整体感觉时尚干练，可以很好地表现出职场女性的知性美。完成此款需要了解衣身的结构变化原理，掌握基础的立体制作过程，并结合运用分割线造型方法来完成服装整体的塑形。

2. 女外套的结构分解

此款女外套的结构是连身立驳领结构设计，亦为大翻领造型，属两用型领子结构设计。衣身由前中上片、前中下片、前侧上片、前侧下片、后中片、后侧片，共计 12 片组成。前中开口一粒扣，门襟为斜向，下摆角为圆形。此款服装属于较长款式，因此衣长尺寸设计偏长一些。衣袖由大袖片、小袖片组成合体两片袖结构。在处理造型线时需要注意把握好每个裁片的比例关系，确定分割线位置。

相关知识

一、衣领立体制取

衣领的款式千变万化，在服装中的装饰作用也非常突出。衣领的形式根据不同的标准有多种分类方法，从大的方向可以分为无领、有领、变化领。其中有领类还可以细分为翻立领、连翻领、翻驳领。

1. 无领

无领是指没有衣领的领型，是以领窝线的形式变化来形成不同的领型。这种领型裁剪起来比较简单，现以 V 型领加以说明，如图 4-1-2 所示。

图 4-1-2

（1）标记前领线：在原型衣身的基础上，用标记带设计出形状。这种领型呈 V 型，领口深度较深，如图 4-1-3 所示。

（2）标记后领线：按照前领线设计后领线，前后肩部大小相同，注意侧颈点领口弧线过渡自然，如图 4-1-4 所示。

（3）整理结构图：对合前后肩部，将领口线画圆顺，注意前后肩宽相等，如图 4-1-5 所示。

（4）假缝试穿：沿领口线扣烫缝份，并别合肩部，装于模型上，观察其形状是否符合设计图，根据需要进行调整，如图 4-1-6 所示。

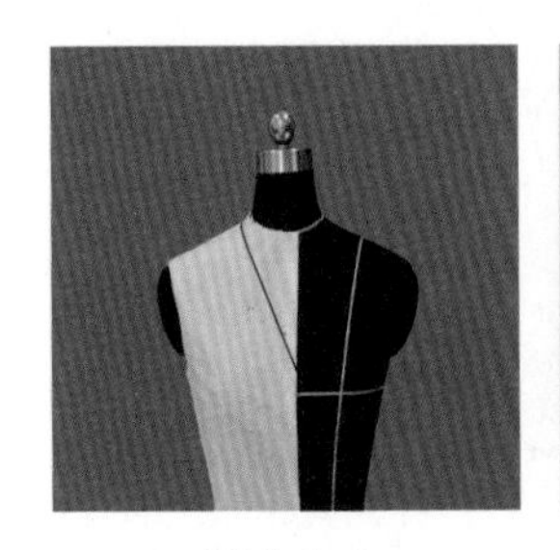

图 4-1-3

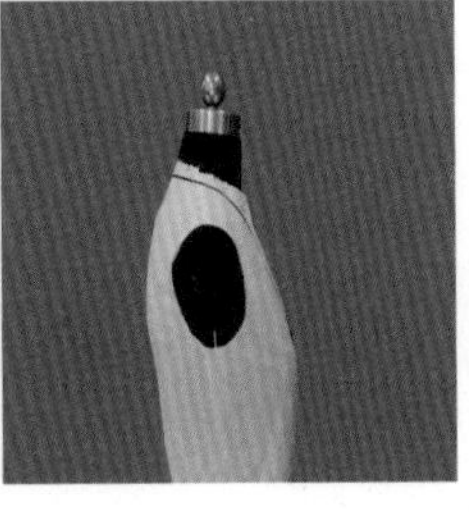

图 4-1-4

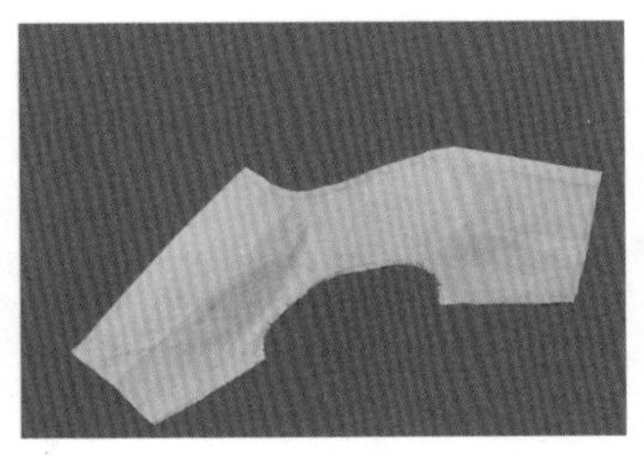

图 4-1-5

图 4-1-6

各种无领的裁剪均遵循以下原则：

（1）以基本领口为基础考虑各种变化。

（2）用标记带设计领口线的形状。

（3）前、后衣片的侧颈点移动的距离相同。

（4）当前后领口线长度小于头围时（60 cm），要设计开口。

2. 翻立领

翻立领是由立领式的领座和任意形状的翻领两部分拼接组成。在男式衬衫和大衣中运用较多，如图 4-1-7 所示。

（1）取料：领座宽 10 cm，长 30 cm；翻领宽 15 cm，长 35 cm。在领座和翻领上分别画上后中心线，如图 4-1-8 所示。

（2）披领座布：对合后中线，水平别上两根大头针，然后在领宽处用针固定，如图 4-1-9 所示。

（3）调整领型松量：将领座向前围绕，右手上下移动调整衣领与颈部的空隙大小，左手在颈肩点处把握领布的贴颈程度，左右手配合好，调整合适时用针把领下口沿领口线固定好，出现紧绷可打剪口，但剪口只能打在缝份上，如图 4-1-10 所示。

（4）标记领座上围线：按照款式用标记带设计出领座的外轮廓，可在远处观察一下造型效果，满意后标记上形状，然后留出 1~1.5 cm 的缝份，余料剪掉，如图 4-1-11 所示。

（5）披翻领布：将翻领的后中心和衣身后中心对齐，调整翻领和领座缝份部位的弧度和夹角，并用大头针将其和领座固定，紧绷处打剪口，如图 4-1-12 所示。

图 4-1-7

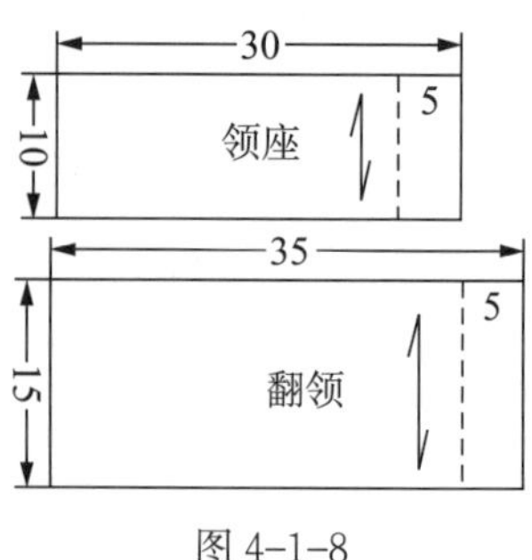

图 4-1-8

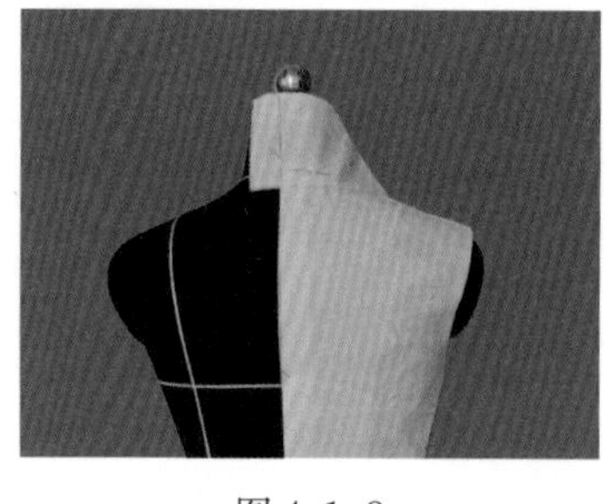
图 4-1-9

（6）标记翻领外围线：按照款式用标记带设计出翻领的外轮廓，可在远处观察一下造型效果，满意后标记上形状，然后留出 1~1.5 cm 的缝份，余料剪掉，如图 4-1-13 所示。

（7）整理结构图：将领型布卸下，整理结构，并画圆顺，修齐缝份，如图 4-1-14 所示。

（8）假缝试穿：根据领型的领口扣烫缝份，装于颈部，观察其效果，修改不合适的部分，如图 4-1-15 所示。

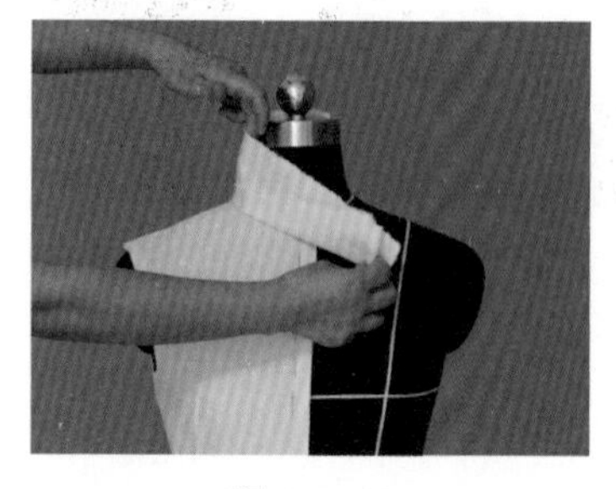
图 4-1-10

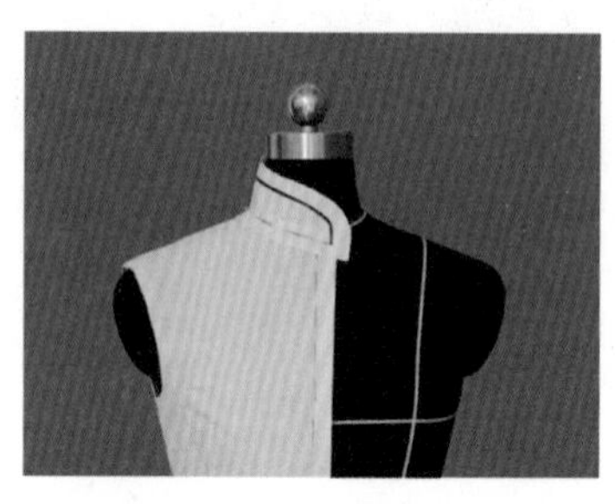
图 4-1-11

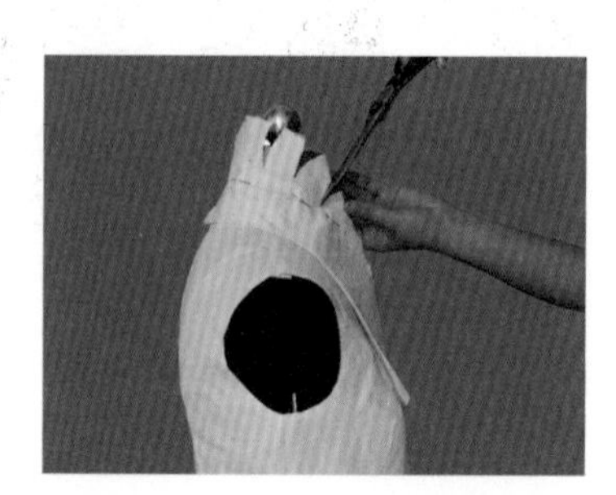
图 4-1-12

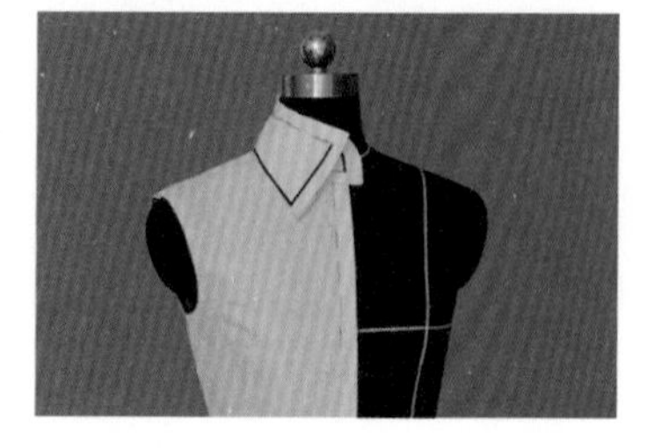
图 4-1-13

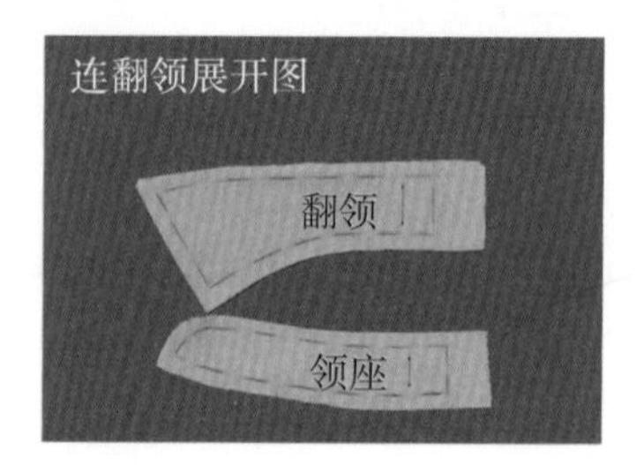

图 4-1-14

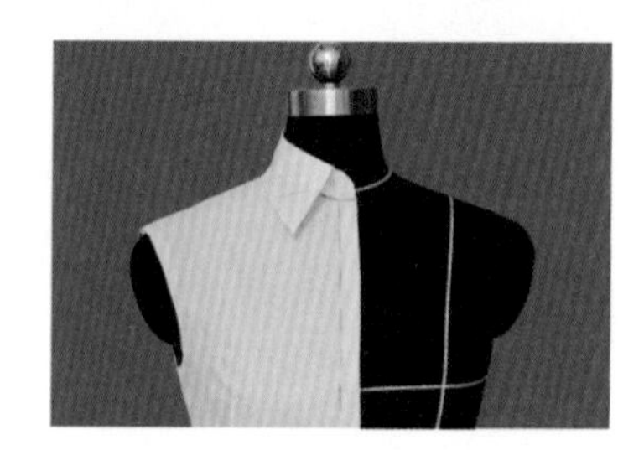
图 4-1-15

3. 连翻领

连翻领是由领座部分与翻折部分组成的领型，是实用范围最广的领型之一，如图 4-1-16 所示。

图 4-1-16

（1）取料：领宽 20 cm，长 35 cm。画上后中心线，如图 4-1-17 所示。

（2）确定领口线：在前后衣身上标记领口线，前领口的深度一般不要超过胸围线，如图 4-1-18 所示。

（3）披领布：对合后中线，水平别上两根大头针，然后在领宽处用针固定，如图 4-1-19 所示。

（4）调整领型松量：将领座向前围绕，右手上下移动调整衣领与颈部的空隙大小，左手在颈肩点处把握领布的贴颈程度，左右手配合好，调整合适时用针把领下口沿领口线固定好，出现紧绷可打剪口，但剪口只能打在缝份上，如图 4-1-20 所示。

（5）调整领外围：固定领前中心，领座高度不变，确定领子的外轮廓造型，把多余的布料折进，进行观察，如图 4-1-21 所示。

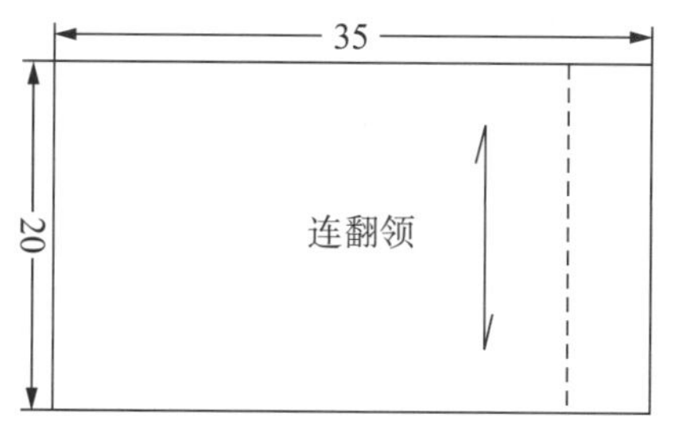

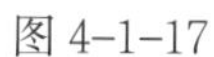
图 4-1-17

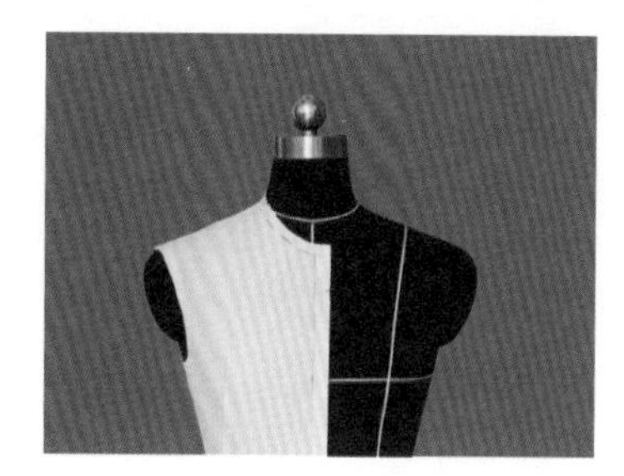
图 4-1-18

（6）标记领外围线：按照款式用标记带设计出领座的外轮廓，可在远处观察一下造型效果，满意后标记上形状，然后留出 1~1.5 cm 的缝份，剪掉余料，如图 4-1-22 所示。

（7）整理结构图：将领型布卸下，烫平，整理其结构，并画圆顺，修齐缝份，如图 4-1-23 所示。

（8）假缝试穿：根据领型的领口扣烫缝份，装于颈部，观察其效果，修改不合适的部分，如图 4-1-24 所示。

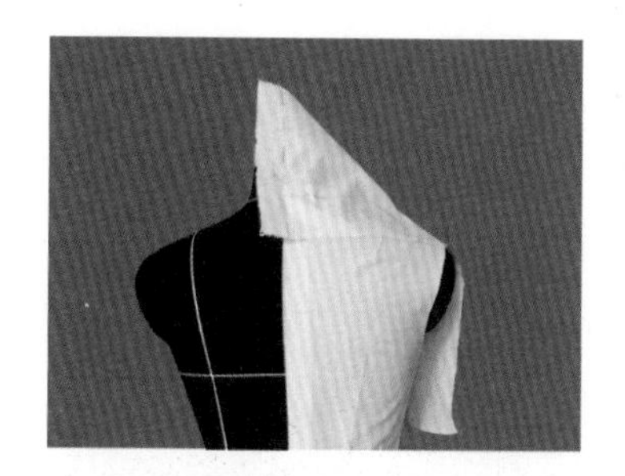
图 4-1-19

图 4-1-20

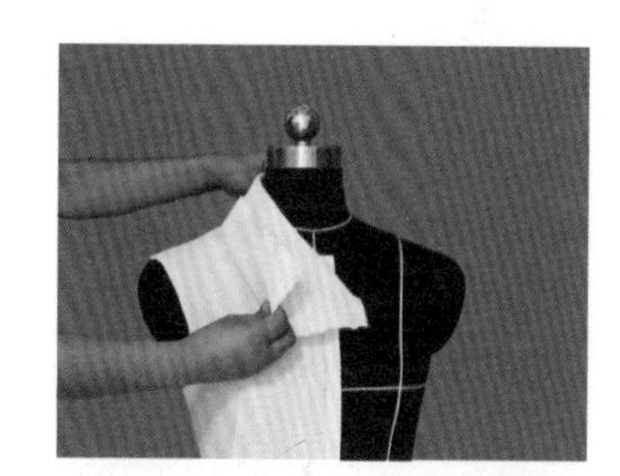
图 4-1-21

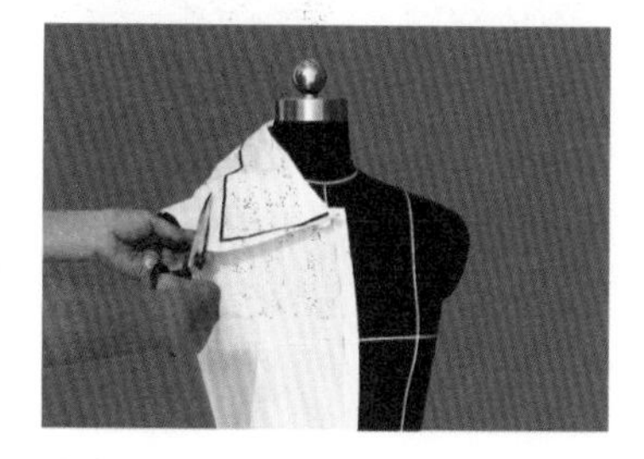
图 4-1-22

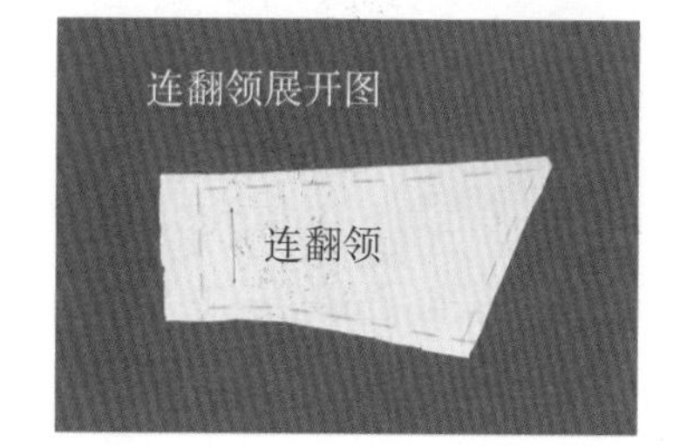

图 4-1-23

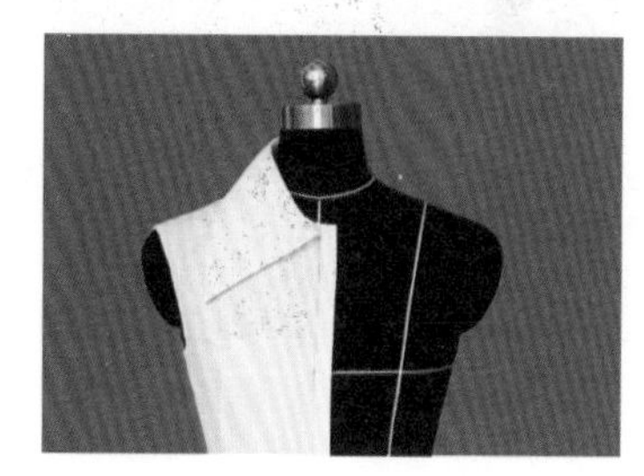
图 4-1-24

4. 翻驳领

翻驳领是由翻领部分与驳领部分组成的领型，在众多的领型中最富于变化，且用途最广泛，但其结构也最复杂，它具有多种领型的综合特点，是学习的难点，如图 4-1-25 所示。

（1）取料：领宽 20 cm，长 40 cm，画上后中心线。衣身制取和原型相同，只是前中部位需根据驳领的宽度留足余量，一般取 8~10 cm，如图 4-1-26 所示。

（2）确定驳口线、领口线：在做好的衣身上标记驳口线，主要确定颈肩点与驳口基点的位置。标记领口线，一般呈方形领口，可翻折，预留缝份，剪掉余料。沿翻驳点水平剪开，如图 4-1-27 所示。

图 4-1-25

（3）翻折驳领：将驳点以上的驳领部分沿翻折线向外翻折，驳点以下部分沿门襟止口线向里翻折对合后中线，如图 4-1-28 所示。

（4）披领型布：将翻领布从后中心绕向前面，右手将领前布上下捻动，左右把握领布的贴颈程度，并使衣领翻折线与驳口线保持在一条直线上，如图 4-1-29 所示。

（5）确定领下口：将衣领翻上，按领口线标记领下口线，如图 4-1-30 所示。

（6）标记领外围线：按照款式用标记带设计出领座的外轮廓，可在远处观察一下造型效果，满意后标记上形状，然后留出 1~1.5 cm 的缝份，剪掉余料，如图 4-1-31 所示。

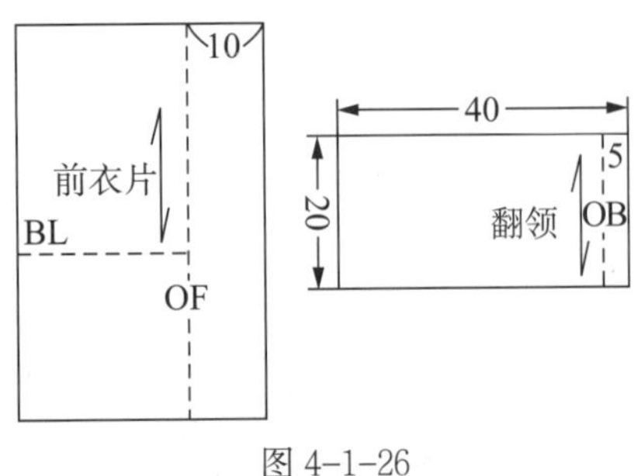

图 4-1-26

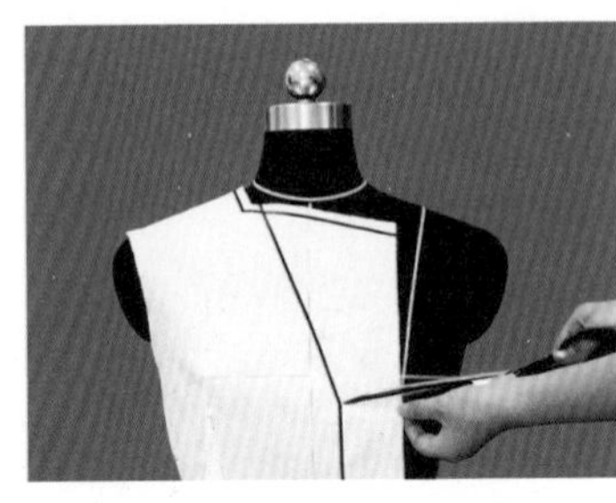

图 4-1-27

（7）整理结构图：将领型布卸下、烫平，整理结构，并画圆顺，修齐缝份，如图 4-1-32 所示。

（8）假缝试穿：根据领型的领口扣烫缝份，装于颈部，观察其效果，修改不合适的部分，如图 4-1-33 所示。

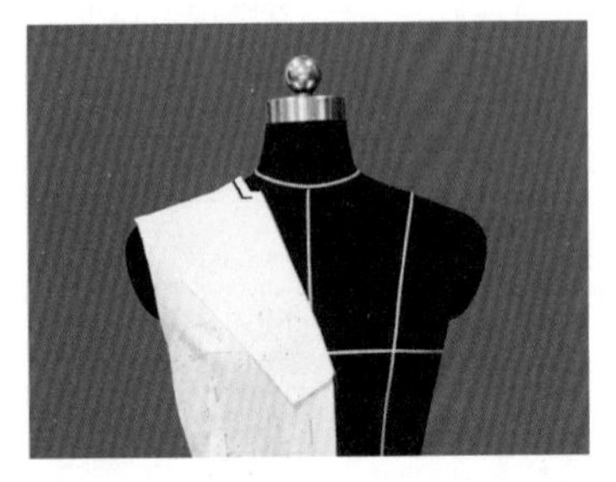

图 4-1-28

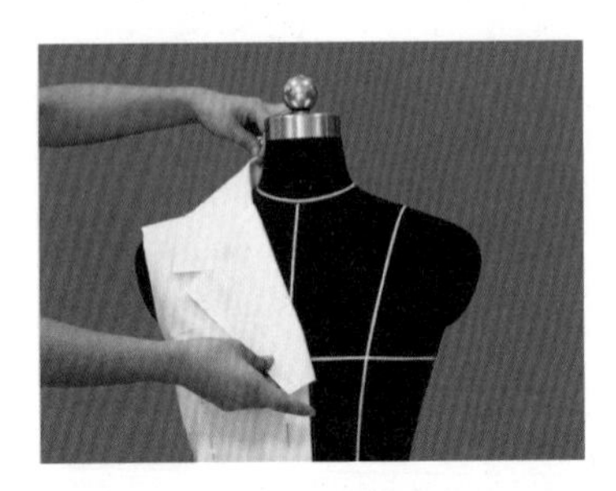

图 4-1-29

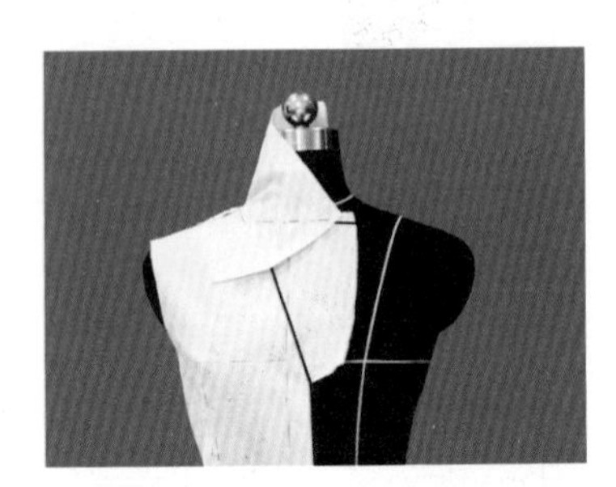

图 4-1-30

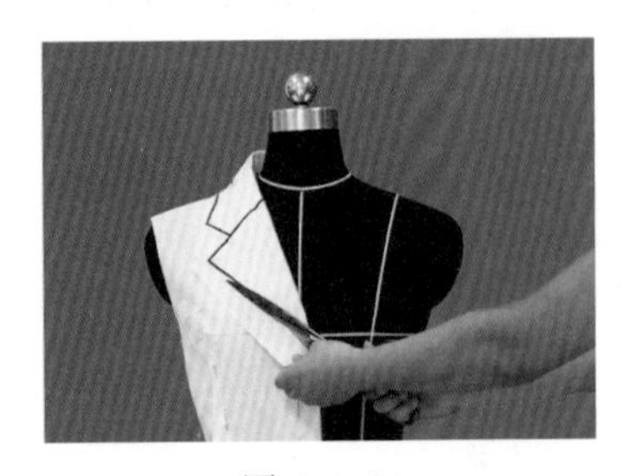

图 4-1-31

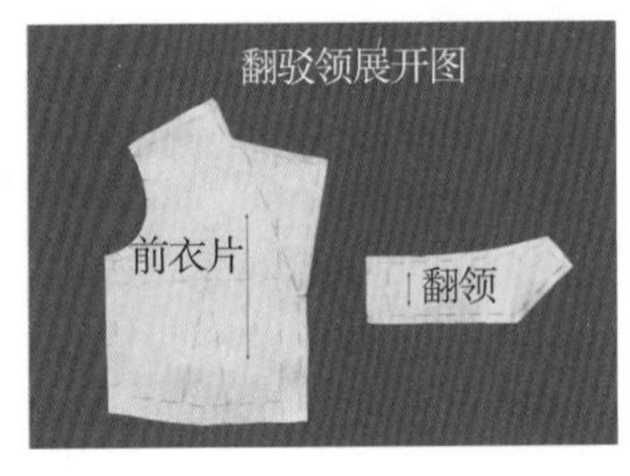

图 4-1-32

图 4-1-33

二、女外套的规格设计要点

女外套的衣长有三种表示方法，需要根据客户要求选择其中之一来确定。

（1）前衣长：从颈侧点至前衣片底边处的长度。

（2）后衣长：从颈侧点至后衣片底边处的长度。

（3）后中衣长：从后颈点至后衣片底边处的长度。

女外套各部位规格尺寸计算公式及加放松量参考值，见表 4-1-1。

表 4-1-1　女外套规格设计

单位：cm

部位	计算公式	加放量		
		职业套装	休闲外套	大衣
衣长	4/10 号	0~12	0~12	0~50
胸围	型	6~14	10~40	14~30
腰围	净体 W	8~14		
臀围	净体 H	6~12		
肩宽	净体 S	0~2	2~4	2~4
腰节	1/4 号	0~2	0	0
袖长	3/10 号	7~10	2~10	9~12
领围	颈根围	2~3	4~6	3~4

任务实施

一、规格设计

尺寸规格见表 4-1-2。

表 4-1-2　尺寸规格表

单位：cm

号型	衣长	胸围	腰围	臀围	肩宽	袖长	袖口
160/84A	68	96	76	98	38	58	13

二、裁片的准备

各个衣片立裁用坯布的备布尺寸及形状如图 4-1-34 所示，将各块坯布丝缕归正，整烫平整，用铅笔绘制好必要的基准线备用。

三、操作过程

1. 人台标识线的贴附

（1）选择一个标准人台（净胸围 84 cm），调整人台高度与操作者以肩部比齐为宜。标记带作为衣片结构线定位的依据，应该与人体表面特征线一致。

（2）做人台基准线标示。如图 4-1-35 和图 4-1-36 所示黄色标记带粘贴的形式。

（3）按照款式图所示结构特征，在人台上用红色标记带粘贴出前中上片、前中下片、前侧片及前侧下片的形状和位置。用红色标记带按款式图所示粘贴出后中片以及后侧片的形状和位置，注意下摆位置线应在臀围线以下部位。

2. 立体裁剪操作步骤

（1）取备好的前上片坯布一块，对合前中线、胸围线，用大头针沿前中心线、肩线、公主线分别固定在人台上，注意坯布丝缕方向的横平竖直，用黑色标记带粘贴出前上片形状，清剪多余布料，留出 2 cm 左右的缝份量，如图 4-1-37 所示。

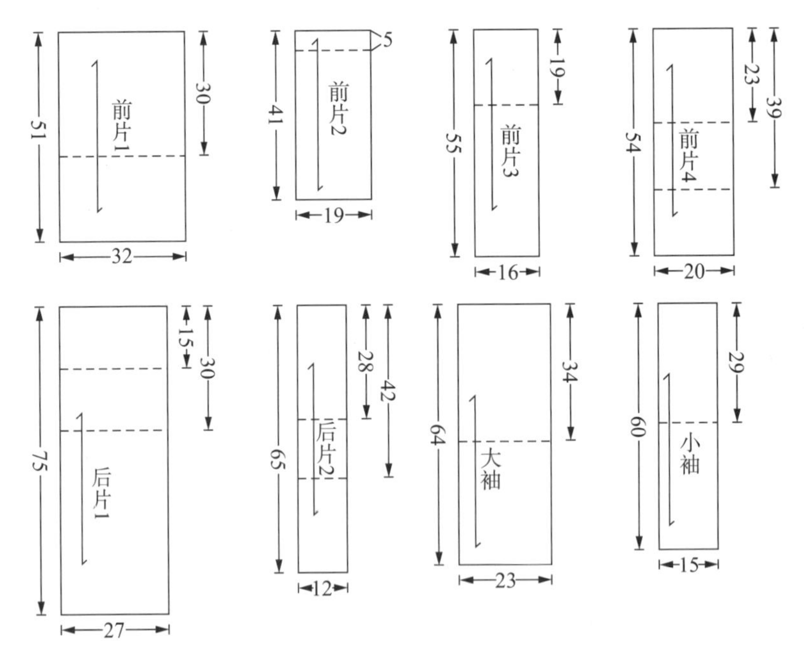

图 4-1-34

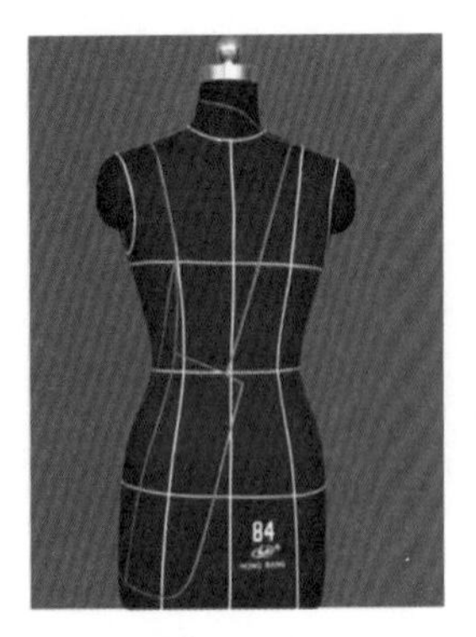

图 4-1-35

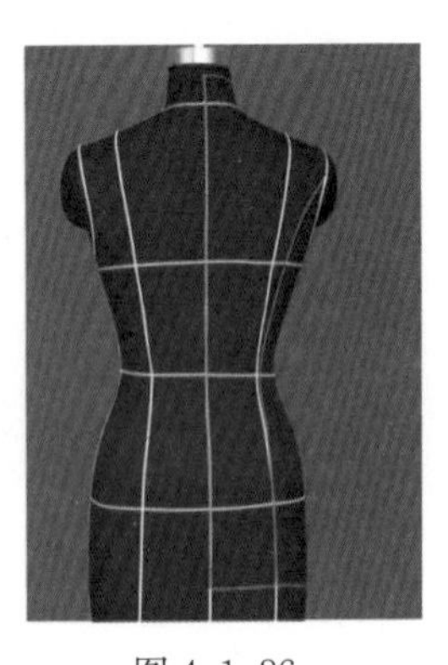

图 4-1-36

（2）取备好的前上侧片坯布，用大头针沿肩线、胸围线、公主线分别固定在人台上，注意坯布丝缕方向的横平竖直。调整好胸围、腰围处的松量，在侧片中间沿经纱方向，用大头针挑出松量固定，修剪袖窿留出较大的余量，用黑色标记带粘贴出前上侧片的形状，清剪多余布料，留出 2 cm 左右的缝份量，如图 4-1-38 所示。

（3）取备好的前下侧片坯布，对合腰围线，用大头针沿弧形分割线固定在人台上，调整腰部松量，注意坯布丝缕方向的横平竖直，用黑色标记带将人台上的前下侧片的形状复制到坯布上，清剪多余布料，留出 2 cm 左右的缝份量，如图 4-1-39 所示。

（4）取备好的前下片坯布一块，对合臀围线，用大头针沿弧形分割线固定在人台上，调整臀部松量，注意坯布丝缕方向的横平竖直，用黑色标记带将人台上的前下片的形状复制到坯布上，清剪多余布料，周边留出 2 cm 左右的缝份量，如图 4-1-40 所示。

（5）取备好的后中片坯布，对合背中线、背宽线、胸围线、腰围线、臀围线等，再用大头针沿背中线、肩线、胸围线固定在人台上，注意坯布丝缕方向的横平竖直。修剪出袖窿弧线、刀背缝线，周边留出较大的余量。调整好胸围、腰围、臀围处的松量，用黑色标记带粘贴出后中片形状，清剪刀背缝线处的多余布料，留出 2 cm 左右的缝份量，如图 4-1-41 所示。

（6）取备好的后侧片坯布，对合胸围线、腰围线、臀围线等，再用大头针沿胸围线、臀围线固定在人台上，注意坯布丝缕方向的横平竖直。调整好胸围、腰围、臀围处的松量，在侧片中间沿经纱方向，用大头针挑出松量固定。修剪出袖窿弧线、刀背缝线，周边留出较大的余量。用黑色标记带粘贴出后侧片形状，清剪刀背缝线及侧缝线处的多余布料，留出 2 cm 左右的缝份量，如图 4-1-42 所示。

（7）将立体裁剪出的衣片（对称一半的衣片）按照款式图所示结构构成，用大头针假缝在一起，穿到人台上，如图 4-1-43~ 图 4-1-45 所示。

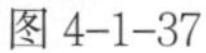

图 4-1-37

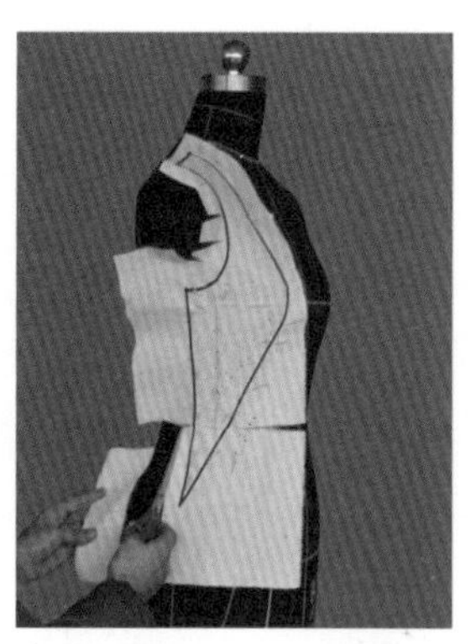

图 4-1-38

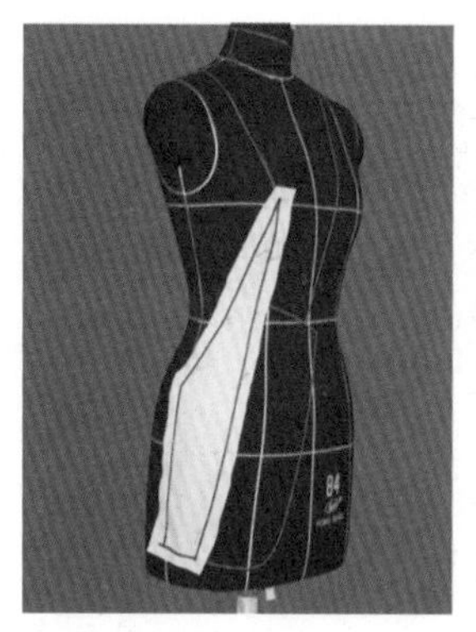

图 4-1-39

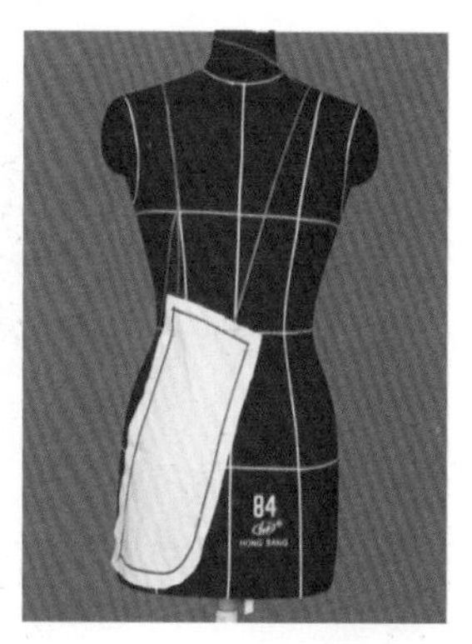

图 4-1-40

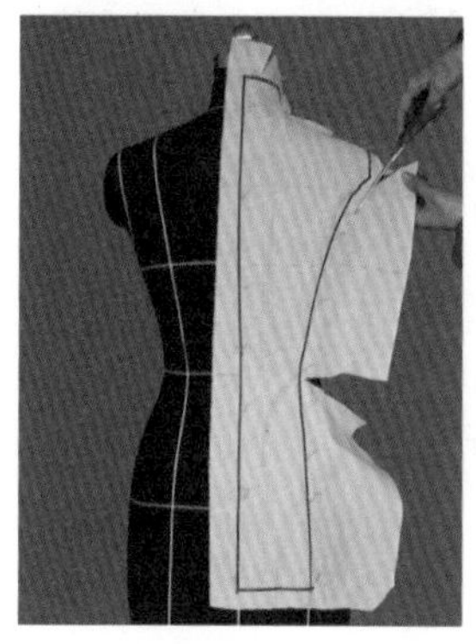

图 4-1-41

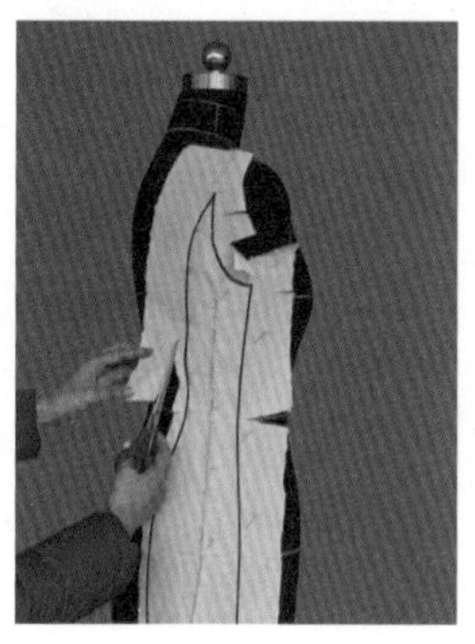

图 4-1-42

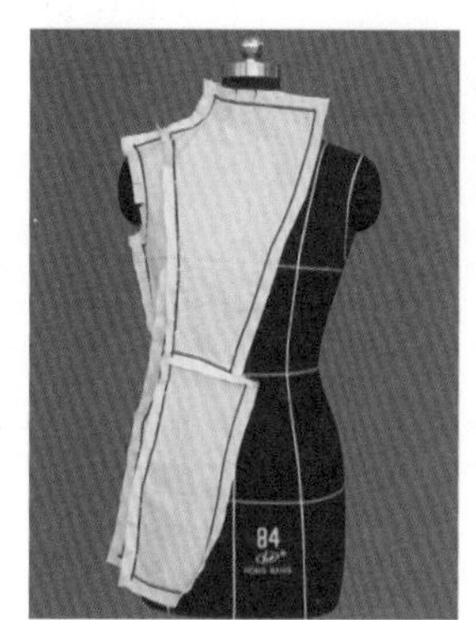

图 4-1-43

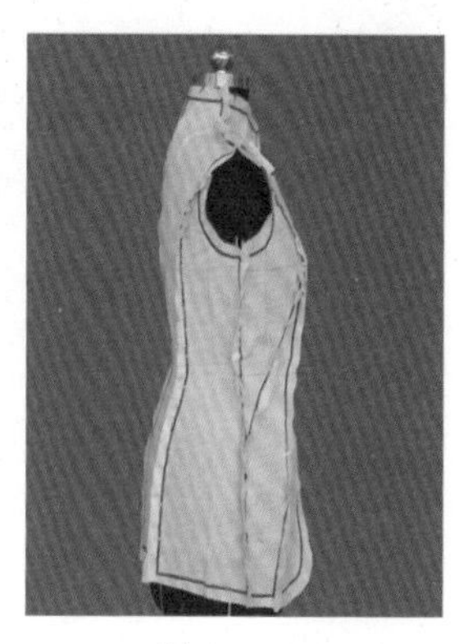

图 4-1-44

（8）合体两片袖的平面制图如图 4-1-46 所示，两片式结构，袖身合体，前后作分割，造型自然贴体，具有明显的方向性，与手臂自然下垂形态吻合。

3. 整理与版型修正

（1）从各个不同的角度观察立体裁剪造型效果，依据款式图调整不尽合理的结构线以及放松量的分配。

（2）长度超过臀部，调整臀部放松量，使外套在臀部松量适宜且较为平展，胸围到腰围、腰围到臀围的过渡自然平服，线条优美。

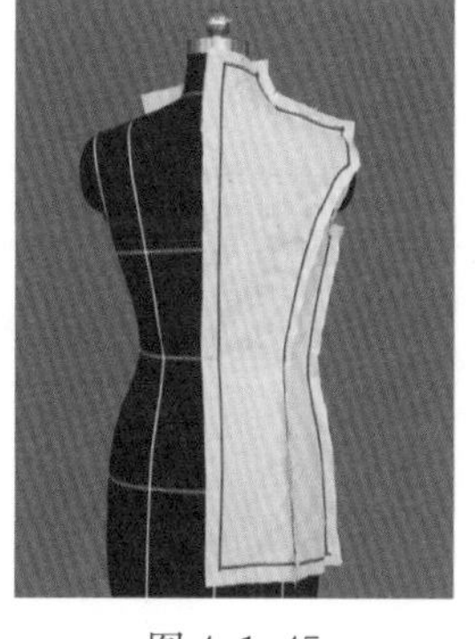

图 4-1-45

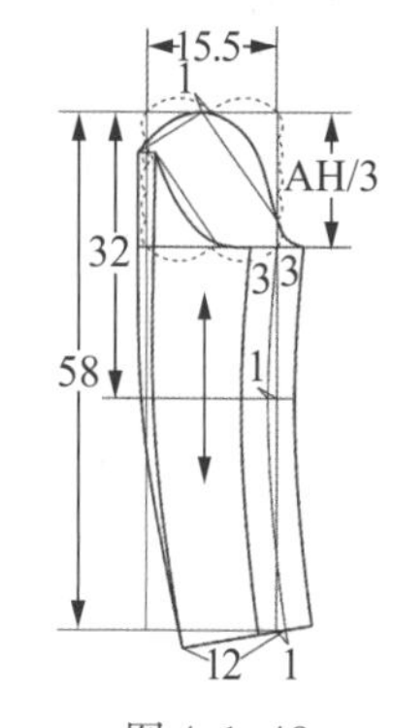

图 4-1-46

（3）连身立驳领造型在颈部平展，作为大翻领使用时领子翻折自然平服，注意领子与脖颈间空隙度的把握。

（4）调整好造型后，清剪缝份，后中留 2.5 cm，其余各部位均留 1.5 cm，用黑色标记带粘贴出各个衣片的轮廓线。

（5）调整修剪好的白坯布衣片版型，如图 4-1-47 所示。

4. 成衣效果

把修好的版型重新拓制在白坯布上，假缝后重新穿在人台上，以成衣效果展示，如图 4-1-48 和图 4-1-49 所示。

图 4-1-47

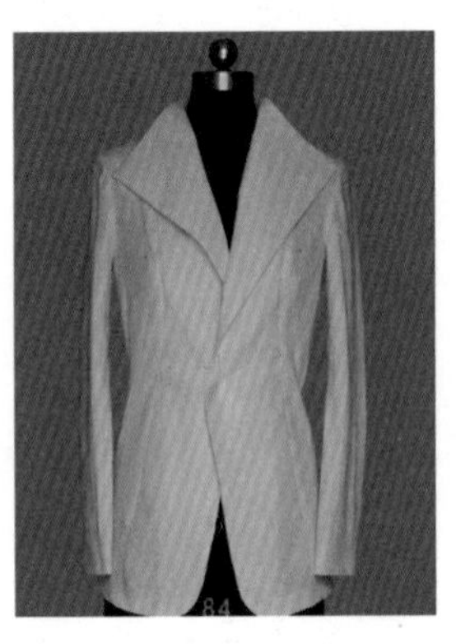

图 4-1-48

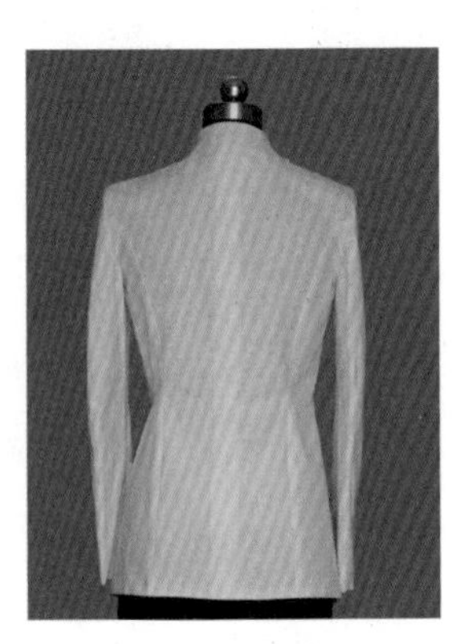

图 4-1-49

任务二　泡泡袖短款女外套的立体造型与制作

任务提出

根据款式图 4-2-1 的效果分解女外套的结构，在人台上用立体裁剪的方法完成女外套的结构设计，并选择合适的面料进行假缝。

要求：假缝效果与款式图造型一致，比例关系匹配。

图 4-2-1

任务分析

1. 女外套的款式分析

此款女外套的款式特点是贴体风格，衣长设计在臀围线以上，前衣片公主线分割与斜向分割相结合，并将衣片腰部的富余量收一倾斜的腰胸省，使衣身从胸围到腰围、再从腰围到臀围的过渡贴体自然美观，前门襟为斜向尖角下摆，前中开门，翻驳领，一粒扣。后衣片公主线分割与横向分割相结合，收腰合体，弧线型下摆设计。单立领与翻驳领结合的领子结构。袖山切展加褶的合体两片袖结构设计。完成此款设计需要了解衣身的结构变化原理，掌握基础的立体制作过程，并结合运用分割线造型方法来完成服装整体的塑形。

2. 女外套的结构分解

此款女外套的结构是单立领与驳头组合的翻驳领结构设计。衣身由前中片、前侧片、后中片、后侧片、后下片，共计 10 片组成。前中开口一粒扣，门襟为斜向，下摆角为方形。此款服装属贴体短款，衣长尺寸应偏短一些。衣袖在合体两片袖的基础上进行变化，切展大袖袖山并加褶形成泡泡袖结构。在处理造型线时需要注意把握好每个裁片的比例关系，确定分割线和省的位置。

相关知识

一、分割线在上衣中的运用变化

1. 分割的含义

分割是继省道之后的又一种裁剪技巧。当两个省都指向胸点时，可以将这两个省连接起来，形成一条分割线，这就是平面结构中所讲的连省成缝的结构形式。分割技巧的使用，使合体服装在结构设计上又增加了一种表现手段，同时也使服装设计语言更加丰富。

2. 分割的形式

服装强调以人为本，因而分割也是以人体为参考依据。分割所形成的分割线使服装从无形变为有形。而分割也因设计要求而有不同的表现形式：从方向来看，分为纵向分割、横向分割、斜向分割；从形态上看，分为直线分割、曲线分割；从比例来看，分为均衡分割、不对称分割。分割线也因功能的不同分为结构分割与装饰分割。

3. 分割线在胸部结构中的应用

女性上衣款式的变化很大程度上依赖于胸部造型。在胸部结构的立体变化中，将胸部多余量用分割线或者分割线加省道的形式表现出来，可以改变省道的单一表现形式，使胸部结构变化更加丰富多彩。

图 4-2-2

完成如图 4-2-2 所示胸部分割线的立体裁剪。

① 贴附造型线 ：按照款式图贴附造型线，如图 4-2-3 所示。

② 取料：量取造型线分割后的裁片区域的最宽值和最长值，取裁片 1 的长度为 42 cm，宽度为 15 cm；裁片 2 的长度为 48 cm，宽度为 25 cm，如图 4-2-4 所示。

③ 制作裁片 1：将裁片 1 附在人台上，对合布料的纵横基准线，留足各部位的松量，如图 4-2-5 所示。

④ 做标记，修剪裁片 1：用标记带粘贴出裁片 1 的造型线，领口线，腰节线，留出 1.5~2 cm 的缝份，修剪余料，如图 4-2-6 所示。

⑤ 制作裁片 2：将裁片 2 附在人台上，对合布料的横向基准线，留足胸、腰部的松量，将多余面料推向前中心，注意保证袖窿部位的平服，如图 4-2-7 所示。

⑥ 做标记，修剪裁片 2 ：用划粉或标记带标出裁片 2 的造型线、肩线、领口线、腰节线，并在肩点、胸宽点、袖隆深点处做好标记，留出 1.5~2 cm 的缝份，修剪余料，如图 4-2-8 所示。

⑦ 整理结构图：将样衣从人台上卸下，取下别针展成平面。用圆顺的虚线连接各点，注

意侧缝和肩缝等部位的吻合，确定出样衣的结构图，如图 4-2-9 所示。

⑧ 假缝试穿：将衣片按制成线扣烫一侧缝份，并用大头针假缝后穿于人台上，观察整体效果，不合适之处可再次修改，如图 4-2-10 所示。

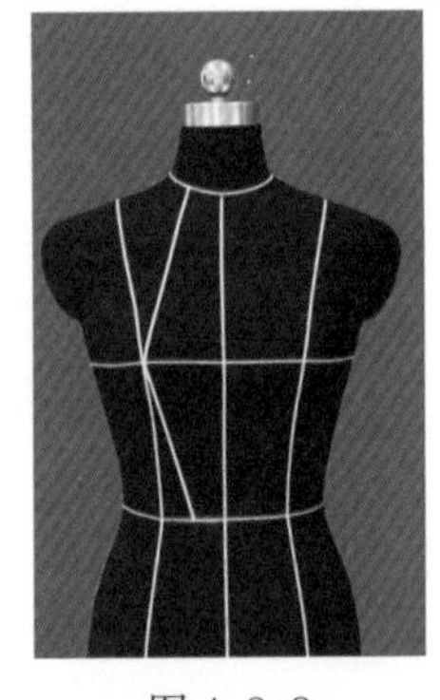

图 4-2-3

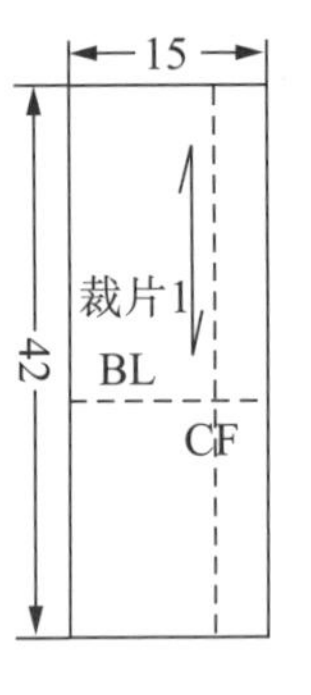

图 4-2-4

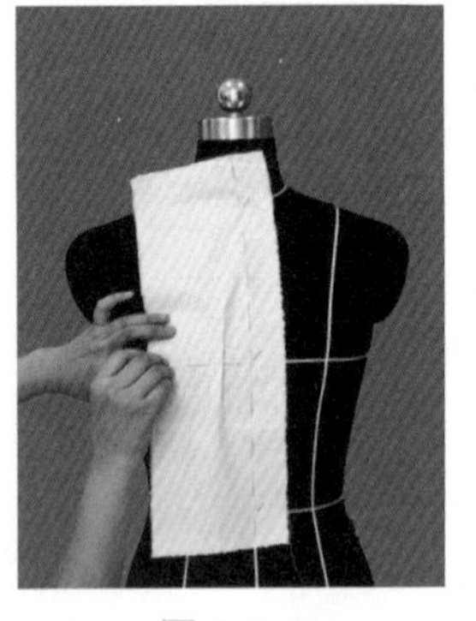

图 4-2-5

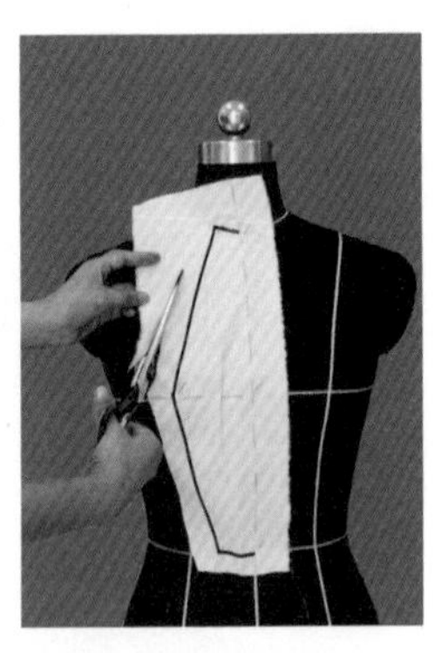

图 4-2-6

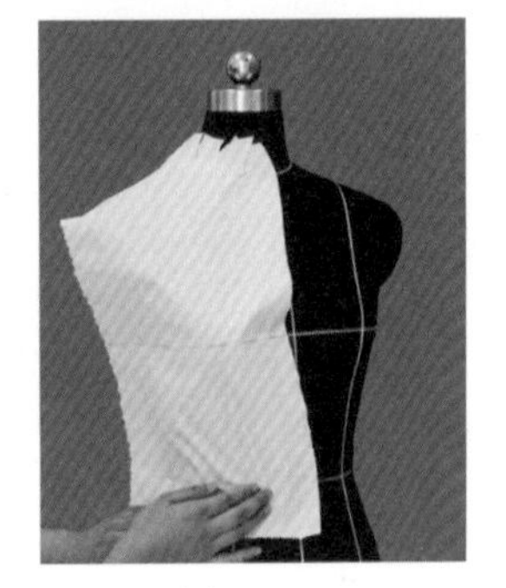

图 4-2-7

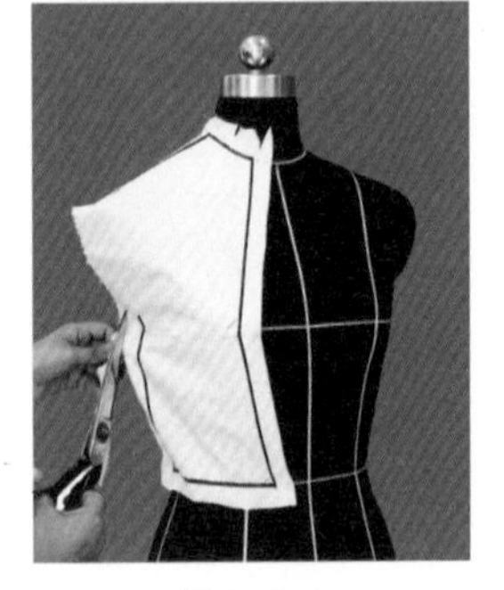

图 4-2-8

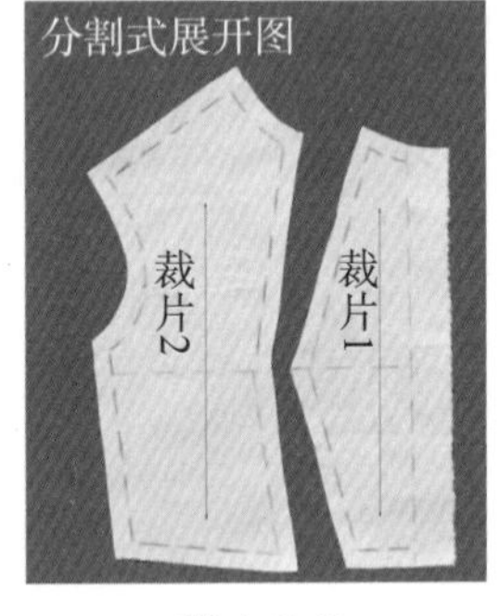

图 4-2-9

图 4-2-10

图 4-2-11

完成如图 4-2-11 所示的分割加省道的立体裁剪。

① 贴附造型线：按照款式图贴附造型线，如图 4-2-12 所示。

② 取料、披布：量取造型线分割后的裁片区域的最宽和最长值，取裁片 1 的长度为 48 cm，宽度为 28 cm；裁片 2 的长度为 25 cm，宽度为 20 cm。将裁片 1 披到人台上，使布料的纵横基准线对准人台的纵横基准线，留出腰部和胸部的松量，将多余的布料推向肩部，然后用针固定，如图 4-2-13 所示。

③ 制作裁片 1：将裁片 1 的肩部、领口处抚平，在胸部和腰部处留足松量，将多余的布料推向肋下，做一个肋省，省尖点指向胸高点，如图 4-2-14 所示。

④ 做标记、修剪裁片 1：用标记带粘贴出侧缝线、肩线、领口线、造型线，并在肩点、胸宽点、袖隆深点处做好标记，留出 1.5~2 cm 的缝份，修剪余料，如图 4-2-15 所示。

⑤ 制作裁片 2：将裁片 2 披到人台上，使布料的纵横基准线对准人台的横基准线，留出腰部和胸部的松量，用针固定，如图 4-2-16 所示。

⑥ 做标记、修剪裁片 2：用划粉或带子标出腰线、侧缝线、造型线，留出 1.5~2 cm 的缝份，

修剪余料，如图 4-2-17 所示。

⑦ 整理结构图：将样衣从人台上卸下展成平面。用圆顺的虚线连接各点，注意侧缝、袖窿和肩缝等部位的吻合，确定出样衣的结构图，如图 4-2-18 所示。

⑧ 假缝试穿：将衣片按制成线扣烫一侧缝份，并用大头针假缝后穿于人台上，观察整体效果，不合适之处可再次修改，如图 4-2-19 所示。

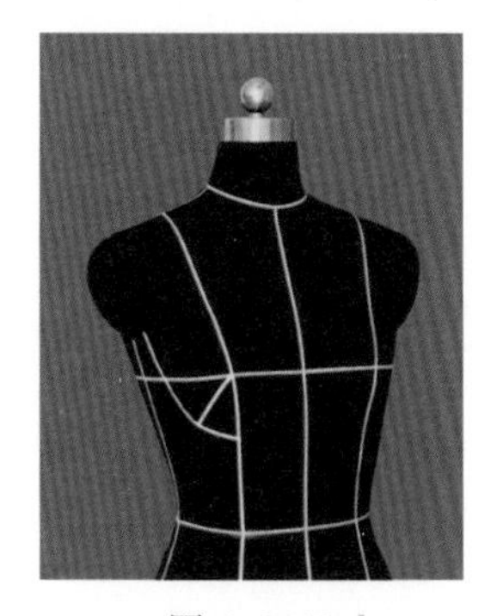

图 4-2-12

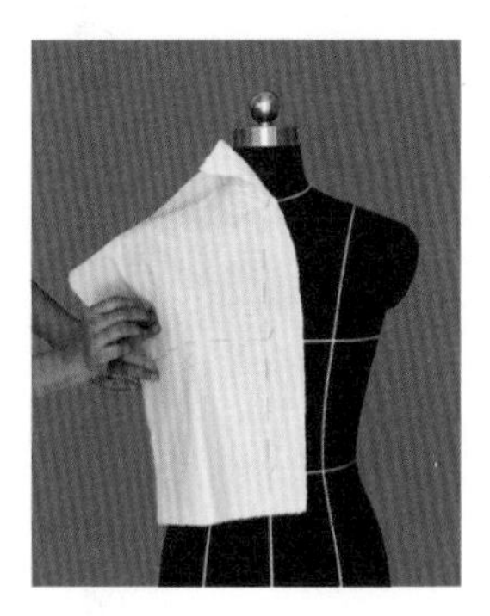

图 4-2-13

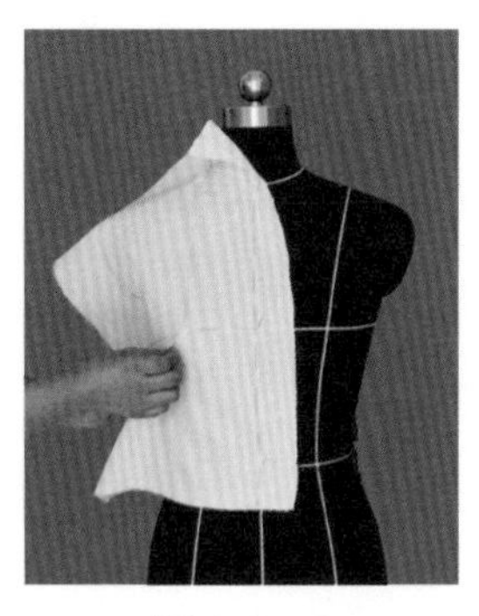

图 4-2-14

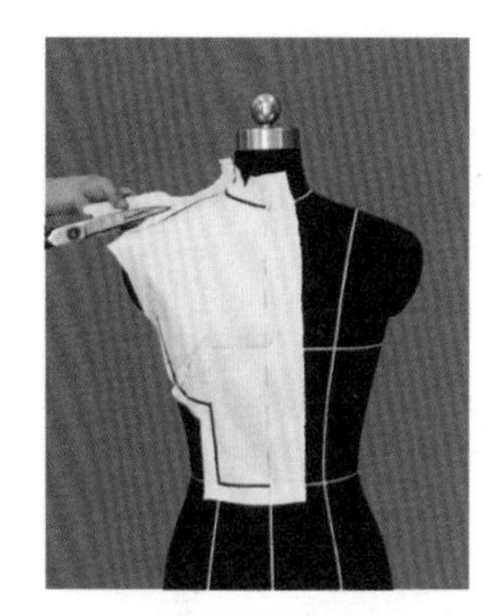

图 4-2-15

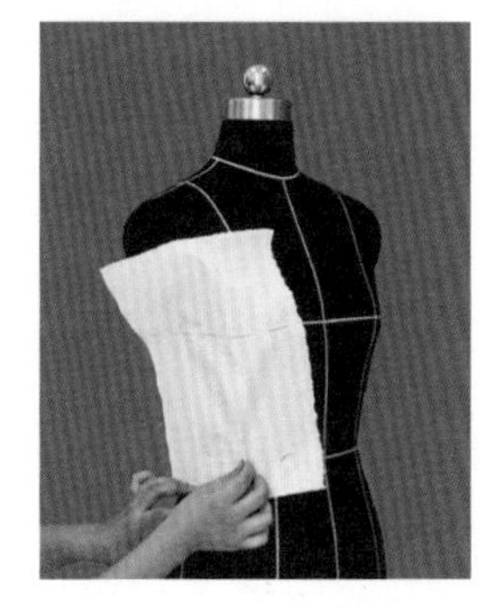

图 4-2-16

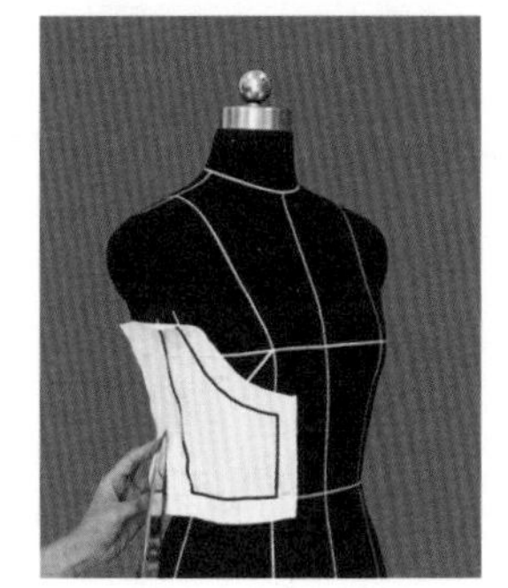

图 4-2-17

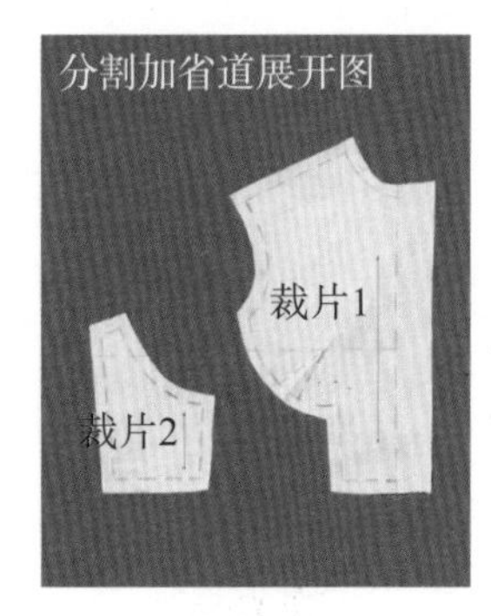

图 4-2-18

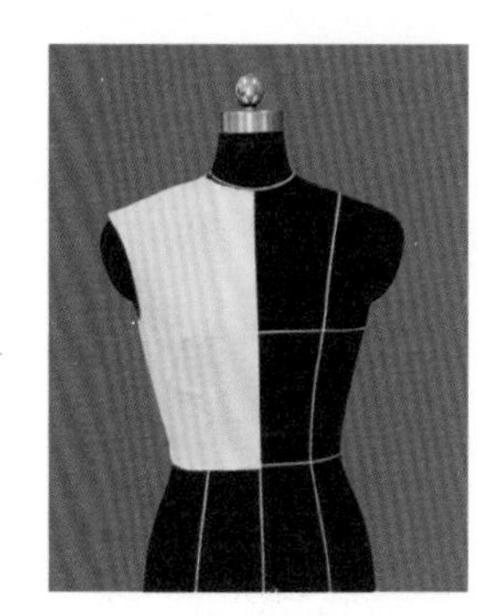

图 4-2-19

任务实施

一、规格设计

尺寸规格见表 4-2-1。

表 4-2-1　尺寸规格表　　单位：cm

号型	衣长	胸围	腰围	臀围	肩宽	袖长	袖口
160/84A	58	94	76	98	39	58	13

二、裁片的准备

女外套各个衣片立裁用坯布的备布尺寸及形状，如图 4-2-20 所示，各块坯布丝缕归正，整烫平整后，用铅笔绘制好必要的基准线备用。

三、操作过程

1. 人台标识线的贴附

（1）做人台基准线标示。如图 4-2-21 和图 4-2-22 所示黄色标记带粘贴的形式。

（2）按照款式图所示结构特征，在人台上用红色标记带粘贴出立领、驳头、前后衣片、分割线、省道及下摆的形状和位置。注意下摆位置线应在臀围线以上。

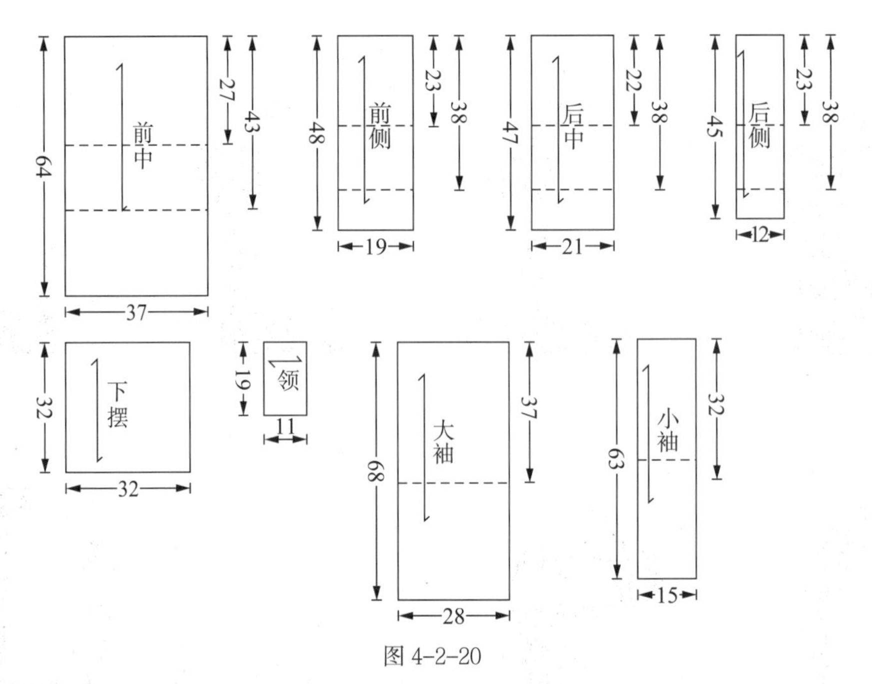

图 4-2-20

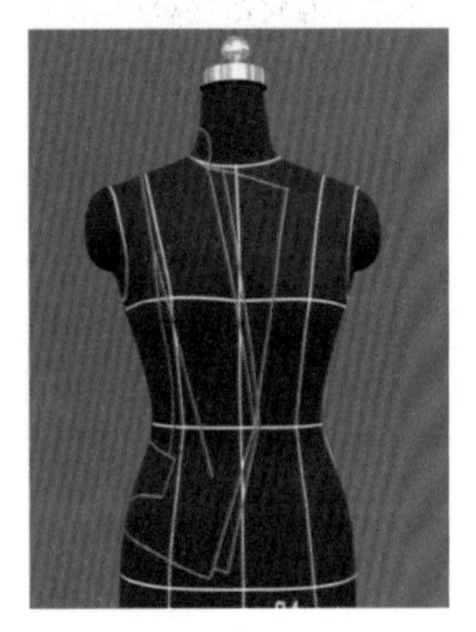

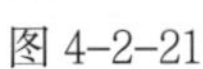
图 4-2-21

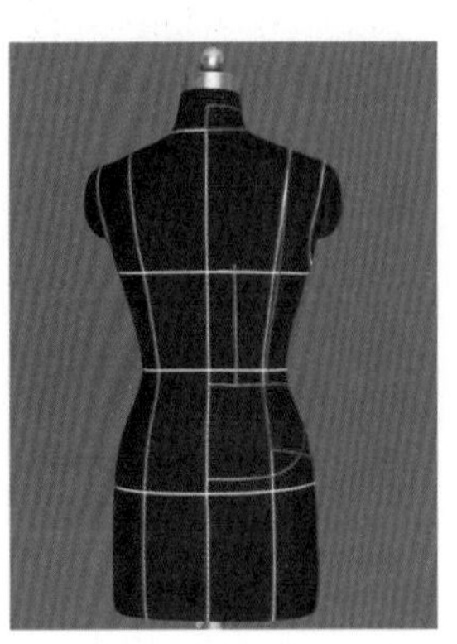

图 4-2-22

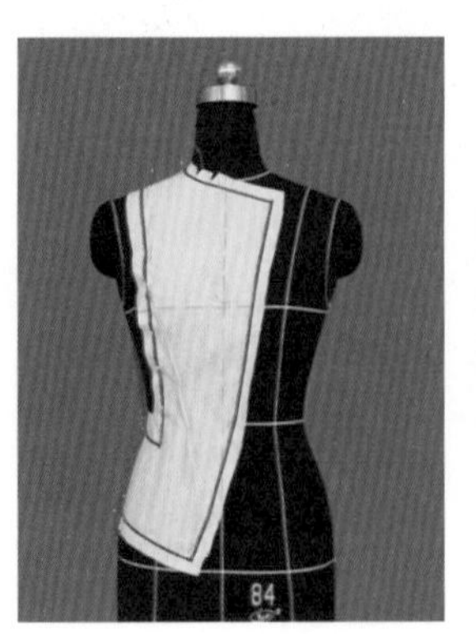

图 4-2-23

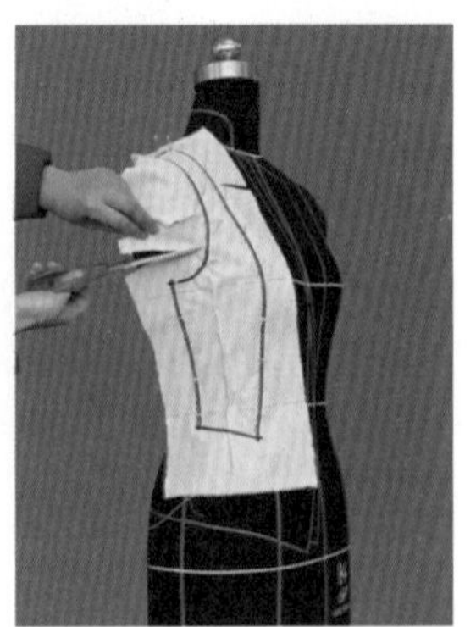

图 4-2-24

2. 立体裁剪操作步骤

（1）取备好的前中片坯布一块，对合前中线、胸围线、腰围线，用大头针沿前中心线、肩线、公主线分割线、侧缝线等分别固定在人台上，注意坯布丝缕方向的横平竖直，用黑色标记带粘贴出前中片形状，清剪多余布料，留出 2 cm 左右的缝份量，如图 4-2-23 所示。

（2）取备好的前上侧片坯布一块，对合胸围线、腰围线，用大头针沿肩线、胸围线、腰围线、公主线分割线、侧缝线等分别固定在人台上。注意坯布丝缕方向的横平竖直，用大头针在侧片中间沿经纱线方向挑出松量固定。修剪袖窿，如图 4-2-24 所示，留出较大的余量，用黑色标记带粘贴出前上侧片的形状，清剪多余布料，周边留出 2 cm 左右的缝份量。

（3）取备好的后中片坯布，对合背中线、背宽线、胸围线、腰围线等，再用大头针沿背中线、肩线、胸围线固定在人台上，注意坯布丝缕方向的横平竖直。将腰背部的富余量收省固定，修剪出袖窿弧线、刀背缝线，留出较大的余量。调整好胸围、腰围的松量，用黑色标记带粘贴出后中片形状，清剪多余布料，留出 2 cm 左右的缝份量，如图 4-2-25 所示。

（4）取备好的后侧片坯布，对合胸围线、腰围线等，再用大头针沿胸围线、肩线固定在人台上，注意坯布丝缕方向的横平竖直。用大头针挑出松量固定，修剪出袖窿弧线，周边留出较大的余量。调整好胸围、腰围处的松量。用黑色标记带粘贴出后侧片形状，清剪肩线、后公主线及侧缝线、腰节线以下横向分割线等处的多余布料，留出 2 cm 左右的缝份量，如图 4-2-26 所示。

（5）取备好的后下片坯布一块，对合后中线，用大头针沿后中线及弧形分割线固定在人台上，调整衣片在腰臀部的松量及服贴效果，注意坯布丝缕方向的横平竖直，用黑色标记带粘贴出后下片的形状，清剪多余布料，周边留出 2 cm 左右的缝份量，如图 4-2-27 所示。后下片上端在后腰部服贴合体，下摆呈弧线形，在臀围线上部外翘，造型较为夸张，强调女性细腰丰臀的体型特点。

（6）领子为内倾型单立领结构，取备好的领子坯布，先将领子坯布上的后中心线与人台上的后中线对齐固定，在中心线处将领宽别出，将领片下口布边向上翘起，再把领片向前围绕，注意调整领片与颈部之间的空隙大小。在领下口线外打剪口，使领片平服于人台上，注意剪口不能超过人台颈部的领口标记线。剪好刀口后进一步调整领片与人台颈部的空隙大小。领片调整好后，根据衣片领窝弧线的位置，在领片布上用标记带粘贴领子的造型线，与人台上的红色标记线一致，如图 4-2-28 所示。

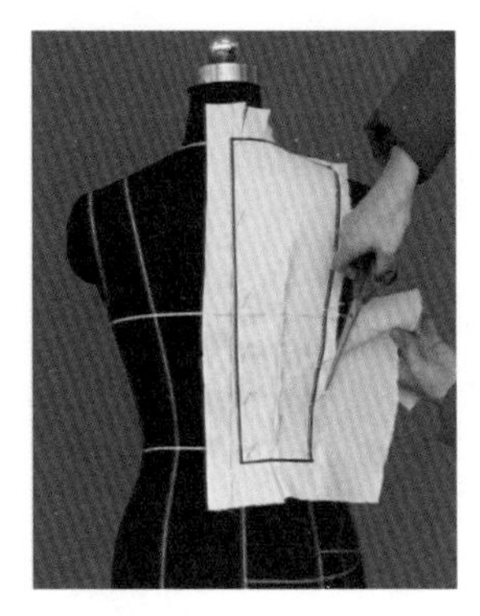
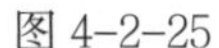
图 4-2-25

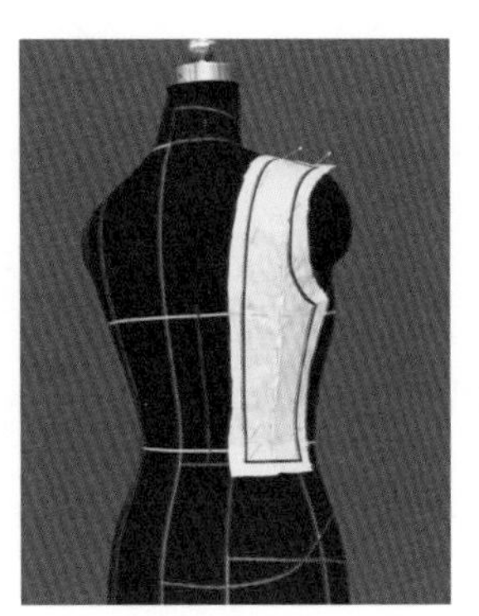
图 4-2-26

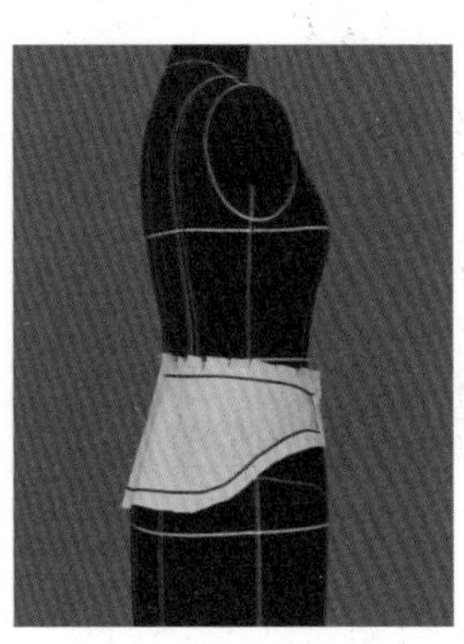
图 4-2-27

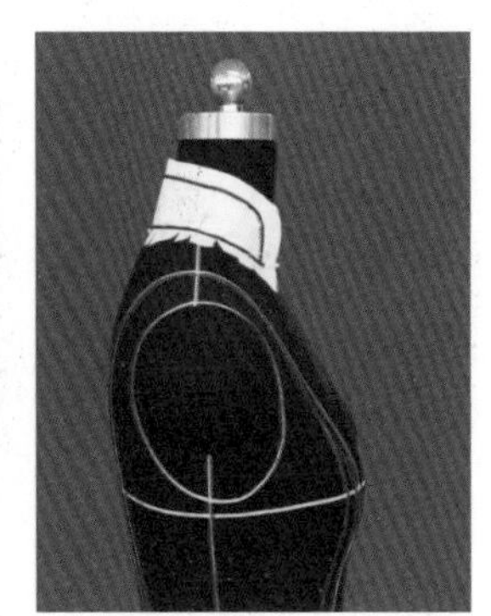
图 4-2-28

（7）将立裁出的衣片（对称一半的衣片）按照款式图所示结构构成，用大头针假缝在一起，穿到人台上，如图 4-2-29 和图 4-2-30 所示。

（8）此款女外套袖子是合体两片袖结构设计，由大袖片、小袖片组成，大袖片袖山切展加褶 6 cm，袖子的平面结构分解图如图 4-2-31 所示。

3. 整理与版型修正

（1）从正前面、侧面、后面等不同角度观察立体裁剪造型效果，依据款式图调整不尽合理的结构线以及放松量的分配。

（2）胸部放松量设为 10 cm，在胸围前后公主线分割位置分别各放 1 cm，剩下 6 cm 在衣片后中及两侧侧缝处各加放 2 cm。侧缝线在腰部收进成较为贴体的造型。

（3）衣服长度未超过臀部，调整服装前片下摆在臀部以上位置的放松量，使外套下摆在臀围上部松量适宜且较为服贴。后下片在臀围上部外翘，造型较为夸张，强调女性细腰丰臀的体型特点，如图 4-2-29 和图 4-2-30 所示。

（4）调整单立领造型在颈部的形态达到平整服贴。注意单立领与脖颈间空隙度的把握。

（5）驳头的大小与翻折位置要尽可能与款式图效果保持一致，调整好双层叠门的形状及尺寸配比关系。注意止口的造型与尺寸的把握。

（6）调整好造型后，清剪缝份，后中留 2.5 cm，其余各部位均留 1.5 cm，用黑色标记带粘贴出各个衣片的轮廓线，如图 4-2-29 和图 4-2-30 所示。

（7）调整修剪好的白坯布衣片版型，如图 4-2-32 所示。

（8）通过平面制图方法在纸上绘制西装两片袖的结构图，并将版型拓画在备好的袖子坯布上，留出适当的缝份量，清剪袖片并组装袖片，利用立体裁剪的绱袖原理将组装好的袖子装在大身上。然后做标记、拆袖子、拓板、修板，将完成的袖片版型复制到布料上，最后将袖子再次组装并绱在大身袖窿处。

4. 成衣效果

把修好的版型重新拓制在白坯布上，假缝后穿在人台上，以成衣效果展示，如图 4-2-33 和图 4-2-34 所示。

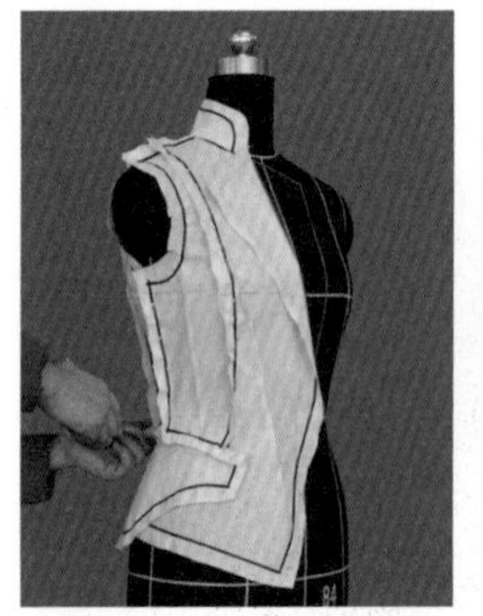

图 4-2-29

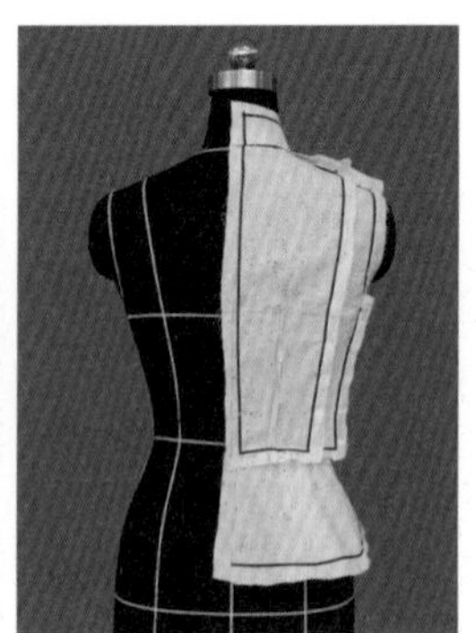

图 4-2-30

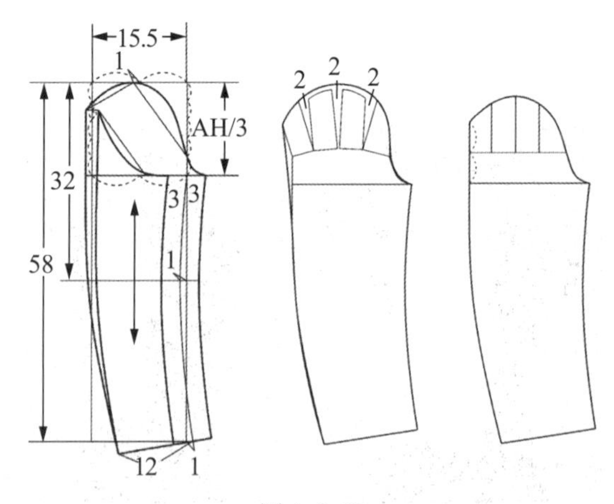

图 4-2-31

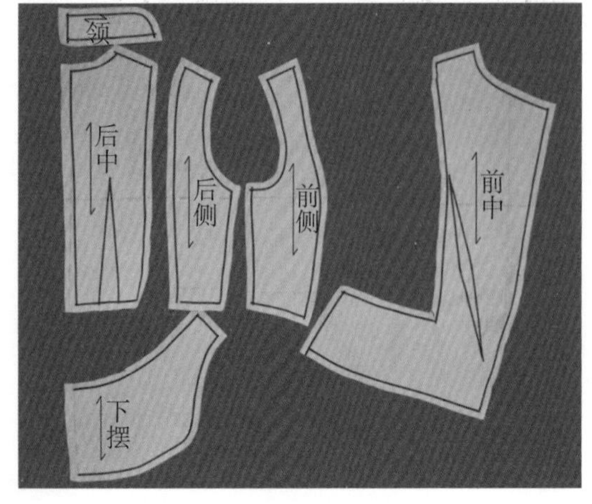

图 4-2-32

图 4-2-33

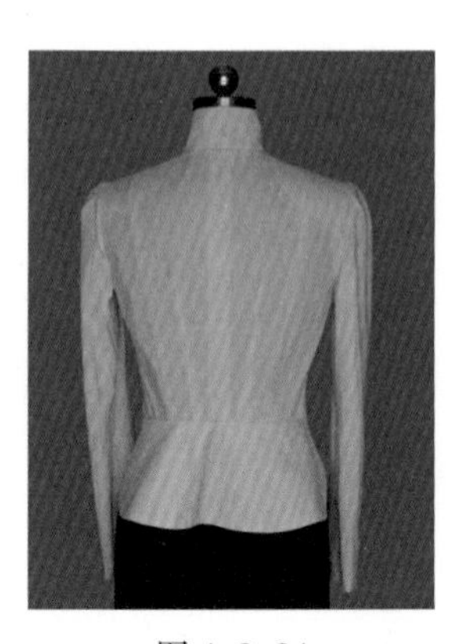

图 4-2-34

任务三　平驳领耸肩袖短款女西服的立体造型与制作

任务提出

根据款式图 4-3-1 的效果分解女西服的结构，在人台上用立体裁剪的方法完成女西服的结构设计，并选择合适的面料进行假缝。

要求：假缝效果与款式图造型一致，比例关系匹配。

图 4-3-1

任务分析

1. 女外套的款式分析

此款女外套的款式较贴体。前衣片刀背缝分割，腰节以下横向分割，前中开门两粒扣，圆下摆。两侧大兜盖装饰。后衣片刀背缝分割。平驳领结构，合体两片袖设计，大袖片袖山头分割收褶。完成此款时尚女西服需要了解衣身的结构变化原理，掌握基础的领袖立体制作过程，并结合运用分割线造型方法来完成服装整体的塑形。

2. 女外套的结构分解

此款女外套的结构是平驳领结构设计，驳头翻折线的下端位于胸围线以下，属于传统的驳领造型。衣身由前中片、前侧片、后中片、后侧片，共计 8 片组成。前中开口一粒扣，平驳头，圆下摆。此款服装属于较短款式，因此衣长尺寸设计应偏短一些。衣袖由大小袖片组成合体两片袖结构，大袖片袖山头分割加褶。在处理造型线时需要注意把握好每个裁片之间的比例关系，确定分割线和省的位置。

相关知识

一、女外套面料的知识

面料材质和肌理的变化会产生不同的风格。在服装设计中，面料与服装整体风格准确结合，可将其潜在的性能和自身的风格发挥到最佳状态。女外套面料按照风格分类大致可以分为以下几种。

（1）华丽古典风格：是以高雅含蓄与高度和谐为主要特征的、不受流行左右的一种服饰风格，具有很强的怀旧、复古倾向。此类风格的服装外套常采用如塔夫绸、天鹅绒、丝缎、绉绸、乔其纱、蕾丝等具有华丽古典风格的材质。在制作中再配合精致的手工，如刺绣、镶嵌等，营造格调高雅的古典风格，如图 4-3-2 所示。

（2）柔美浪漫风格：反映在服装上是柔和圆顺的线条，变化丰富的浅色调，轻柔飘逸的薄型面料，循环较小的印花图案，以及泡泡袖、花边、滚边、镶饰、刺绣等工艺，使服装能随着人的活动而显示出轻快飘逸之感。在面料的选择上常采用柔软、平滑、悬垂性强的织物，如乔其纱、雪纺、柔性薄织物、天鹅绒、丝绒、羽毛、蕾丝、经过特殊处理的天然质地织物、仿天然肌理织物等，并配合彩绣、珠绣、印花、编织、木耳边等细节处理，充分展现女性柔美与浪漫的特征，如图 4-3-3 所示。

图 4-3-2

图 4-3-3

（3）清新田园风格：服装以宽大疏松的款式、天然的材质和丰富的色彩为特征。在面料的选择上采用棉、麻、丝等纯天然纤维面料，如带有小方格、均匀条纹、各种美丽花朵图案的纯棉面料等。棉质花边、蕾丝、蝴蝶结、镂空面料等都是田园风格中最常见的元素，加上各种植物宽条编织的饰品，对比的肌理效果、粗犷的线条，风格鲜明，如图 4-3-4 所示。

（4）帅气军服风格：服装剪裁一般比较简洁，版型硬朗，带有明显的军装细节，如肩章、数字编号、迷彩印花、腰带、背带及制作精致的钮扣装饰等。军服风格的服装在面料上多采用质地硬而挺的织物，如水洗的牛仔布、水洗棉、卡其、灯芯绒、薄呢面料、皮革等；军绿、土黄色、咖啡色、迷彩为常用颜色；配合金属扣装饰物，多拉链、多排扣、多袋口及粗腰带，让人感觉帅气逼人，如图 4-3-5 所示。

图 4-3-4

图 4-3-5

（5）时尚前卫风格：源于 20 世纪初期，以否定传统、标新立异、创作前所未有的艺术形式为主要特征。在面料的选择上，以寻求不完美的美感为主导思想，将毛皮与金属、皮革与薄纱、镂空与实纹、透明与重叠、闪光与哑光等组合在一起，让人产生为之一振的感觉。例如利用现代高科技的手段，采用透明的塑胶、光亮的漆皮，创造出一件件令人不可思议的服装，如图 4–3–6 所示。

（6）通勤知性风格：款式简单大方，没有过多复杂的装饰，体现出穿着者庄重得体、精明干练的外在形象。工艺方面比较讲究，做工要求精细，选用上乘面料，肌理细腻。一般选用精纺毛料或毛与其他混纺材料。根据季节的不同，春夏季一般可选用的面料有凡立丁、贡丝锦、软缎、丝绸、丝绒、毛丝混纺等，秋冬季一般选用的面料有毛哔叽、毛华达呢、花呢等，如图 4–3–7 所示。

（7）简约欧美风格：款式简约，注重细节，质感上乘，所以选用的面料多以高档真丝面料及精纺毛料为主，例如真丝软缎、塔夫绸、毛哔叽、毛华达呢、啥味呢，驼丝锦或者皮革等，如图 4–3–8 所示。

图 4–3–6

图 4–3–7

图 4–3–8

任务实施

一、规格设计

尺寸规格见表 4–3–1。

表 4–3–1　尺寸规格表　　单位：cm

号型	衣长	胸围	腰围	下摆（直量）	肩宽	袖长	袖口
160/84A	52	88	72	92	38	59	12

二、裁片的准备

各个衣片立体裁剪用坯布的备布尺寸及形状如图 4–3–9 所示，各块坯布丝缕归正，整烫平整。用铅笔绘制好必要的基准线备用。

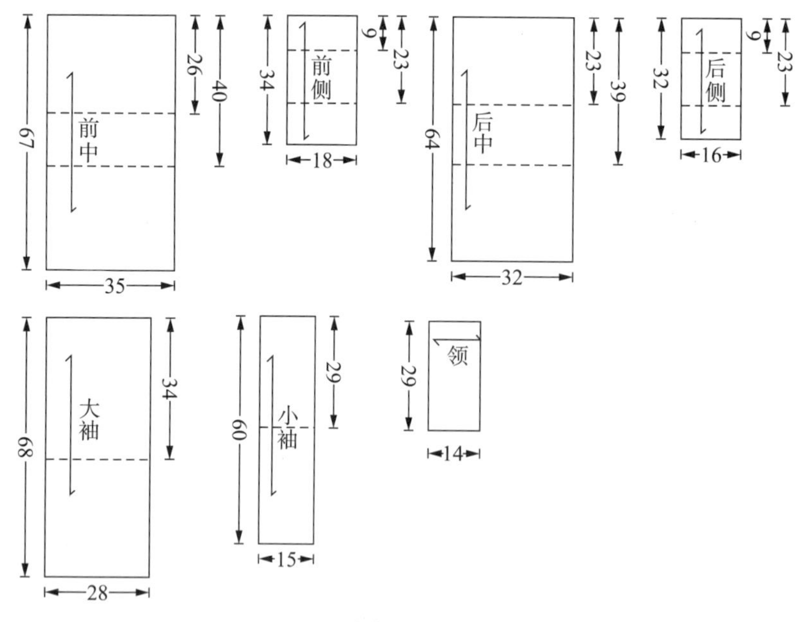

图 4-3-9

三、操作过程

1. 人台标识线的贴附

（1）选择一个标准人台（净胸围 84 cm），调整人台高度与操作者以肩部比齐为宜。标记带作为衣片结构线定位的依据，应该与人体表面特征线一致。

（2）按照款式图所示结构特征，在人台上用红色标记带粘贴出肩领、驳头翻折线、领子、驳头、门襟止口、刀背缝的形状和位置、大兜盖的形状和位置及下摆位置线，如图 4-3-10 和图 4-3-11 所示。

2. 立体裁剪操作步骤

（1）取备好的前中片坯布，对合前中线、胸围线、腰围线、臀围线等，用大头针固定，注意坯布丝缕的横平竖直。清剪颈部多余布料，打剪口使坯布服贴在人台的肩、颈、胸部。剪去袖窿多余布料，留足缝份量。粗裁出刀背缝位置。调整胸围、腰围、臀围处的松量，用黑色标记带标记出前中片领口、驳头、止口、下摆、刀背缝等形状，清剪多余布料，留出 2 cm 左右的缝份量，如图 4-3-12 所示。

（2）取备好的前侧片坯布，用大头针沿胸围线、腰围线分别固定在人台上，注意坯布丝缕方向的横平竖直。修剪袖窿留出较大的余量，调整胸腰部松量，在前侧片中间用大头针沿经纱方向挑出松量固定。用黑色标记带将前侧片的形状复制到坯布上，清剪多余布料，周边留出 2 cm 左右的缝份量，如图 4-3-13 所示。

（3）取备好的前挂面坯布，对合前中线、胸围线、腰围线、臀围线，用大头针沿固定在人台上，修剪出领口、驳头形状，留足缝份量，用黑色标记带粘贴出前领口、驳头、止口、下摆的形状，并粘贴出挂面与里子拼接的位置线，清剪多余布料，留出 2 cm 左右的缝份量，如图 4-3-14 所示。

（4）取备好的后中片坯布，对合背中线、背宽线、胸围线、腰围线、臀围线，再用大头针固定，注意坯布丝缕方向的横平竖直。修剪出后领口弧线、袖窿弧线、刀背缝线，周边留出较大的余量。调整好胸围、腰围、臀围处的松量，用黑色标记带粘贴出后中片形状，清剪多余布料，留出 2 cm 左右的缝份量，如图 4-3-15 所示。

（5）取备好的后侧片坯布，调整好胸围、腰围处的松量，在侧片中间沿经纱方向，用大头针挑出松量固定。修剪出袖窿弧线、刀背缝线、下分割线，周边留出较大的余量。用黑色标记带粘贴出后侧片形状，清剪多余布料，留出 2 cm 左右的缝份量，如图 4-3-16 所示。

（6）按照款式图所示用大头针假缝在一起，穿到人台上，如图 4-3-17 和图 4-3-18 所示。

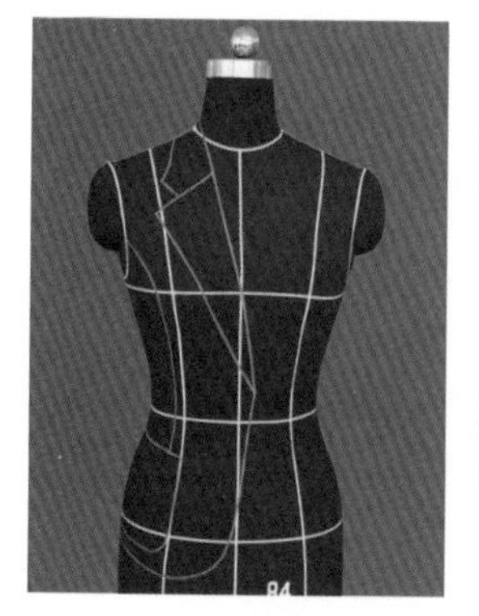

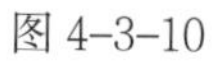

图 4-3-10

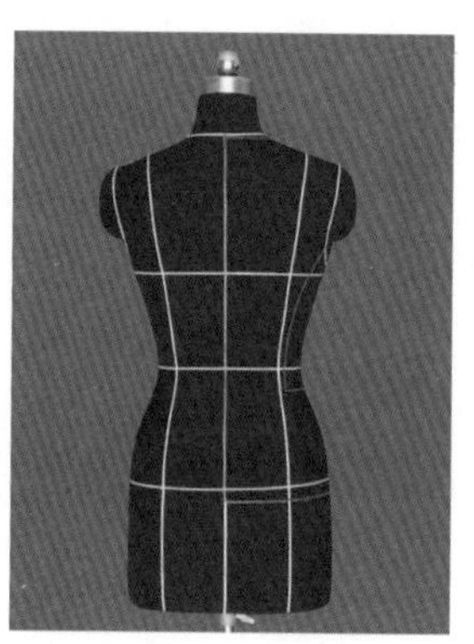

图 4-3-11

图 4-3-12

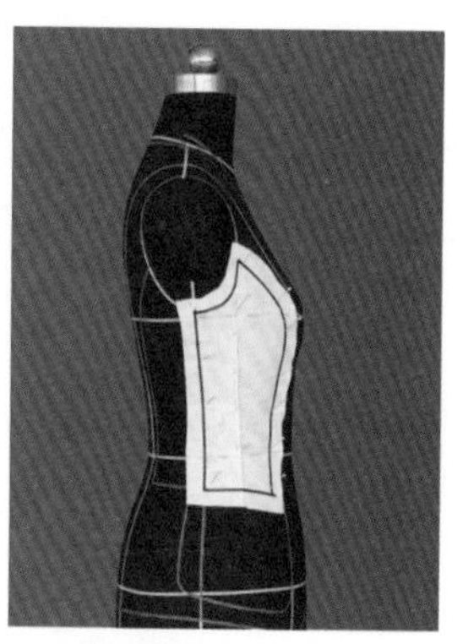

图 4-3-13

图 4-3-14

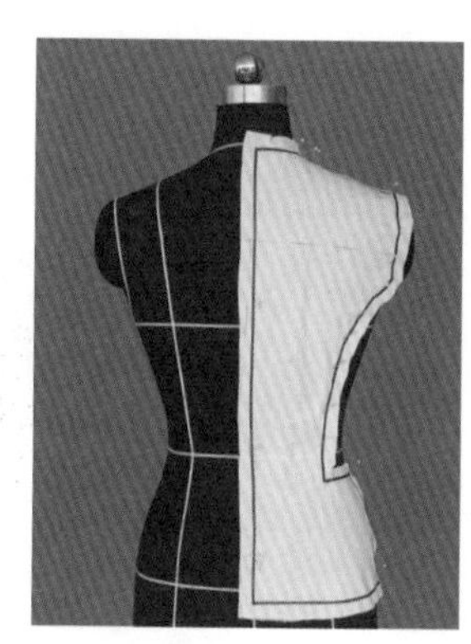

图 4-3-15

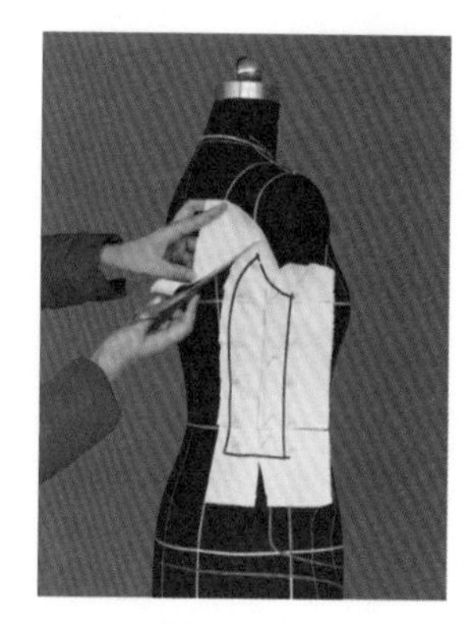

图 4-3-16

3. 领子、袖子的平面制图

图 4-3-19 为领子结构制图，图 4-3-20 为袖子结构制图。通过平面制图方法在纸上绘制西装领子和两片袖的结构图，并将版型拓画在备好的坯布上，留出适当的缝份量，清剪并组装，利用立体裁剪绱领和绱袖原理将领子和袖子装在大身上。

4. 整理与版型修正

（1）胸部放松量设计为 12 cm，衣片在公主线分割位置各放 1 cm，剩下 6 cm 在衣片后中及两侧缝处各加放 2 cm。侧缝在腰部收进形成较贴体造型，如图 4-3-17 和图 4-3-18 所示。

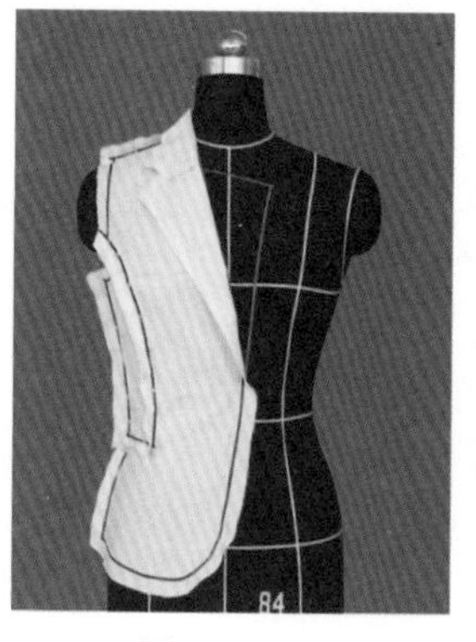

图 4-3-17

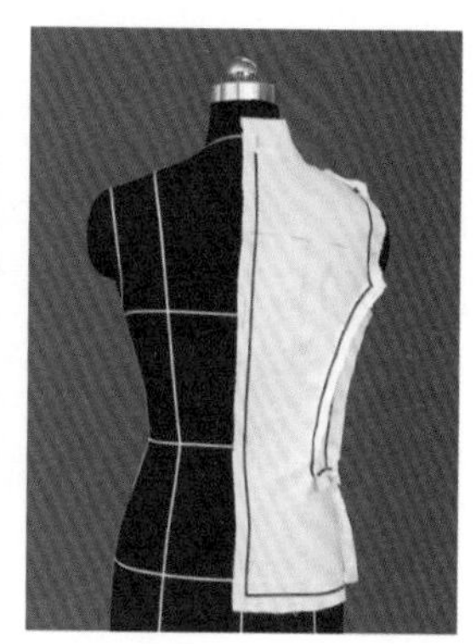

图 4-3-18

（2）调整好造型后，清剪缝份，后中留 2.5 cm，其余各部位均留 1.5 cm，用黑色标记带粘贴出各个衣片的轮廓线。调整修剪好的白坯布衣片版型，如图 4-3-21 所示。

（3）把修好的版型重新拓制在白坯布上，假缝后再次穿上人台，以成衣效果展示，如图 4-3-22 和图 4-3-23 所示。

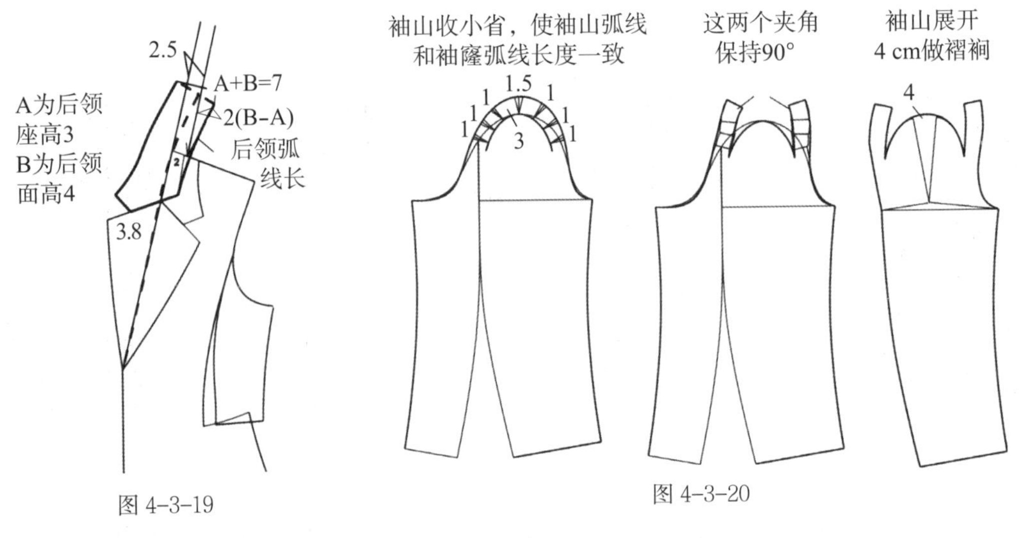

图 4-3-19

图 4-3-20

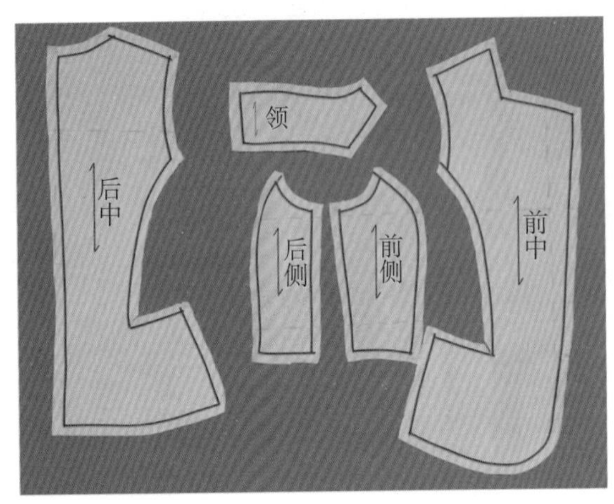

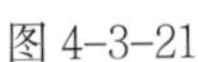

图 4-3-21

图 4-3-22

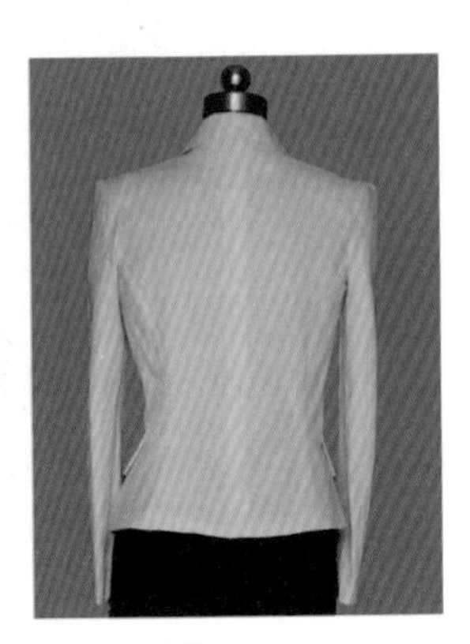

图 4-3-23

任务四　时尚白领女外套的立体造型与制作

任务提出

某物流公司职员王女士要参加集团的竞标工作会，需要一套制服。王女士 32 岁，身高 163 cm，体型适中，脸型微圆，皮肤白净，气质较好，比较喜欢精干利落的风格。

任务分析

1. 客户需求分析

作为设计师设计开发产品，首先要了解客户王女士对服装的款式、风格、色彩、面料及用途等的喜好和需求，着装者的身高、脸型、肤色的基本情况，出席活动的时间、地点和性质等，以此作为服装款式设计的基础。

2. 进行市场调研

服装产品的设计开发首先是从市场调研开始,可以通过网络资源查找和市场实地调研方式,找出适合王女士需要的主题、款式、色彩等方面的流行要素并进行提炼和设计。

相关知识

一、女外套的设计开发与策划

外套设计开发主要分为以下步骤：品牌定位、目标消费者定位、流行信息的提取、产品构思和深入。设计师根据以上的步骤进行款式设计，注意多考虑造型与工艺的结合、色彩和图案的协调搭配、面料与辅料的完美组合。

1. 品牌定位

品牌定位是造型成功的首要条件，往往也反映着目标消费群体的个性和特点，赢得消费者的青睐，关键就是在市场中独树一帜成为市场和流行的指向标。品牌风格的创立和稳定是顾客品牌忠诚度的前提，是品牌价值体现的基础。

2. 目标消费者定位

目标消费者的消费特点受到年龄、性别、职业、收入、文化背景、生活以及消费习惯等多方面的影响。不同年龄和不同社会阶层的女性因为文化熏陶、教育程度、经济条件等方面的差异，在消费心态和消费理念上有很大的差别。

3. 流行信息的提取

流行预测机构会提前将各类流行趋势通过不同的媒介发布出来，如专业的网站、专业的平面媒体、专业的流行趋势发布会。作为服装设计、生产、陈列、营销的企划指导，可以使不同的生产企业和品牌及时更新设计思路，对生产和流通环节做出提前的预测和准备，从而减少自然资源和人力资源的重复和浪费，提高生产的效率和品牌的竞争力，不断满足消费者对时尚的追求。流行信息的提取可以通过专业流行趋势的收集和分析以及市场调研两种主要方式。

4. 面辅料确定

面辅料是随着服装流行趋势而开发设计的，每年都会推出很多新面料和辅料。作为一个合格的设计师,要熟知各大类面料、辅料的特性。根据外套这种单品的特点进行合理的选择和组合。

5. 款式设计与绘制

设计师会将所有的信息转化为款式草图或款式平面图，这个阶段被称之为设计阶段，设计师团队需要对所有的设计草图进行反复地评价和修改，对设计中不合理的元素和细节进行完善和拓展，最终完成款式的确定，这样才能保证产品在投放市场时的效果。

二、女外套工业样板知识

1. 翻驳领的挂面处理

以前衣片为基础，在肩线上取 3~4 cm，在腰线上取 8~9 cm, 画出挂面内侧边缘线。在挂面驳头的翻折线处放出松量 0.3 cm, 在挂面止口线、肩部、底边分别放出松量 0.15 cm，以满足驳领翻折平服、止口不反吐的容量需要。

2. 弧形下摆贴边处理

贴边必须与衣片的弧形下摆形状完全相同，纱向也要与衣片保持一致。贴边样板放缝份 1 cm，缝制后统一修剪弧线缝份为 0.3 cm，在缝份上打剪口，可以使成衣弧线部位平服。

3. 分割线较多的里料处理

尽量减少里料的分割线数量，可以考虑在与面料分割线对应位置采用收省处理，以保证成品服装里面之间的平展服贴，同时又有一定的松量满足人体穿衣及运动时的需要，不会使服装外观受到影响。

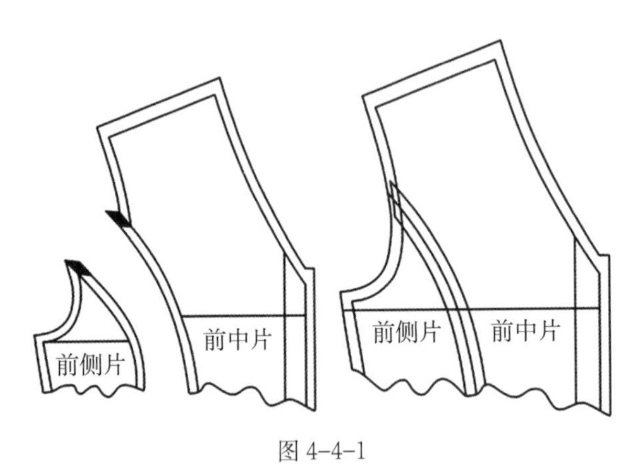

图 4-4-1

一般情况下里子样板很少分割，里子缝份比面料纸样的缝份大 0.5~1.5 cm，在有折边的部位（下摆和袖口）里子比衣身样板短一些。

4. 样板边角的特殊处理

（1）拼接缝长度相等

衣片拼接缝合部位长度要求相等，净缝纸样可以保证，但在加放缝份后，常规处理便会有长有短，一般在加放缝份时需做特殊处理，如图 4-4-1 所示。

（2）反转角对称与重合

衣片有折边的部位，折叠的部分应与衣身保持一致，一般以衣身部位形状沿折边对称，同时要减少折叠的厚度，如图 4-4-2 和图 4-4-3 所示。

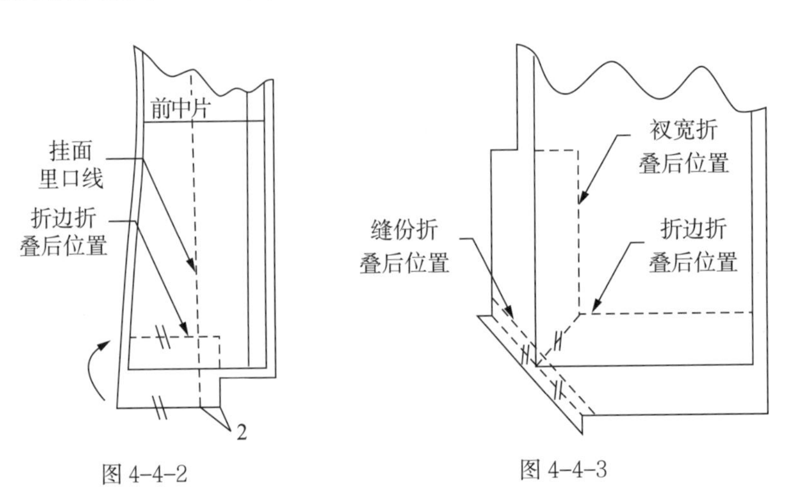

图 4-4-2

图 4-4-3

任务实施

一、市场调研

1. 调研方案设计

工作室将分为两个小组，并以每小组为单位调研不同风格的外套单品，再通过整组讨论的方式决定最终调研内容，最后共同整理出所有资料，完成对外套的设计和定稿。

网络调研品牌：Valentino，Louis Vuitton，Alexander Wang，Jil Sander，Jason Wu。

实地调研品牌：欧时力、哥弟、汉帛、卓雅。

2. 调研报告分析

见表 4-4-1。

表 4-4-1　女外套调研分析表

内容／品牌	廓　型	色　彩	面　料	装　饰	纹　样
Valentino	A 型	白色	镂空面料	镂空	花朵图案
Louis Vuitton	T 型	黄白	印花面料	分割	格子图案
Alexander Wang	H 型	黑白	羊毛混纺	镂空切口	
Jason Wu	H 型	藕荷色	缎面丝绸	拼接	
Jil Sander	H 型	枣红色	厚缎面料	分割	
欧时力	H 型	白色	聚酯面料		
哥弟	X 型	橘色	聚酯面料	嵌条	
汉帛	X 型	薄荷绿	聚酯面料		
卓雅	H 型	黑色	聚酯面料	抽褶	

根据当季网络资讯和实地调查报告显示，外套流行廓型以 X 型、H 型为主，色彩上流行黑白色和鲜艳的彩色，面料多用聚酯纤维和天然纤维，如图 4-4-4 所示。根据王女士的体型特征和喜好，款式设计上廓型确定为 X 型；根据参加活动的时间和地点分析，选取黑色的厚缎面料为外套面料；由于此次活动是一个公司竞标的活动，因而建议在装饰细节的选择上以简约为主，小立领的造型显得精明利落，深 V 的大翻领可以修饰脸部的轮廓，看上去知性大方，下摆的斜摆设计使得人的上半身比例更好。

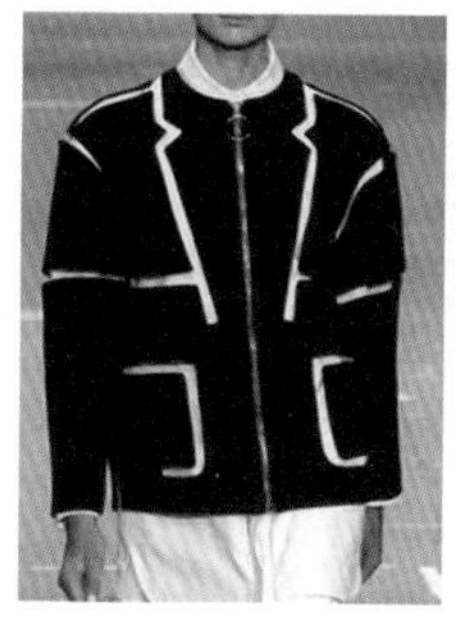

图 4-4-4

二、绘制款式图

如图 4-4-5 所示。

图 4-4-5

三、操作过程

1. 裁片的准备

各个衣片立裁用坯布的备布尺寸及形状如图 4-4-6 所示，各块坯布丝缕归正，整烫平整。用铅笔绘制好必要的基准线备用。

2. 贴附造型线

按照款式图所示结构特征，在人台上用红色标记带粘贴出单立领、前上片、驳头形状、前下片与前侧片的分割线位置、门襟止口线、大袋盖的形状和位置、后刀背缝位置、后片腰部收省的形状和位置、后下片的形状和位置（包括与后上片的分割位置），如图 4-4-7 和图 4-4-8 所示。注意衣下摆位置线应在臀围线位置。

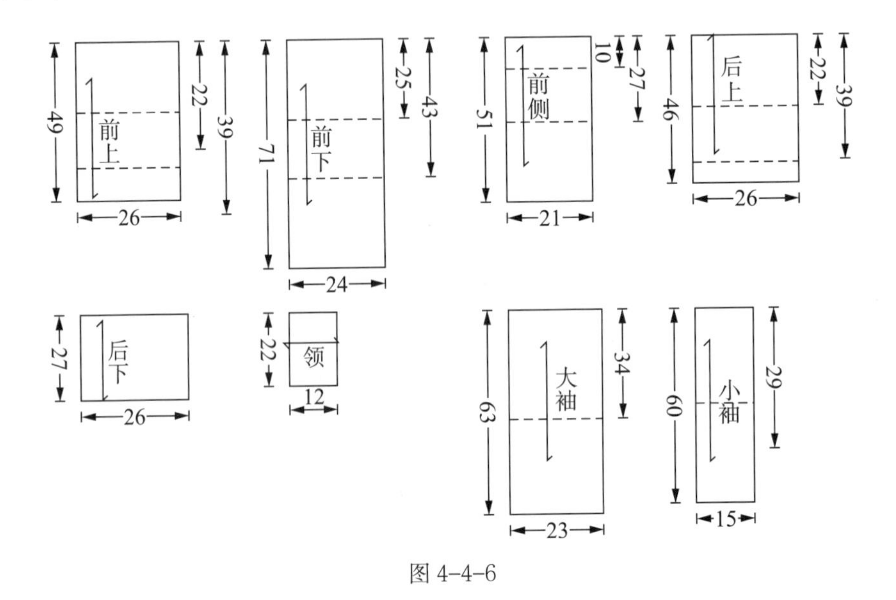

图 4-4-6

3. 规格设计

见本任务女外套工艺文件。

4. 立体裁剪操作步骤

（1）取备好的前上片坯布，对合前中线、胸围线、腰围线等基准线，用大头针固定在人台上，注意坯布丝缕方向的横平竖直。粗裁出领口、驳头形状、分割线以及门襟止口的位置，周边留足缝份量。用黑色标记带粘贴出前上片形状，清剪多余布料，周边留出 2 cm 左右的缝份量，如图 4-4-9 所示。

（2）取备好的前下片坯布，对合胸围线、腰围线、臀围线等基准线，用大头针固定在人台上。注意坯布丝缕方向的横平竖直，调整好胸部、腰部及臀部的松量。修剪袖窿、曲折形分割线，如图 4-4-10 所示，留出较大的余量。用黑色标记带粘贴出前下片的形状，清剪多余布料，周边留出 2 cm 左右的缝份量。

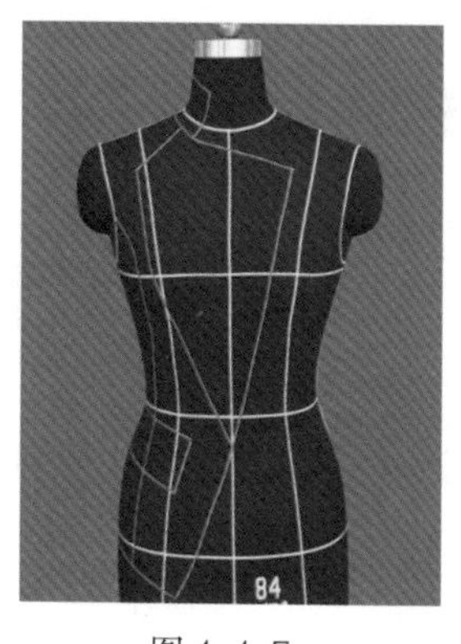

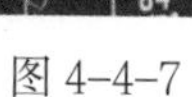
图 4-4-7

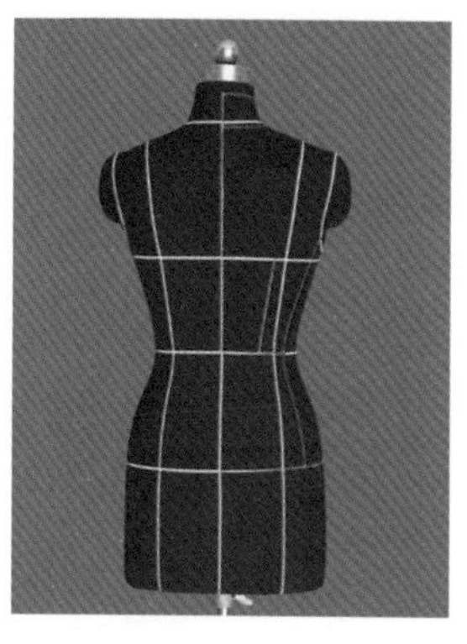
图 4-4-8

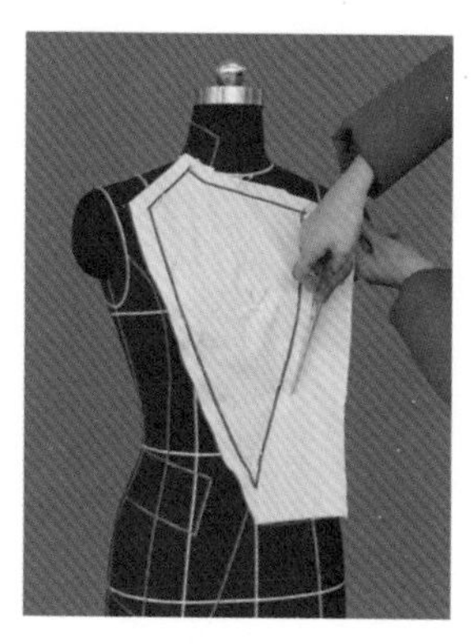
图 4-4-9

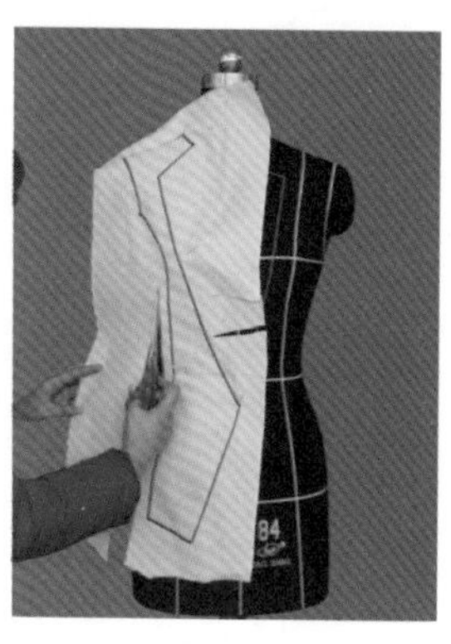
图 4-4-10

（3） 取备好的前侧片坯布，对合胸围线、腰围线、臀围线等基准线，用大头针固定在人台上。注意坯布丝缕方向的横平竖直，用大头针沿侧缝线挑出松量固定，调整胸部、腰部、臀部松紧适宜。修剪袖窿弧形，如图 4-4-11 所示，留出较大的余量。用黑色标记带粘贴出前侧片的形状，清剪多余布料，周边留出 2 cm 左右的缝份量。

（4） 取备好的后上片坯布，对合背中线、背宽线、胸围线、腰围线等，用大头针固定在人台上。注意坯布丝缕方向的横平竖直，修剪出后领口形状，留出较大的缝份量，固定领口坯布和肩缝。将腰背部的富余量收省固定，调整好胸部、腰部的松量。修剪出肩缝线、袖窿弧线、刀背缝线，周边留出较大的余量。用黑色标记带粘贴出后上片形状，清剪多余布料，留出 2 cm 左右的缝份量，如图 4-4-12 所示。

（5）取备好的后下片坯布，对合后中线、臀围线，用大头针固定在人台上，调整衣片在腰臀部的松量及服贴效果，注意坯布丝缕方向的横平竖直，用黑色标记带粘贴出后下片的形状，清剪多余布料，周边留出 2 cm 左右的缝份量，如图 4-4-13 所示。后下片上端在后腰部合体服贴，下摆呈流线形，在臀围线上部外翘，强调女性细腰丰臀的体型特点。

（6）领子为内倾型单立领结构，取备好的领子坯布，对合后中线并固定，在中心线处将别出领宽，将领片下口布边向上翘起，再把领片向前围绕，注意调整领片与颈部之间的空隙大小。在领下口线外打剪口，使领片平服于人台上，注意剪口不能超过人台颈部的领口标记线。剪好刀口后进一步调整领片与人台颈部的空隙大小。领片调整好后，根据衣片领窝弧线的位置，在领片布上用标记带粘贴出领子的造型线，如图 4-4-14 所示。

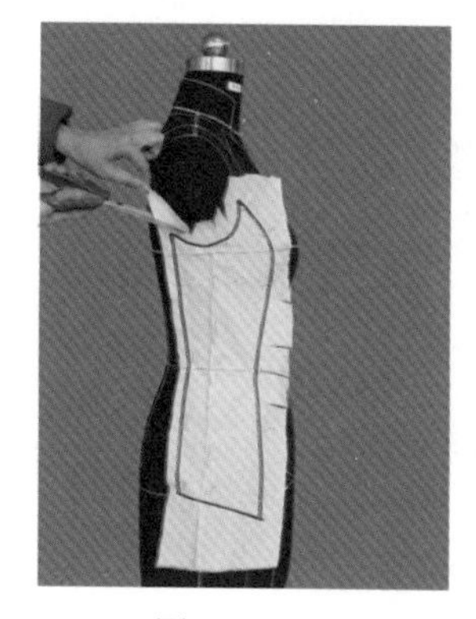
图 4-4-11

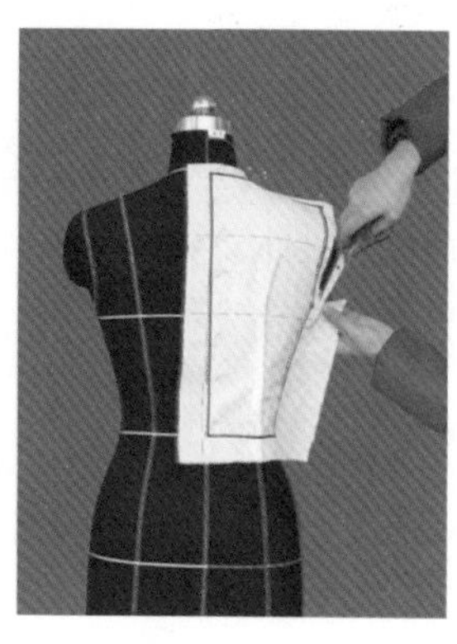
图 4-4-12

图 4-4-13

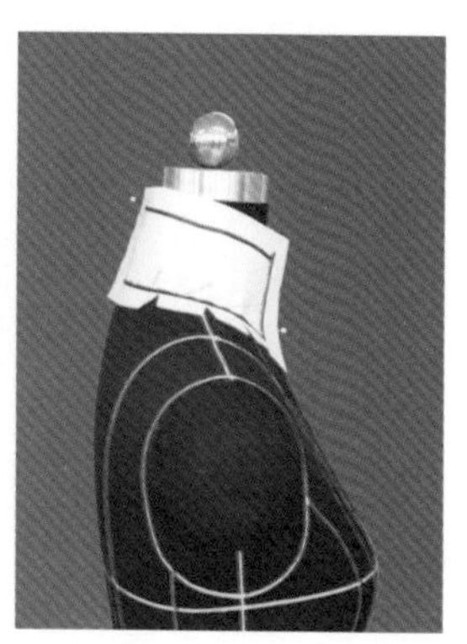
图 4-4-14

5. 袖子的平面制图

图 4-4-15 为此款女外套的袖子平面结构制图。在纸上绘制西装两片袖的结构图，并将版型拓画在备好的袖子坯布上，留出适当的缝份量，清剪袖片并组装袖片，利用立体裁剪的绱袖原理将组装好的袖子装在大身上。

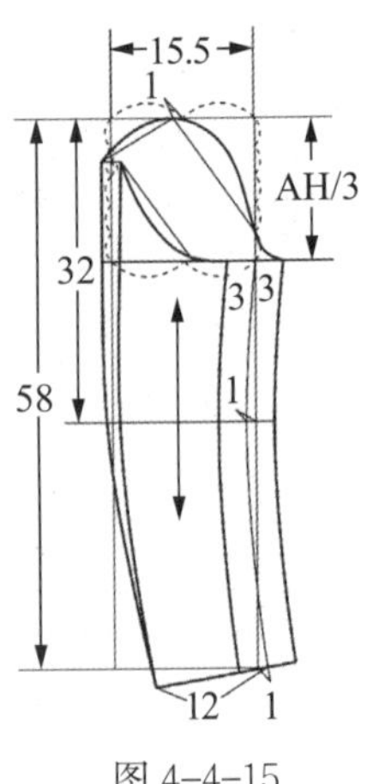

图 4-4-15

6. 整理与版型修正

（1）将立裁出的衣片（对称一半的衣片）按照款式图所示结构构成，用大头针假缝在一起，穿到人台上，如图 4-4-16~ 图 4-4-18 所示。观察立裁造型效果，依据款式图调整不尽合理的结构线以及放松量的分配。

（2）胸部放松量设为 10 cm，在胸围前后公主线分割位置分别各放 1 cm，剩下 6 cm 在衣片后中及两侧侧缝处各加放 2 cm，在腰部侧缝收进，形成较为贴体的造型。

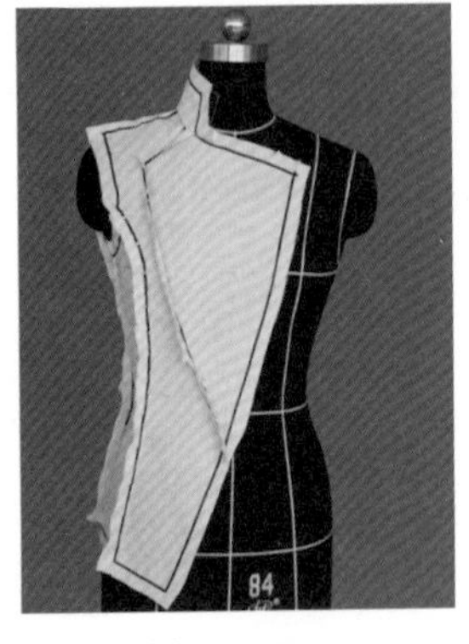
图 4-4-16

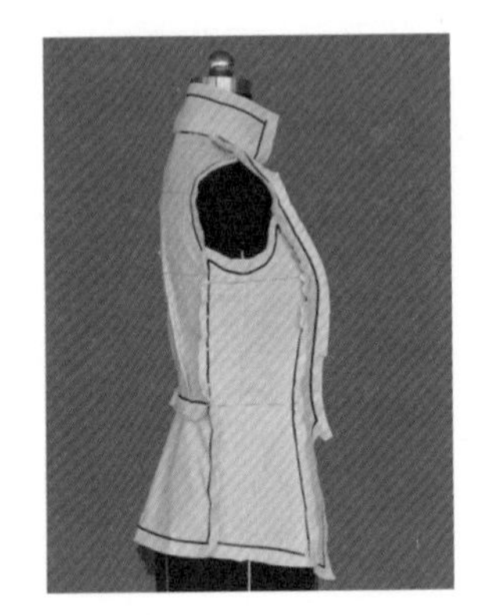
图 4-4-17

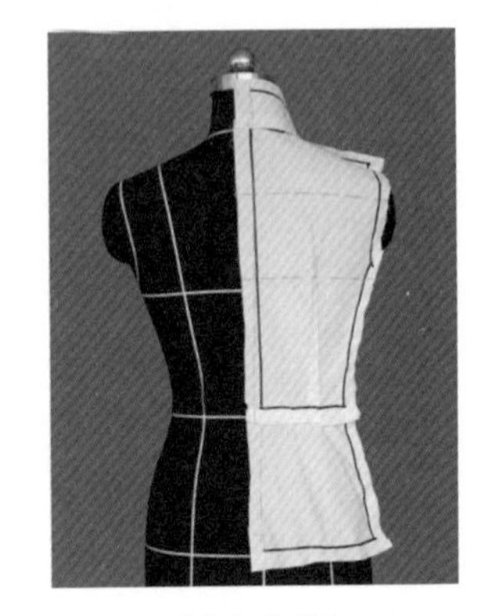
图 4-4-18

（3）衣服长度未超过臀部，调整服装前片下摆在臀围线上的放松量，使外套下摆在臀部松量适宜且较为服贴，后下片在臀围上部略向外翘起，此造型强调了女性的体型特点。

（4）调整单立领造型在颈部的形态达到平整服贴。注意单立领与脖颈间空隙度的把握。

（5）驳头的大小与翻折位置要尽可能与款式图效果保持一致，调整好驳领止口的形状及尺寸配比关系。注意止口的造型与尺寸的把握。

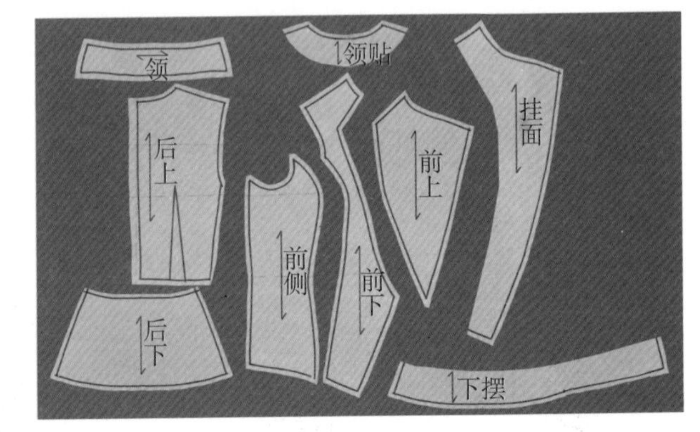

图 4-4-19

（6）调整好造型后，清剪缝份，后中留 2.5 cm，其余各部位均留 1.5 cm，用黑色标记带粘贴出各个衣片的轮廓线。

（7）调整修剪好的白坯布衣片版型，如图 4-4-19 所示。

7. 成衣效果

如图 4-4-20 和图 4-4-21 所示，把修好的版型重新拓制在白坯布上，假缝后穿在人台上，以成衣效果展示。

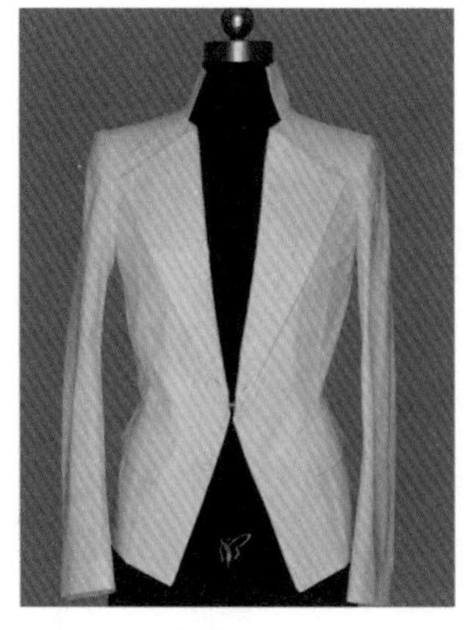

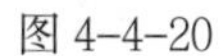
图 4-4-20

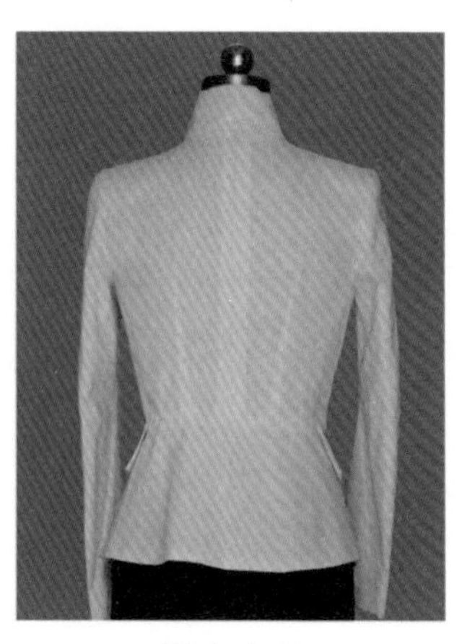

图 4-4-21

四、成衣缝制工艺文件

1. 工艺单见表 4-4-2。
2. 工艺流程如图 4-4-22 所示。

表 4-4-2　女外套工艺文件

款号：女外套			尺寸表　单位：cm	
			衣长（肩颈点至下摆）	60
			胸围（腋下 1 cm）	88
			腰围	72
			下摆（直量）	92
			袖长（肩点至袖口）	59
			1/2 袖口	12
			肩宽	39
			驳面宽（最宽处量）	12
			小领宽（后中量）	6
			袋盖 长 × 宽	13×6
面辅料列表				
名称	颜色	规格	使用部位	备注
平纹棉布	白色	160	大身	
无纺衬	白色	100	领里、袋盖	
钮扣		1.6	门襟	

（续表）

工艺要求：

1. 所有线条顺直，针距一致为 2.5 mm;
2. 口袋形状位置对称，大小一致，开袋平整，袋盖不能向外翻；
3. 挂面平整，不能外露；
4. 翻驳领大小一致左右对称，翻折后需盖住大身的分割线；
5. 衣领平服，不起翘。左右对称；
6. 前中下摆形状左右对称，不起翘；
7. 袖子左右位置大小形状左右对称；
8. 袖窿处不能出现死褶，袖窿弧线圆顺；
9. 袖口大小左右对称；
10. 所有尺寸严格按照尺寸表；
11. 所有车缝线配面料颜色。

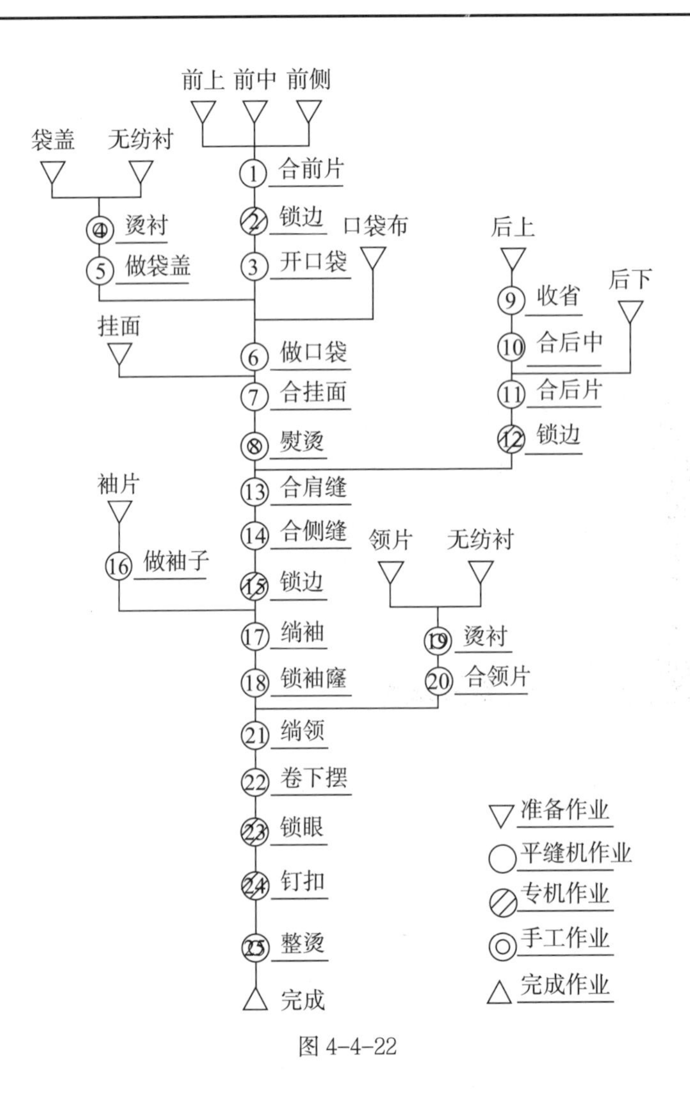

图 4-4-22

5

项目五　礼服立体造型与制作

知识目标

- 了解礼服制作工序与工艺。
- 认识礼服中立体肌理造型的立体构成技法。
- 熟练掌握褶饰、波浪、堆积等造型的立体裁剪技巧。

技能目标

- 学会分解礼服的造型层次与结构，并能合理设计缝制工艺。
- 掌握褶饰、波浪、堆积等各种造型的立体裁剪方法，并能合理利用辅料与工艺手段做定型处理。
- 能够灵活运用立体裁剪方法进行各种礼服的造型设计与制作。

任务一　立体肌理设计礼服的立体造型与制作

任务提出

1. 礼服设计的效果图

以立体肌理设计为主的礼服款式，如图 5-1-1 所示。

2. 任务要求

（1）选择一个标准人台（净胸围 84 cm），根据礼服造型要求修正人台，并标记出人台基准线。

（2）根据礼服造型特点，分解出礼服的结构层次，并在人台上粘贴出造型线与结构分割线。

（3）选用能满足造型要求的白坯布，运用立体裁剪手段，准确表达此款礼服的造型，并制作出样片，进行假缝绷样。

图 5-1-1

任务分析

1. 礼服的款式分析

此款礼服是一款造型较简洁的晚礼服，紧身 H 型，衣身上的波浪、起皱与捏褶缝肌理是礼服的造型重点。对此款礼服进行立体裁剪，需要着重对面料肌理进行二次设计，面料的质感，波浪与皱褶的形态、疏密，以及位置的对比关系都是影响礼服造型效果的重要因素。同时，完成此款礼服还需要掌握礼服的结构构成特点。

2. 礼服的结构分解

（1）无肩带设计：对于无肩带造型的礼服在进行结构分解时，首先应分析礼服的受力部位，这样保证对礼服的结构层次的分解、礼服成品规格的设计更加合理。此款礼服为抹胸式，胸围及腰部位置需作紧身设计，才能有效保证礼服的穿用性，一般胸围部位放松量为 0~2 cm，在胸部位置加入胸垫模杯，塑造胸部形态，同时防止上胸围止口凹陷。H 型廓型不需裙撑。

（2）衣身：左右不对称设计，右胸整个样片无分割线，起皱需要使用立体成型手段。左侧捏褶缝造型面积小，位置在非凹凸结构面上，可使用平面成型手段。波浪造型丰满且块面大，不能用一块样片完成，需要分解。

（3）裙身：两片式直筒裙，膝盖部位纬度可略收，底摆部位纬度略加设计，以形成更优美的线条感。为保证穿着者的活动性，裙身围度不宜设计过小。

相关知识

一、制作技法的分类与选择

礼服中有许多细节造型，如褶饰、立体肌理、波浪等，这些造型的塑造需要用到立体裁剪的制作及技法，常见的有缝扎法、叠褶法、编织法、缠绕法、绣缀法、填充法等。

1. 缝扎法

缝扎法是以面料为主、线绳为辅，根据设计者的设计需要，在其反面或者正面选用某种图案，通过手工或者机器缩缝、扎结而形成各种凹凸起伏、生动活泼、柔软细腻的褶皱浮雕效果，其纹理有很强的视觉冲击力。由于图案的丰富多彩，缝线手法的变化多样，使风格各异、韵味不同，产生意想不到的效果。规则的缝扎可形成整齐的二方连续或四方连续图案效果，不规则的缝扎则显得自然、活泼。此种方法可大面积采用也可小面积进行点缀，如图 5-1-2 所示。

2. 叠褶法

叠褶法是利用外部力量，对面料材质进行抽、叠、折、堆等有意识、有目的的创作加工，通过使面料形成各种褶纹来改变服装的肌理，从而增加服装的动感和韵律感。由于创作加工的方法不一，形成的褶纹也丰富多彩，根据其表现特征，可以划分为重叠褶、波浪褶、抽褶、垂坠褶等形式。褶饰在礼服造型设计中应用非常普遍。应用在局部装饰时一般表现为装饰点，形成礼服的视觉中心；应用在大面积装饰礼服中，有种堆积感，使礼服显得隆重而华贵，常运用于婚纱和晚礼服中，如图 5-1-3 所示。

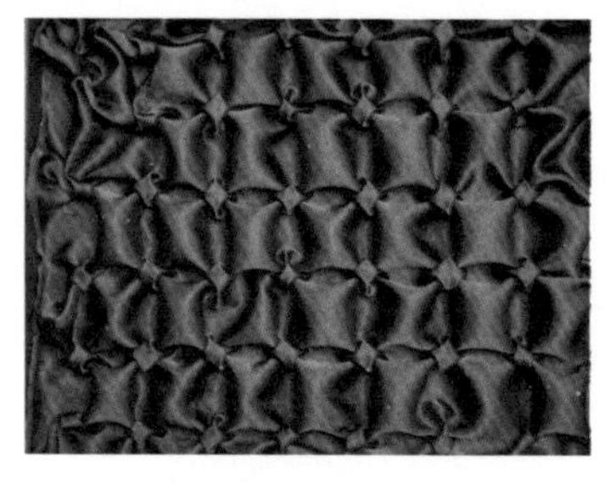

图 5-1-2

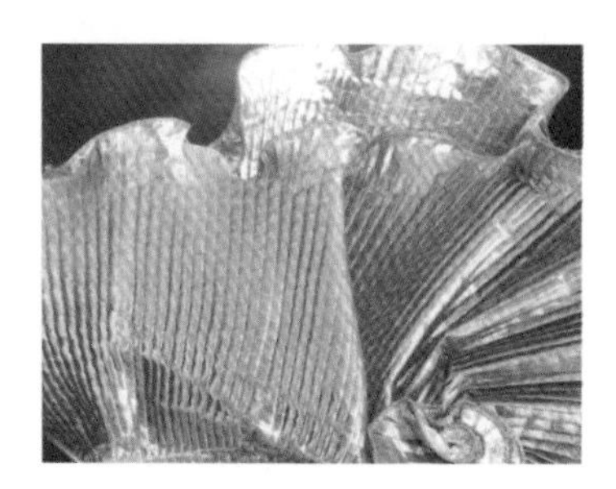

图 5-1-3

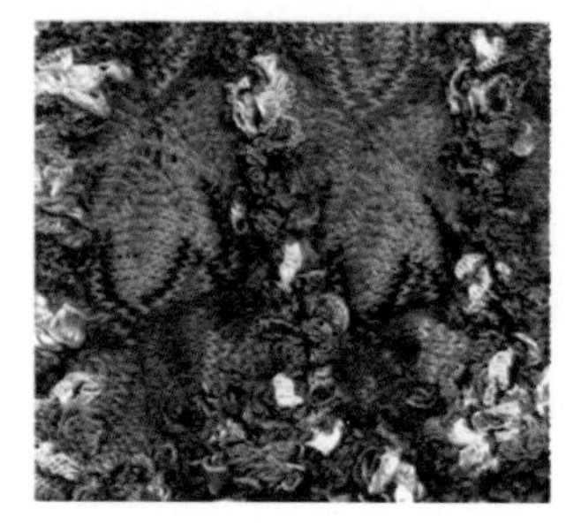

图 5-1-4

3. 编织法

编织法是将不同宽度的条状或带状物，通过编织或编结的手法，编成具有各种美感的纹样，同时形成疏密、宽窄、凹凸、连续的各种变化。编织能创造特殊的纹样、质感和细节局部，是直接获得肌理对比美感的有效方式，能突出层次感、韵律感。其材料可选用皮革、塑料、布料、绳、带等。当采用绳子编织图案时，不应编得太密，以便绳子与绳子的缝隙处形成类似于镂空的效果，一般应用在胸前或后背。当应用于露背晚礼服设计时，在背后运用绳子编饰，可使背后的肌肤通过编饰图案的衬托，显得更加妩媚。当采用具有一定宽度的带子编织图案时，可以形成规则纹样。但应注意在编织前，最好把带子做成皱褶等肌理效果，这可使编织纹样效果更加明显，如图 5-1-4 所示。

4. 缠绕法

缠绕法是将布料有规则或随意地缠绕在人体模型上。缠绕后形成的线条如果是规则的，一般形成放射状的、具有韵律感的纹路，随意的缠绕呈现出自然、生动活泼的线条，也可以先把相同宽度或者是不同宽度的布带做好，或者先做出纹理效果再进行缠绕，效果更为出众，如图5-1-5所示。

图5-1-5

图5-1-6

图5-1-7

5. 绣缀法

绣缀法是将面料平面裁剪后，运用折叠、缝纫、刺绣等方法形成立体的构成物，也可以取现成的装饰物，如羽毛、花卉、珠、钻等，经排列重构、组合变化形成疏密、凹凸、节奏均衡的有形式美感的立体实物。将其点缀在礼服上，可使礼服造型充满个性和趣味，如图5-1-6所示。

6. 填充法

面料材质一般都具有一定的柔软度和悬垂性，有时为了增加面料的可塑性，让其形成特殊的空间立体造型，常需借助黏合衬、铁丝、塑料片等具有一定硬度、可塑性强的辅助材料与面料材质黏合，以支撑面料，使之硬挺，从而随心所欲地进行立体造型。有时还需在面料里层加入填充物，使面料表面凸起，增加面料的厚实感，这是礼服形成空间感的又一个有效办法，一般以棉花、弹力絮等轻软、蓬松物体作为填充物。但在制作完成时，填充物不能外露，以保持礼服整洁、美观。礼服立体空间的大小可以通过控制填充物的用量来确定，如图5-1-7所示。

任务实施

1. 规格设计

尺寸规格见表5-1-1。

表5-1-1　尺寸规格表　　单位：cm

号型	裙长	胸围	下胸围	腰围	臀围
165/84A	130	86	70	66	94

2. 造型线贴附

在粘贴好基准线的标准人台上，用胸垫模杯修正胸部形态，并将胸部位置被遮挡住的基准线补贴完整。根据款式造型，用异色标记带贴出衣身款式造型线，如图 5-1-8 和图 5-1-9 所示。

① 上胸围止口线：一般取胸围线向上 8 cm 左右。

② 腋下点：基础腋下开深上抬 2 cm。

③ 对位点：在 BP 点、下胸围点、腰节点贴上对位标记，弧线分割的凹凸处也应贴上对位标记。

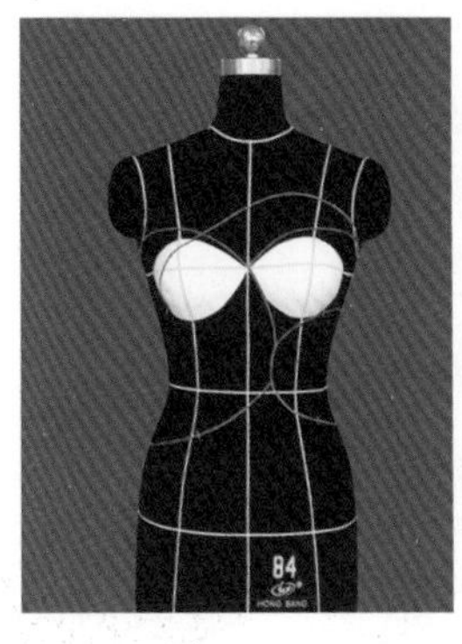

图 5-1-8

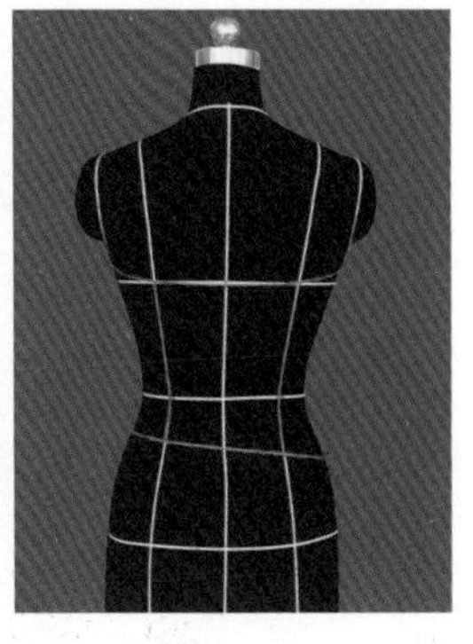

图 5-1-9

3. 裁片的准备

在人台上根据各衣片的最长衣长与最大纬度准备坯布，无缩皱、波浪等造型的样片可在最大衣长和最大纬度尺寸的基础上分别加 10 cm 左右的富余量，以满足造型及省道转移的需要。缩皱及波浪等造型部位无法准确预估用量的情况，通常需要准备大块的（或者整幅宽）坯布进行立体造型操作，边操作边清剪多余的面料。图 5-1-10 为此款礼服各个衣片立裁用坯布的备布尺寸及形状。

各块坯布取完后必须进行丝缕归正、整烫平整两道工序，然后用铅笔绘制好必要的基准线（经纱方向画出前、后中线；纬纱方向画出胸围线、腰围线、背宽线或肩胛线、臀围线等）备用。

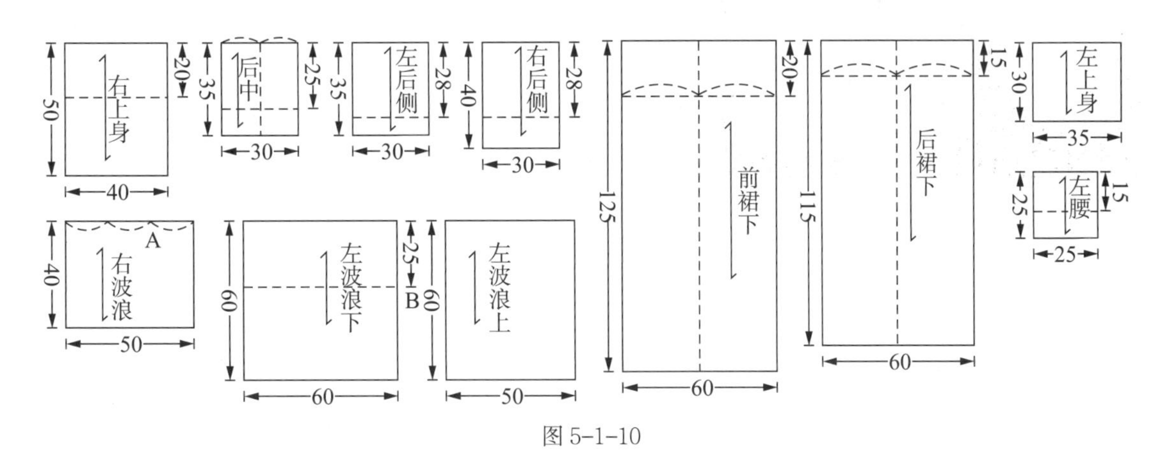

图 5-1-10

4. 立体裁剪操作步骤

（1）取右上身片坯布，对齐胸围线与前中心线，固定 BP 点和前中心点，沿该样片造型线整理平整坯布，将余量做成腋下胸省和腰省，清剪造型线外余料，并打出剪口，如图 5-1-11 所示。用标记带贴出该样片造型线，如图 5-1-12 所示。

（2）取左上身片坯布，对齐胸围线并固定，将余量转移至胸围下方做成腰省，清剪余料，并打剪口，用标记带贴出样片造型线，如图 5-1-13 所示。然后，依次腰片、后中片，以及左、右后侧片，完成后裁样板片，如图 5-1-14 所示。

（3）取右上身裁片黏合有纺衬进行定型，将贴有黏合衬的一面作为正面，收省缝合后，固定到人台上。取一块 60 cm × 60 cm 的坯布，在右上身片处做出缩皱量，并用大头针固定，然后用熨斗直接在人台上压烫，使缩皱形态与黏合衬黏合到一起塑形，如图 5-1-15 和图 5-1-16 所示。用标记带贴出样片造型线。

（4）取一块 40 cm × 40 cm 坯布，按照图 5-1-17 所示技法，缝成如图 5-1-18 所示的肌理。然后用左腰片样板下料。

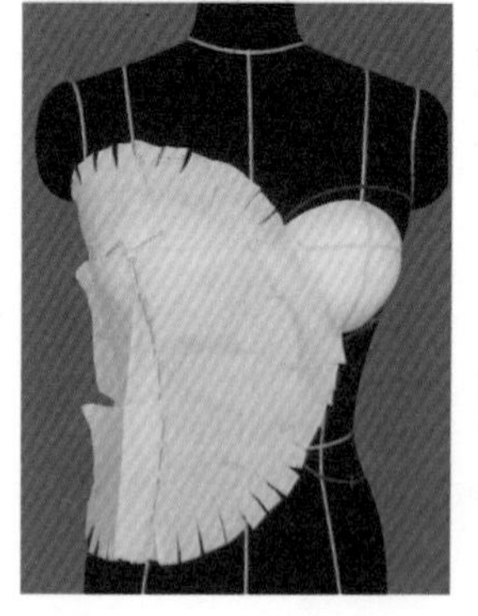

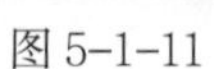

图 5-1-11

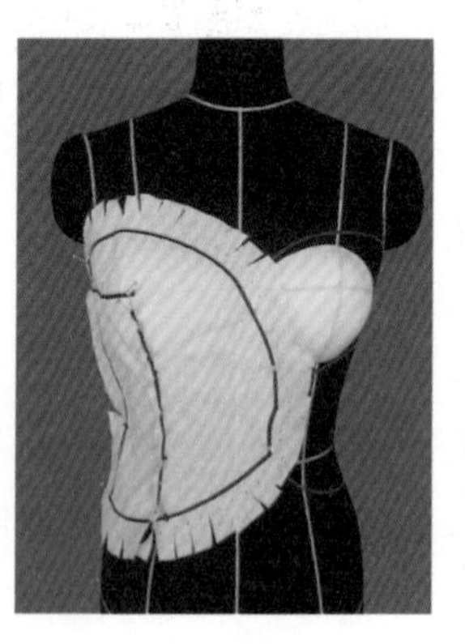

图 5-1-12

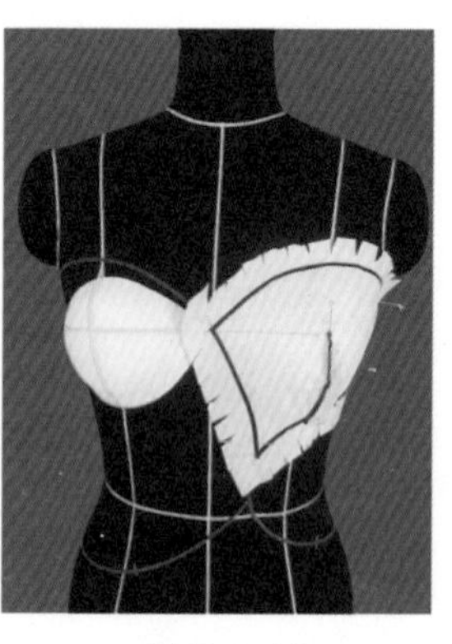

图 5-1-13

图 5-1-14

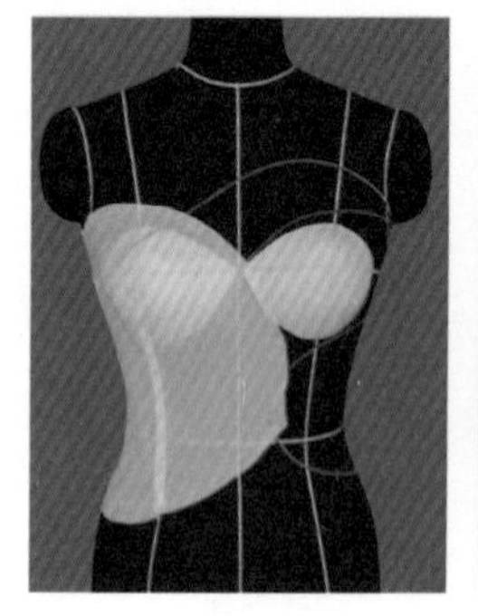

图 5-1-15

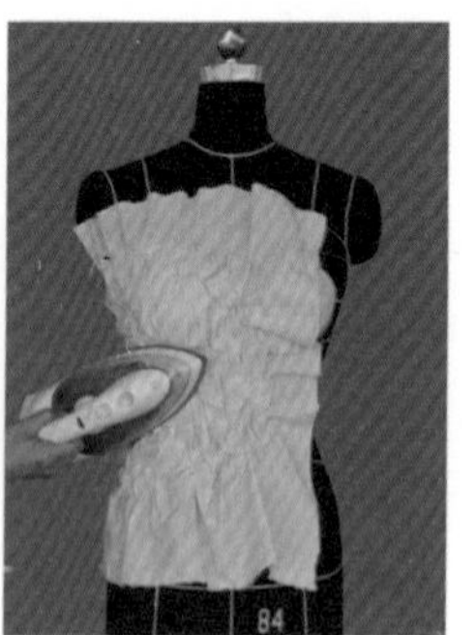

图 5-1-16

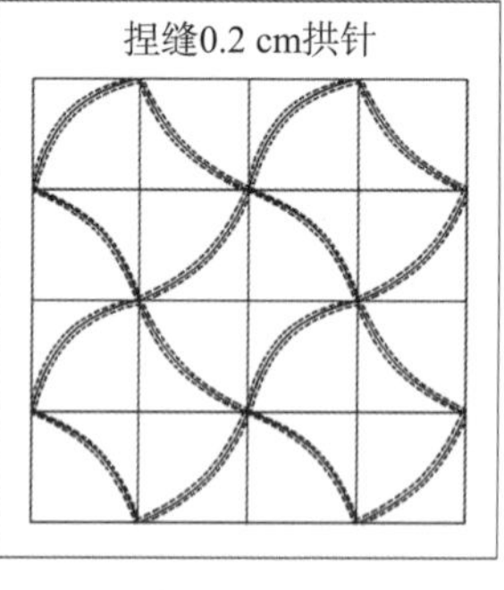

图 5-1-17

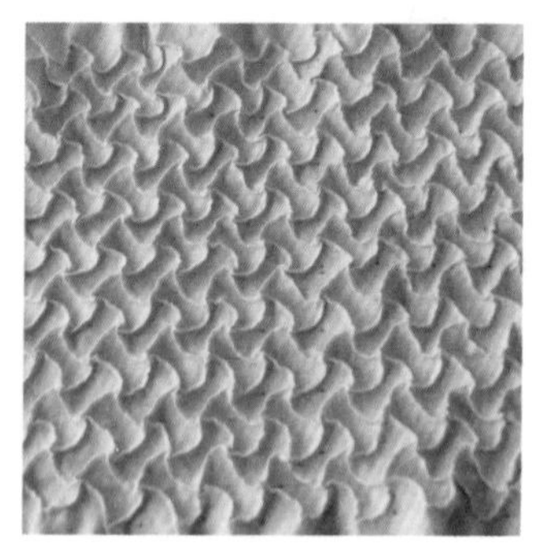

图 5-1-18

（5）取右波浪片坯布，在 A 点位置沿经纱剪开约 20 cm，留出 2 cm 左右的缝份量后，用珠针固定在右衣片底部轮廓线上的对位点位置。旋转坯布，使外侧产生波浪，旋转的量越大，波浪越丰满。清剪旋转部位余料，打剪口。确定造型效果后，用标记带标记造型线，如图 5-1-19 所示。

（6）取左波浪上片坯布，坯布的上布边高出上胸围造型线约 5 cm，用珠针固定住 BP 点和上胸围造型线的最高点位，用旋转坯布的技法，旋转褶裥量至右侧下胸围位置，清剪余料、打剪口后，标记出样片造型线，如图 5-1-20 所示。

（7）取左波浪下片坯布，沿坯布上 B 点标识位置纬向剪开 40 cm，留出 2 cm 左右的缝份量后，用珠针固定在左波浪上片的对位点位置，用旋转技法操作下层波浪造型，如图 5-1-21 所示，清剪余料，打剪口后，标记样片造型线，然后从对位点位置开始，将上面的坯布折叠下来，继续用旋转技法操作上层波浪造型，并清剪缝份、标记样片造型线，如图 5-1-22 所示。

（8）将衣身样片假缝绷样，如图 5-1-23 所示，假缝时需要复核样片拼接边的长度是否等长。检查衣身的松量与合体度，发现问题及时调整，修正部位用异色标记带（或异色笔）标记出来。

（9）取前裙下片坯布，对齐前中心线固定，对齐臀围线，水平推放出 0.5 cm 臀围放松量，固定住侧缝。整理臀围线以上部位坯布，将余量在腰节部位收成省道，收省时避免把臀围放松量收入省道中。清剪缝份，打剪口，标记样片造型线和省道线，如图 5–1–24 所示。

（10）取后裙下片坯布，对齐后中心线、固定，对齐臀围线，水平推放出 0.5 cm 臀围放松量，固定侧缝。整理臀围线以上部位坯布，将余量在腰节部位收成省道，收省时避免把臀围放松量收入省道中。清剪缝份，打剪口，标记样片造型线和省道线。将前、后裙片沿侧缝并合，用珠针别起来，注意别合臀围附近位置时，需要加放 0.5 cm 左右的放松量。检查别合线圆顺后，标记出前、后片侧缝线，然后将样片取下人台，进行样片复核后得到样板，如图 5–1–25 所示。

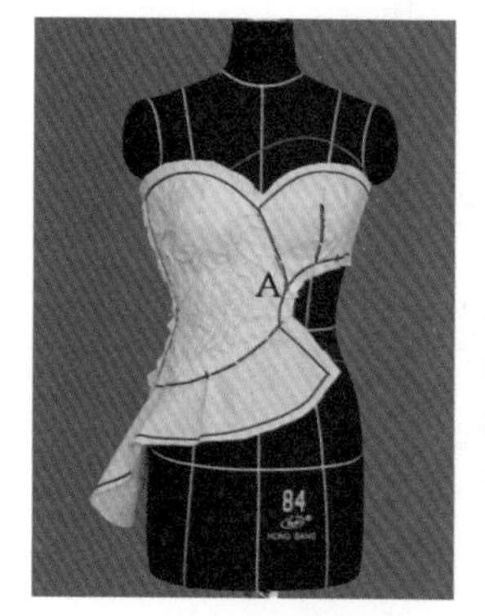

图 5–1–19

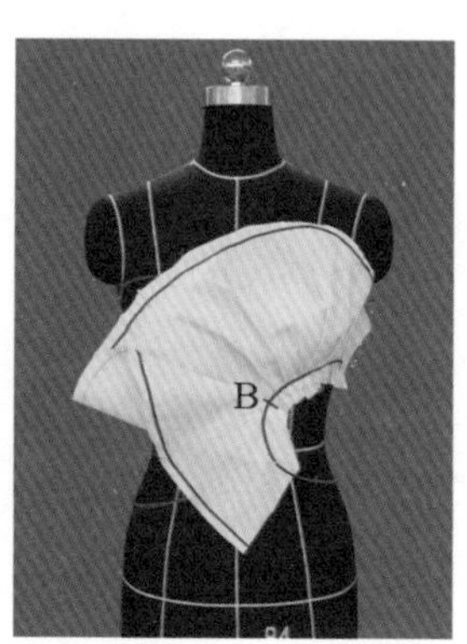

图 5–1–20

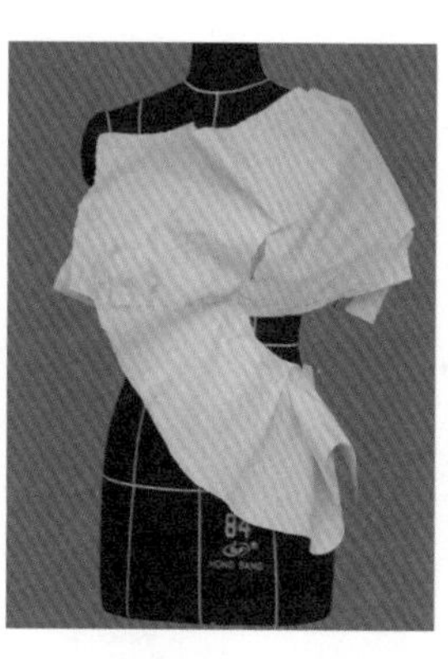
图 5–1–21

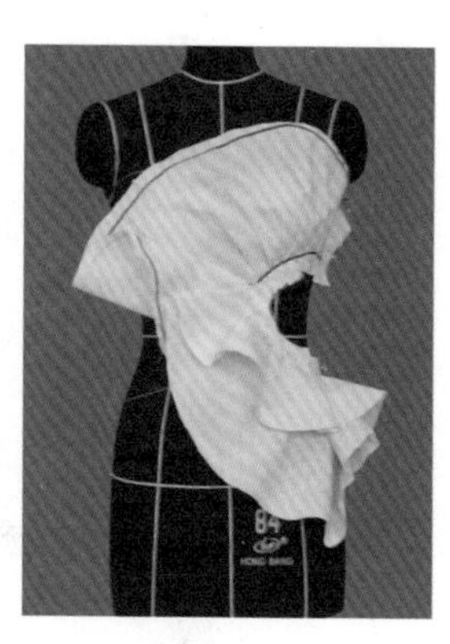
图 5–1–22

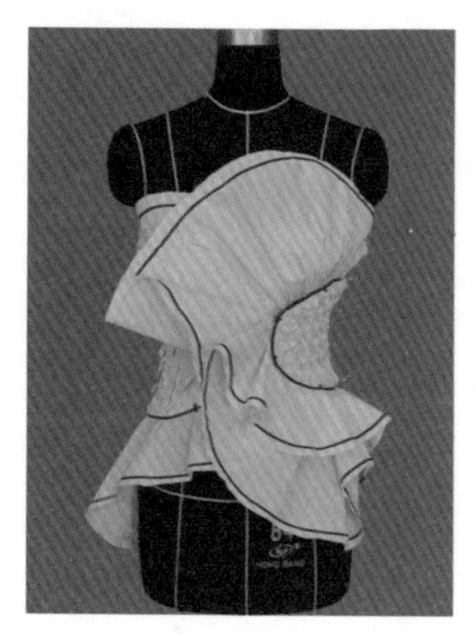
图 5–1–23

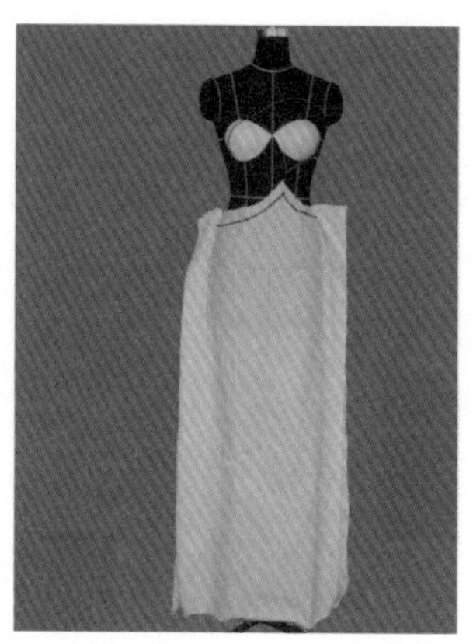
图 5–1–24

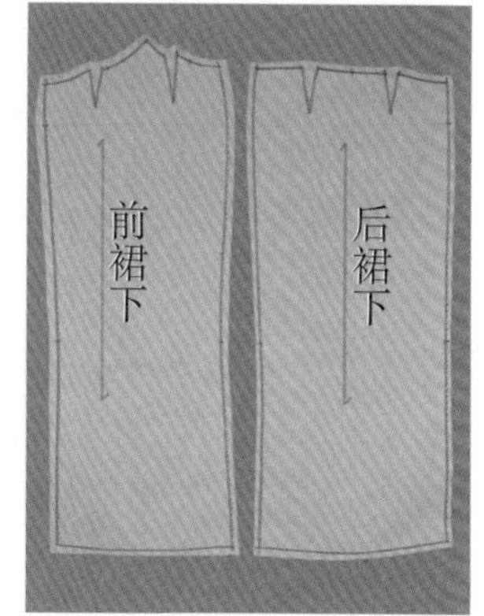

图 5–1–25

（11）把裙片与衣身假缝绷样，从整体上再次调整造型效果，如图 5–1–26 所示。调整后的样片作为定板，选择适合面料下料，缝制成成衣，如图 5–1–27 和图 5–1–28 所示。

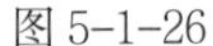
图 5-1-26

图 5-1-27

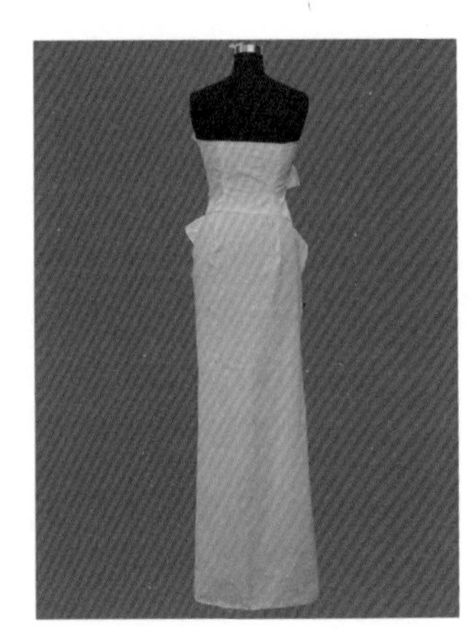

图 5-1-28

任务二　直身型婚礼服的立体造型与制作

任务提出

1. 礼服设计的效果图

完成以褶裥、堆叠设计为主的礼服制作，如图 5-2-1 所示。

2. 任务要求

（1）根据礼服造型特点，分解出礼服的结构层次，在人台上粘贴出造型线与结构分割线。

（2）运用立体裁剪手段，用白坯布完成样片制作。

（3）选用适合的面、辅料和工艺方法，完成样衣制作。

图 5-2-1

任务分析

1. 礼服的款式分析

此款为贴身裙拖型婚礼服，运用了褶裥、堆积、层叠等婚礼服中常见的造型手段。躯干部紧贴人体，裙摆呈微 A 字型，胸部堆积木耳边装饰，突出胸部丰满度，腰节部位设计斜向褶裥，使身型更加修长。

2. 礼服的结构分析

（1）礼服层次分解

对于装饰较多的礼服款式，需要采用剥离式结构分解方法，即由外向里逐层剥离服装层次。结构层次分解完成之后，再由里向外逐层进行立体裁剪操作。

此款礼服衣身部位由外向里逐层分解后可以得到如下分解层次：

① 胸部的木耳边造型，为最外层装饰造型。

② 斜向褶裥造型，为次外层造型。

③ 衣身面布主体造型。

④ 衣身夹里。夹里结构可与衣身主体结构相同，但是，如果衣身主体分割过多过细时，夹里结构可以减少分割，以省道代替结构分割线。

裙身部位由外向里逐层分解后可以得到如下分解层次：

① 叶片装饰造型。

② 裙身面布主体造型。

③ 裙身夹里。此款礼服可以在夹里层上加入网纱层，以营造更加饱满的裙摆造型。

（2）褶裥造型分析

此款服装有两处褶裥造型，分别在胸部和胸腰部。褶裥类造型的塑造可以用一片面料直接折叠形成，也可以用多片面料对折后层叠出褶裥效果。若褶裥造型位置在人体的非凹凸结构区域，选用第一种造型技法；若褶裥造型位置在人体的凹凸结构区域，尤其是在胸部，则选用第二种造型技法更适合。

此款礼服选用第二种褶裥造型技法。

（3）礼服面辅料选择

婚礼服常用厚缎、乔其纱、蕾丝作为主体面料；色丁缎用作夹里面料；辅料需用到胸垫模杯、鱼骨、网眼纱、有纺黏合衬。

相关知识

1. 礼服造型与面料的关系

不同的礼服造型，在选用面料时要进行细分。例如，为了造型挺括、饱满的裙型，会选用塔夫绸、贡缎等面料；为了柔软细腻的褶裥和飘逸的裙摆，会采用软缎、皱缎和透明的雪纺等面料；为了营造礼服梦幻的效果，花边和蕾丝面料也是礼服常用的材料。

根据女式礼服的分类，以及礼服的不同造型，在选用面料时也有所侧重。一般将礼服分为三大类，即婚礼服、晚礼服、小礼服。

（1）婚礼服：款式一般较其他礼服更为繁杂，式样变化也更是多种多样，面料选用的范围较广，但根据婚礼服的不同造型，可以有侧重地选用合适的面料。

① A 字型造型的婚礼服，飘逸类可选用纺绸、绢纺、雪纺、碧绉、蕾丝等；挺括类可选用塔夫绸、真丝软缎、欧根纱、夏夜纱等，如图 5-2-2 所示。

② 合身型婚礼服可选用的面料有纺绸、塔夫绸、真丝软缎、尼龙纺、蕾丝等，如图 5-2-3 所示。

③ 公主线型设计通常选用的面料有真丝纺、真丝软缎、贡缎、塔夫绸、窗帘纱、欧根纱、夏夜纱、蕾丝等，如图 5-2-4~ 图 5-2-7 所示。

④ 蓬裙型设计通常选用的面料有真丝纺、雪纺、真丝软缎、塔夫绸、窗帘纱、欧根纱、乔其纱、蕾丝等。

⑤ 鱼尾型设计选用的面料有纺绸、塔夫绸、真丝软缎、尼龙纺、雪纺、蕾丝等。

⑥ 及膝短式婚礼服通常选用的面料有真丝纺、尼龙纺、双绉、乔其纱、真丝软缎、塔夫绸、

图 5-2-2

图 5-2-3

图 5-2-4

图 5-2-5

图 5-2-6

图 5-2-7

窗帘纱、欧根纱、蕾丝等。

（2）晚礼服：女士礼服中档次最高、最具特色、充分展示个性的礼服样式，也称夜礼服、晚宴服、舞会服。传统晚礼服一般强调女性窈窕的腰身，夸张臀部以下裙子的重量感，肩、胸、臂充分展露，为华丽的首饰留下表现空间。通常以低领口设计为主，突出高贵优雅，重点采用镶嵌、刺绣、领部细褶、华丽花边、蝴蝶结、玫瑰花装饰局部。为迎合夜晚奢华、热烈的气氛，传统晚礼服多采用高贵华丽、手感柔软的高档真丝面料，一般以丝光面料、闪光缎、真丝软缎、塔夫绸、织锦缎、蕾丝等面料为主，如图 5-2-8 所示。

（3）小礼服：指晚间或日间的鸡尾酒会、正式聚会、仪式、典礼上穿着的礼仪用服装。裙长在膝盖上下 5 cm，适宜年轻女性穿着。与小礼服搭配的服饰适宜选择简洁、流畅的款式，着重呼应服装所表现的风格。面料以薄纱类、绸缎类为主，例如真丝纺、尼龙纺、双绉、乔其纱、真丝软缎、塔夫绸、窗帘纱、欧根纱、蕾丝等，如图 5-2-9 所示。

图 5-2-8

图 5-2-9

2. 礼服造型用辅助材料

礼服造型千变万化，为达到礼服的不同廓型，还需要借助很多辅助手段及辅助材料，最常用的辅助材料有胸垫、裙撑、鱼骨、黏合衬、塑料片、鱼线、泡沫等，如图 5-2-10~ 图 5-2-16 所示。

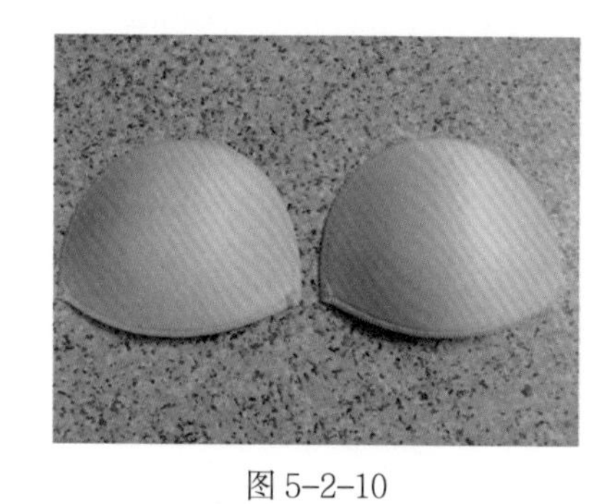

图 5-2-10

图 5-2-11

图 5-2-12

图 5-2-13

图 5-2-14

图 5-2-15

图 5-2-16

任务实施

1. 规格设计

尺寸规格见表 5-2-1。

表 5-2-1　尺寸规格表　　　单位：cm

号型	裙长	胸围	下胸围	腰围	臀围
165/84A	140	86	70	66	94

2. 造型线贴附

造型线贴附如图 5-2-17 和图 5-2-18 所示。

① 胸部修正。

② 上胸围止口线：取胸围线向上 8 cm。

③ 腋下点：基础腋下开深上抬 2 cm。

④ 对位点：在 BP 点、下胸围点、腰节点贴上对位标记。

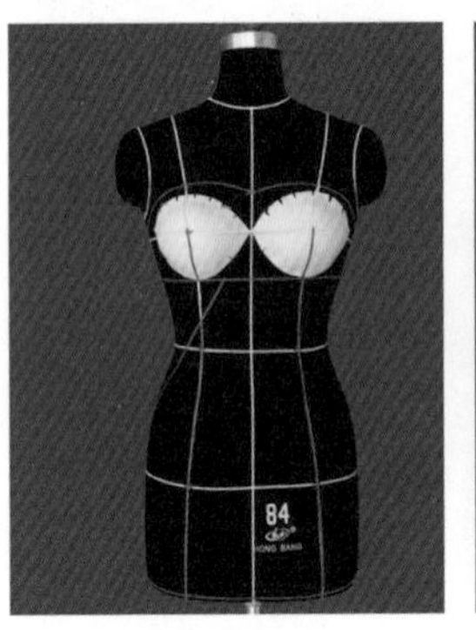

图 5-2-17

图 5-2-18

3. 裁片的准备

裁片的准备方法参见本项目任务一。此款礼服各个衣片立体裁剪用坯布的备布尺寸及形状，如图 5-2-19 所示。

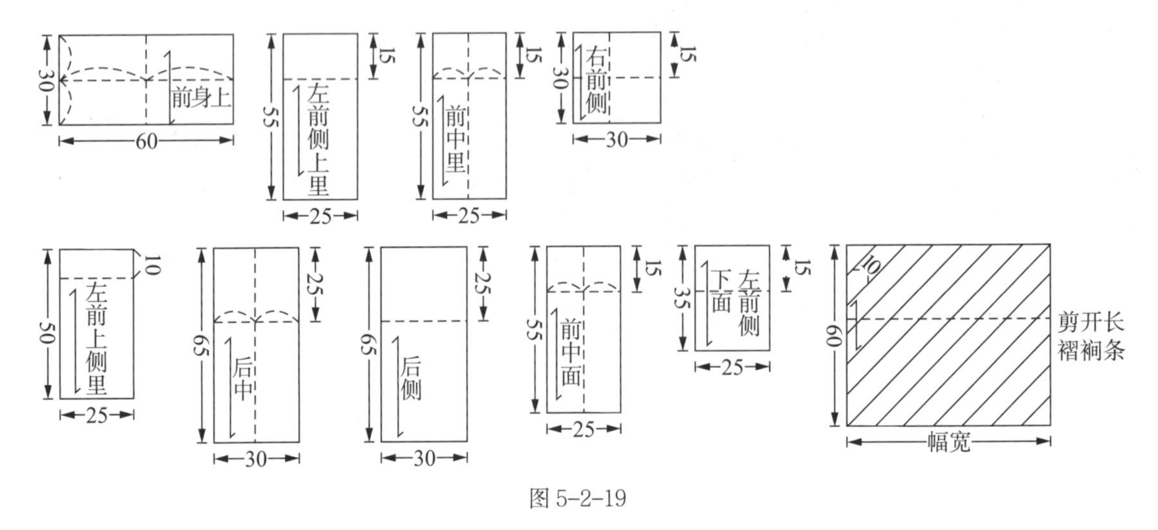

图 5-2-19

4. 立体裁剪操作步骤

（1）取前身上片坯布，对齐胸围线与前中心线，固定左、右 BP 点，从上胸围线开始分别向两侧整理平整坯布，将余量转移至下胸围收省，清剪造型线外余料，打剪口，标记样片造型线，如图 5-2-20 所示。该样板同时用于夹里样板和面料样板。

（2）取左前侧上（里）片坯布，对齐腰围线，固定。整理坯布至平服，沿造型线位置固定坯布，清剪余料，打剪口，标记造型线，如图 5-2-21 所示。用同样的方法制出左前侧下（里）片、前中（里）片、右前侧片。右前侧样片同时用于面料样板和夹里样板。

（3）取后中片坯布，对齐腰围线与前中心线并固定。从后中心线开始向两边整理坯布至平服，沿造型线位置固定坯布，清剪余料，打剪口，标记造型线与对位点，如图 5-2-22 所示。用同样的方法制出左、右后侧片的基础样片。此套样片可同时用作夹里样板和面料样板。

（4）将褶裥条对折整烫后，在左衣身上片上层叠出褶裥造型，如图 5-2-23 所示，然后用珠针将褶裥条与左衣身上片别合在一起，完成整片造型后清剪多余布料，标记出造型线。该造型样板只用于面料样板。

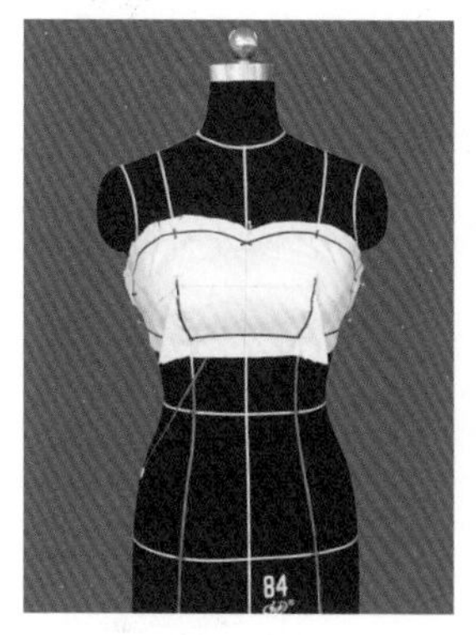

图 5-2-20

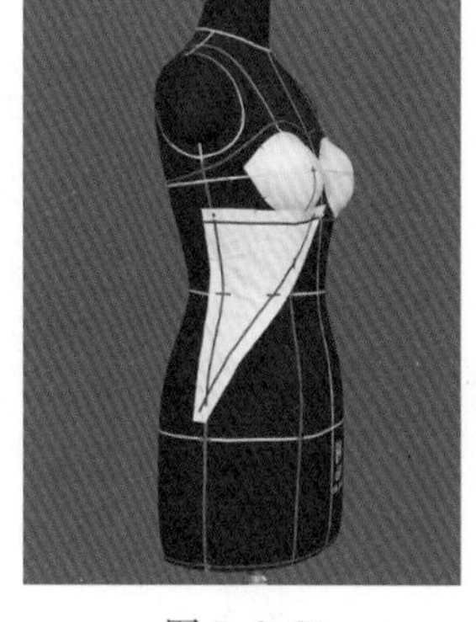

图 5-2-21

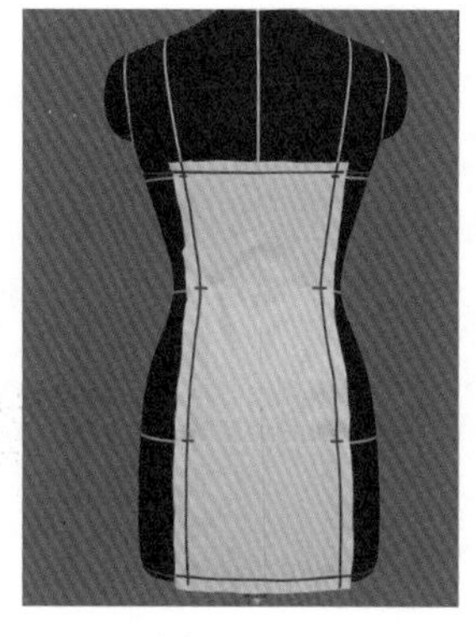

图 5-2-22

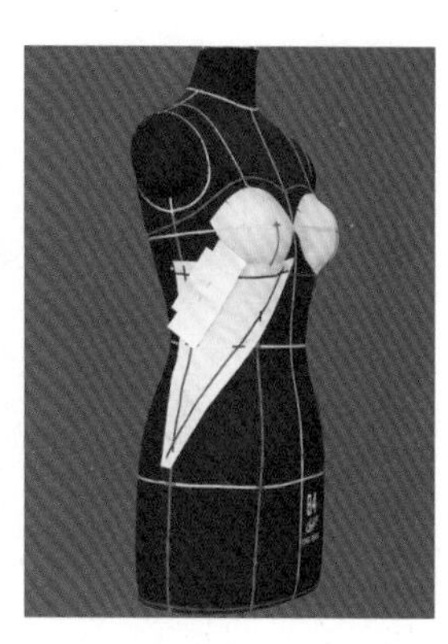

图 5-2-23

（5）将衣身样片进行假缝、调整，修正部位用异色笔标记出来。

（6）将长褶裥条对折整烫后，在胸腰部位叠出褶裥造型，如图 5-2-24 所示，完成整片造型后，标记出造型线和对位点。

（7）取前中（面）片坯布，对齐腰围线和前中心线，并固定，从前中心线开始向两边整理坯布至平服，固定住造型线位置，清剪余料、打剪口，标记出造型线和对位点，如图 5-2-25 所示。用同样的方法制出左前侧下（面）片，如图 5-2-26 所示。

（8）采用平面制版的方法制出裙样片毛坯样，然后假缝绷样到人台，再进行造型效果调整，将调整好后的造型线标记出来，如图 5-2-27 所示。

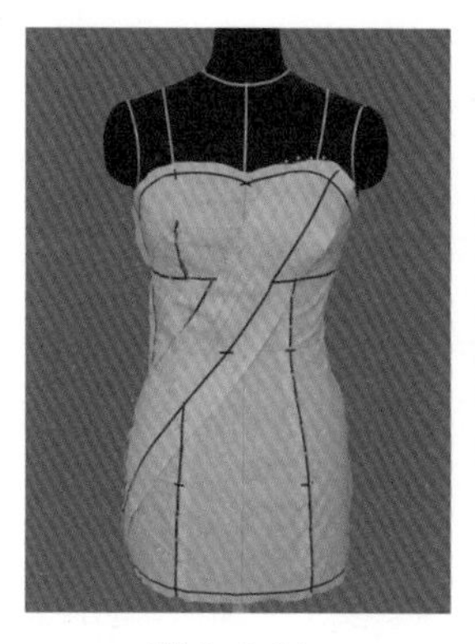

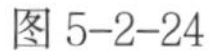

图 5-2-24

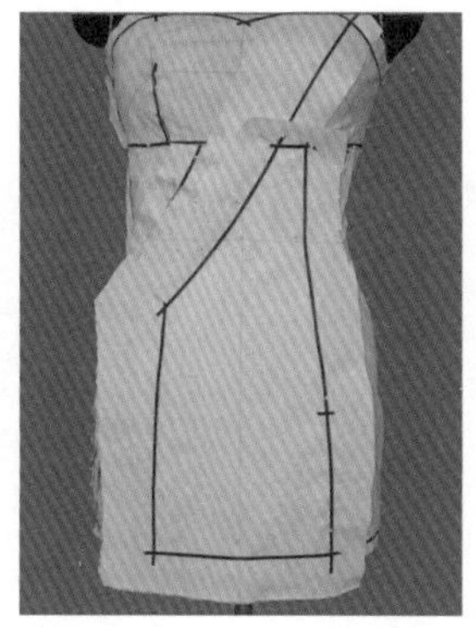

图 5-2-25

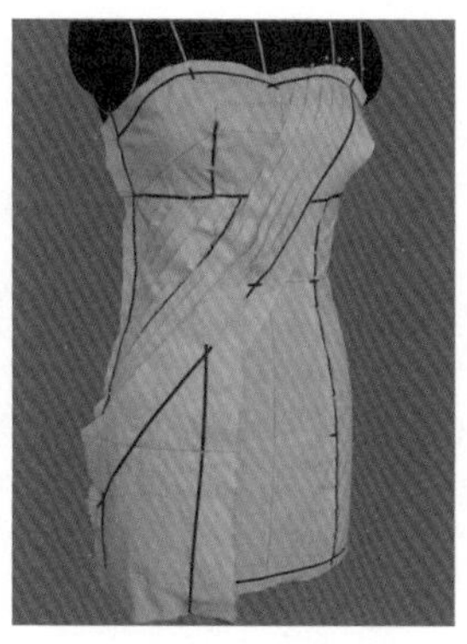

图 5-2-26

图 5-2-27

（9）将裙片下料后，缝合成整片，再将装饰样片下料后，层叠缝合到裙片上，如图 5-2-28 所示。

（10） 取坯布裁剪成螺旋环状布条，如图 5-2-29 所示。再将布条凹边缩皱后盘绕在衣身胸部位置，堆积成盘花造型，如图 5-2-30 所示。

（11）将所有样片假缝、绷样，从整体上再次调整造型效果，如图 5-2-31 所示。调整完成后将每个样片最终版型复制到牛皮纸上成为面、里定板。

图 5-2-28

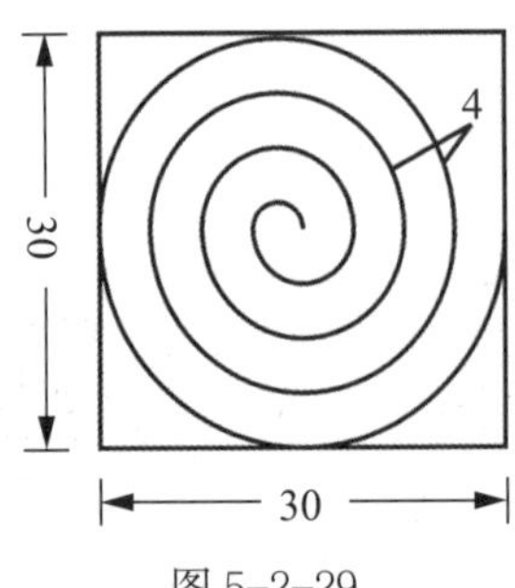

图 5-2-29

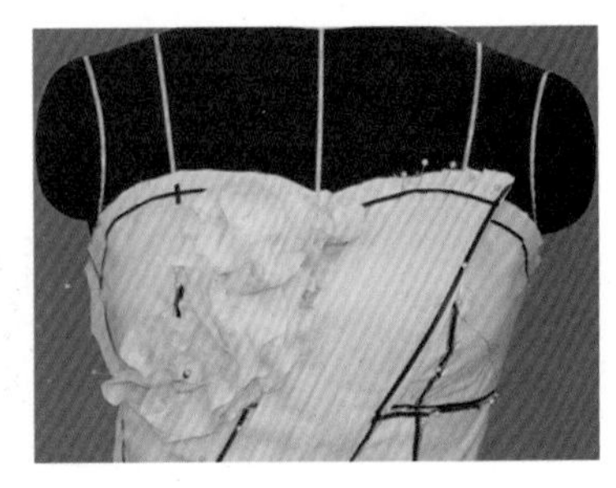
图 5-2-30

图 5-2-31

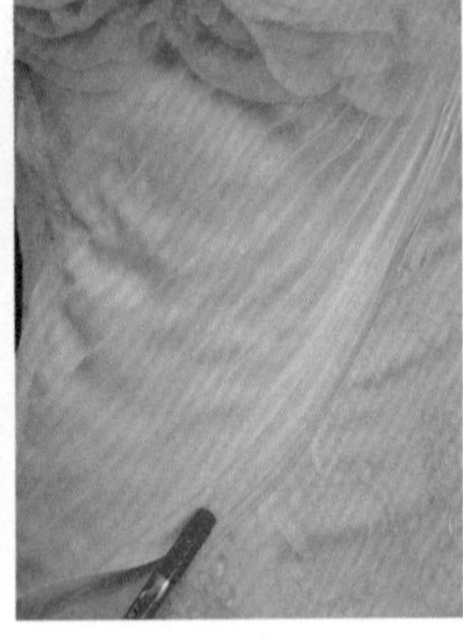
图 5-2-32

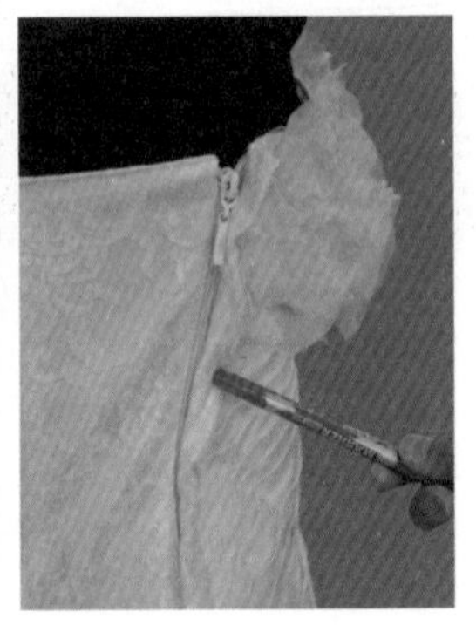
图 5-2-33

（12）根据面料样板、夹里样板分别对面、里料进行下料和缝制。在进行工艺设计时，注意以下几个要点。

① 单片层叠式褶裥：斜纱方向下料，上下层重叠处应缝合固定，缝线位置藏于下层褶裥里，如图 5-2-32 所示。

② 拉链设计：右侧拉链设计，紧身型礼服拉链应从腋下开至臀围下 2 cm 处，由于胸腰局部褶裥造型，导致面料厚度增大，使用隐形拉链缝制难度较大时，可将拉链设计为门襟式拉链，即在前侧缝处另加一片门襟盖住拉链，如图 5-2-33 所示。

③ 将网眼纱裁剪成扇形环状，如图 5-2-34 所示，夹缝在衣身与裙身的合缝处，如图 5-2-35 所示。

（13）成型后效果展示如图 5-2-36 和图 5-2-37 所示。

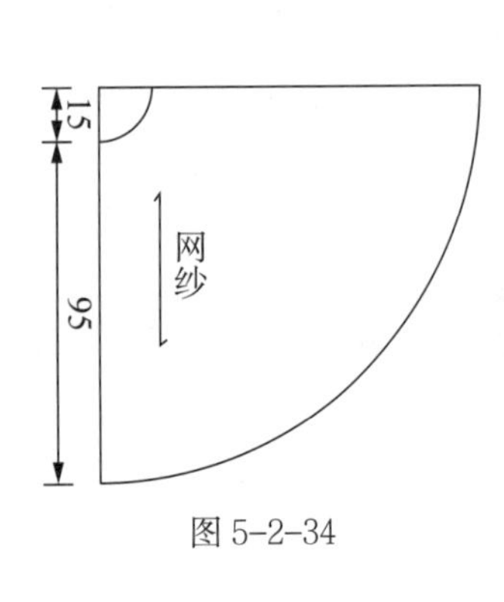

图 5-2-34

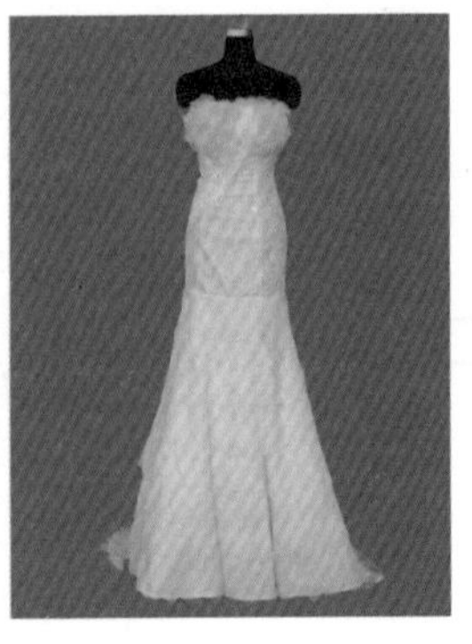
图 5-2-35

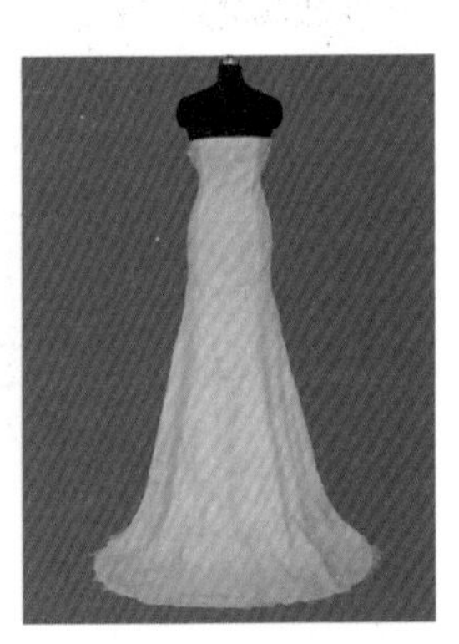
图 5-2-36

图 5-2-37

任务三　镂空设计婚礼服的立体造型与制作

任务提出

某婚礼服定制工作室接到一个婚礼服定制订单，客户需求如下。

1. 举行婚礼仪式时穿着。
2. 设计制作中西创新式婚礼服，客户对中国民间艺术较为喜爱。
3. 色彩设计上要求喜庆。
4. 客户量体尺寸见表 5-3-1。

表 5-3-1　客户量体的净尺寸　　单位：cm

身长	胸围	下胸围	腰围	臀围	腰节长
145	86	72	66	88	39

任务分析

1. 造型设计分析

作为婚礼仪式时穿着，礼服廓型上仍以保留传统婚礼服的立体感为宜，中国元素可以运用在礼服的细节设计上。用富含中国文化的剪纸纹样设计作为婚礼服的细节设计亮点，并以镂空的手法表现出来。

2. 色彩设计分析

客户要求喜庆的色彩，红色是最喜庆、最能代表中国式婚礼的色彩。为了整体效果，可选择纯净的白色进行调和。

3. 面辅料选择

镂空是对面料进行破坏处理的一种工艺，镂空后面料的撕裂强度会下降、面料的挺括度会减弱，因此，在选择礼服面料时应选用硬挺度和厚度较大的面料，或者对面料进行黏衬、复合等处理。可选面料有厚缎类面料和植绒类面料。

相关知识

1. 礼服面料处理技巧

将面料通过某些工艺手段进行二次设计，就会出现更加丰富多彩、个性独特的外观效果。常用的面料二次设计手段有以下几种。

（1）高温轧压 ：采用对普通面料进行缩缝、轧压的手法，形成面料表面更加突出的肌理特征，也可以再经过高温定型，使肌理固化。褶皱面料相对普通面料效果丰盈，纹理突出，产生各式各样的肌理效果，同时产生的面料弹性也使服装有很大的适应性，如图 5-3-1 所示。

（2）绗缝：通过一定形式的绗缝，形成面料表面的新纹理，通常采用较厚的面料或加棉使面料形成一定的凹凸起伏效果，绗缝后的线条可形成丰富的纹样效果。绗缝是将面料的实用功能和外观效果相结合的一种设计方法，如图 5-3-2 所示。

（3）镶绣：现代服装设计中通过面料表面镶嵌小型的饰物或类似刺绣的方法达到增加面料层次的方法。这种形式常见于女装和服装风格繁复的时期，这也是民族化创意设计中常用的一种表现方法，如图 5-3-3 所示。

图 5-3-1

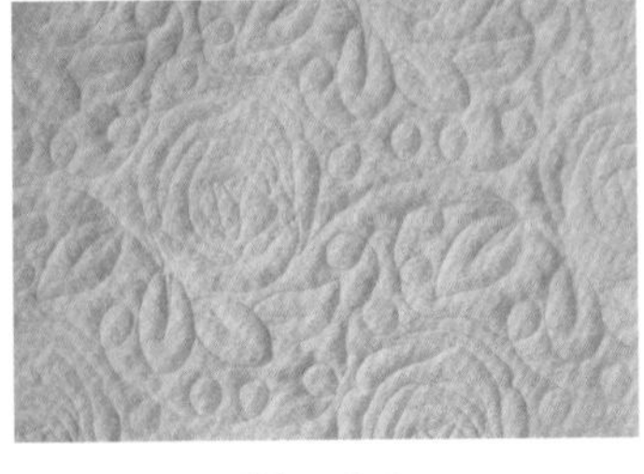

图 5-3-2

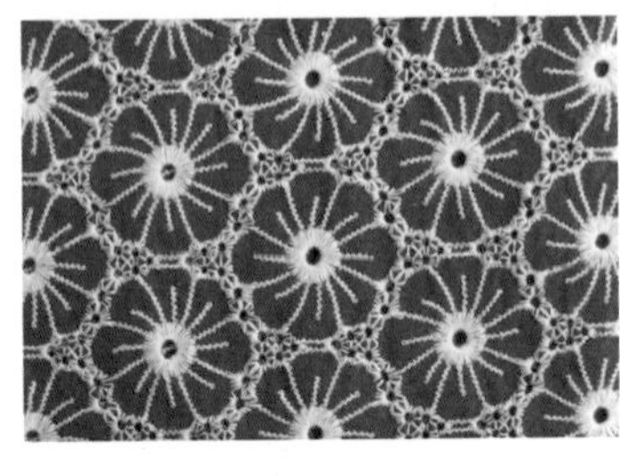

图 5-3-3

（4）手工印染：采用纺织品颜料或印染颜料在面料上绘制各种图案，以达到理想效果。手工印染主要强调的是个性时尚或意识前卫的风格，突出表现图案和色彩等风格特征，如图 5-3-4 所示。

（5）组织破坏：对质地较疏松的面料采用拉扯等手段使原来的组织纹理发生变化，呈现新的面貌。对面料进行剪开、烫孔、撕裂等使得面料产生新的表面效果。这种方式制作的面料具有夸张、粗犷、叛逆的风格特征，如图 5-3-5 和图 5-3-6 所示。

（6）多层复合：将两层以上的面料上下组合在一起，利用不同面料的质地特征形成更加丰富的面料肌理。上下面料的组合通常利用透明面料的透视效果，结合各种创意手段来进行综合设计，如图 5-3-7 所示。

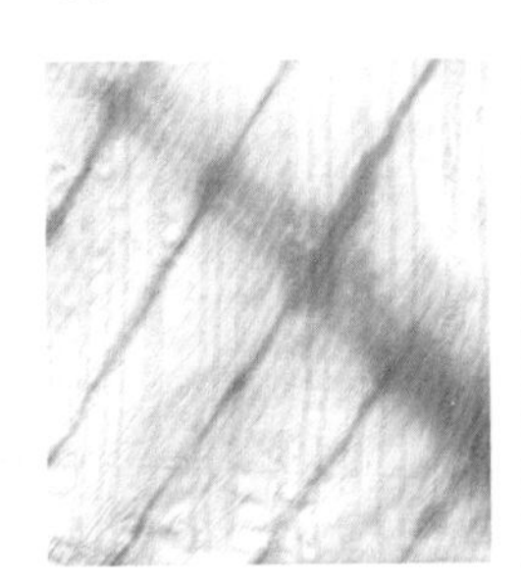

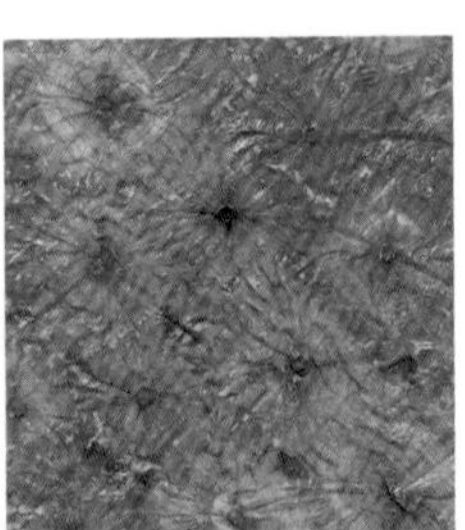

图 5-3-4

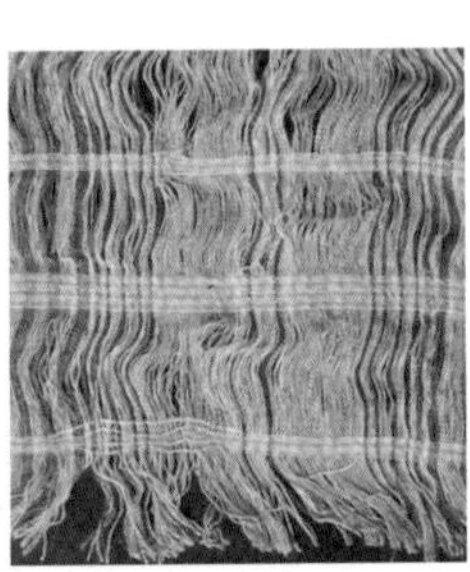

图 5-3-5

图 5-3-6

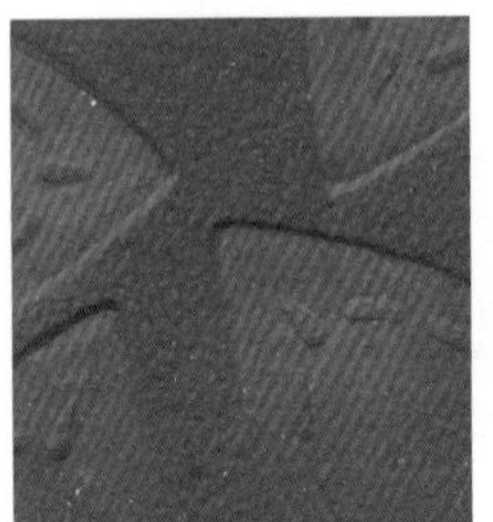

图 5-3-7

任务实施

图 5-3-8

1. 设计与说明

款式设计如图 5-3-8 所示，礼服整体上以蓬裙造型、多层次镂空设计为主，其中纹样的设计是整个婚礼服的重点，以中国婚礼中最传统最基本的“囍”字剪纸为灵感，设计出变化的“囍”字适合纹样，以镂空工艺表现。

2. 结构分解

此款婚礼服装饰层次较多，考虑到礼服的造型效果和穿脱的方便性，将此款礼服设计成为两件式，即外面为一件捧花造型上衣，里面为一件抹胸高腰蓬裙式礼服裙，在腰节部位设计分割线。礼服裙上衣身部位由外向里逐层分解为面料层、胸垫模杯和夹里层，裙身部位由外向里逐层分解为镂空造型层、面料层、夹里层和裙撑。由于该款礼服的蓬裙是从腰节位置开始的，所以裙撑和礼服设计成分体式。

3. 规格设计

尺寸规格见表 5-3-2。

表 5-3-2　尺寸规格表　　单位：cm

号型	裙长	胸围	下胸围	腰围
165/88A	148	90	72	68

4. 造型线贴附

在人台上修正胸部造型与尺寸，贴出款式造型线，如图 5-3-9 和图 5-3-10 所示。

① 上胸围止口线：取胸围线向上 8 cm。

② 腋下点：胸围线下 3 cm。

③ 腰节分割线：腰围线下 5 cm。

④ 对位点：BP 点、下胸围点、腰节点贴上对位标记。

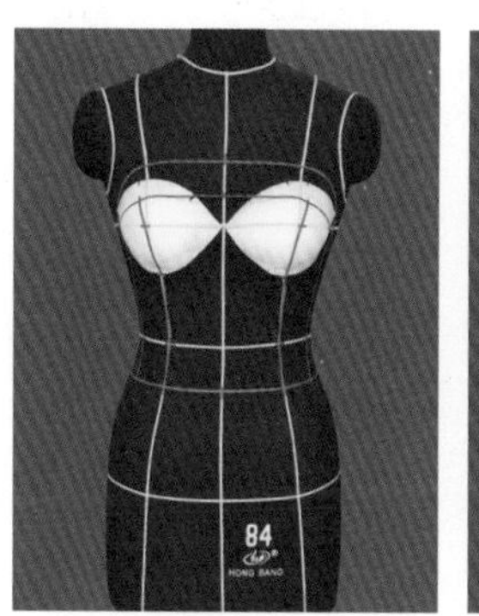

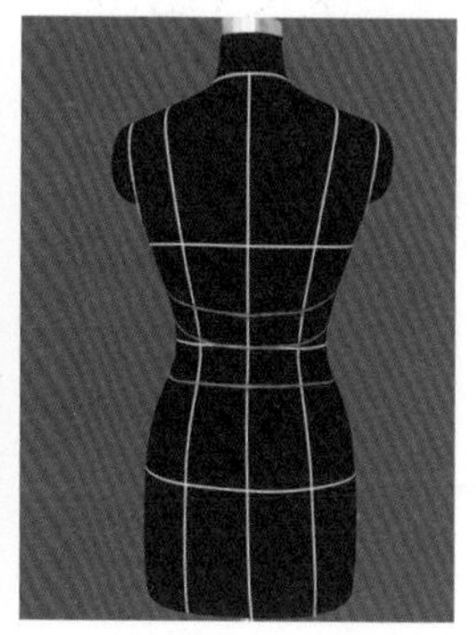

图 5-3-9　　图 5-3-10

5. 裁片的准备

裁片的准备方法参见本项目任务一。此款礼服各个衣片立体裁剪用坯布的备布尺寸及形状如图 5-3-11 所示。

6. 立体裁剪操作步骤

（1）取前中上片坯布，对齐胸围线和前中心线，固定左、右 BP 点和前中心线上的上下胸围、腰节位置，从前中心线开始向两边整理坯布至平服，沿造型线位置固定坯布，清剪余料、打剪口，标记造型线与对位点，如图 5-3-12 所示。

（2）取前侧 1 坯布，对齐胸围线、腰围线并固定。整理坯布至平服，沿造型线位置固定坯布，清剪余料，打剪口，标记造型线，如图 5-3-13 所示。

（3）取抹胸片坯布，对齐前中心线并固定。将坯布整理平服，沿造型线位置固定坯布，清剪余料，打剪口，标记造型线，如图 5-3-14 所示。

（4）取前侧 2 坯布，对齐腰节线，将坯布整理平服，沿造型线位置固定坯布，清剪余料，打剪口，标记造型线，如图 5-3-15 所示。

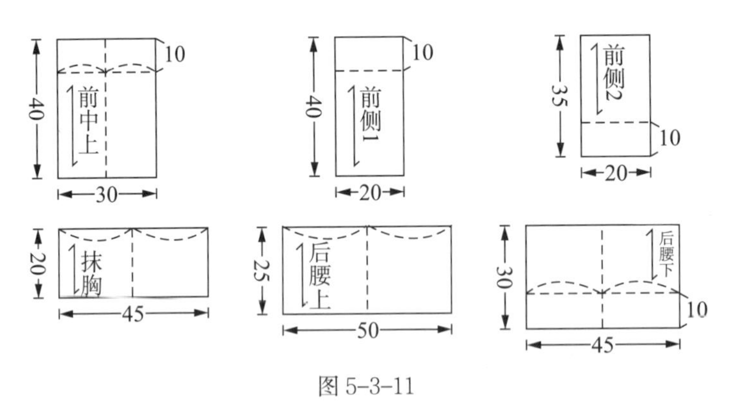

图 5-3-11

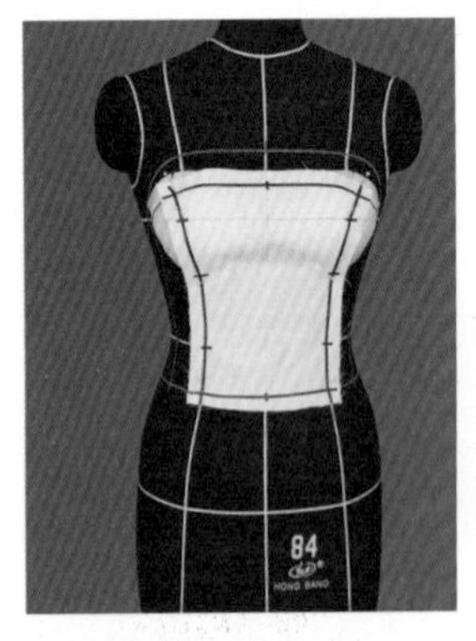

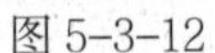

图 5-3-12

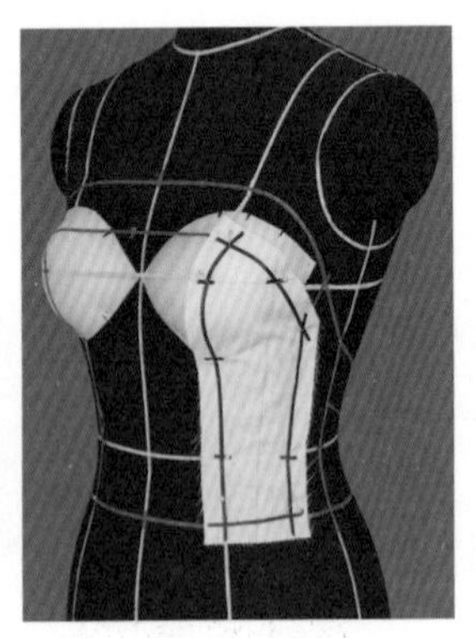

图 5-3-13

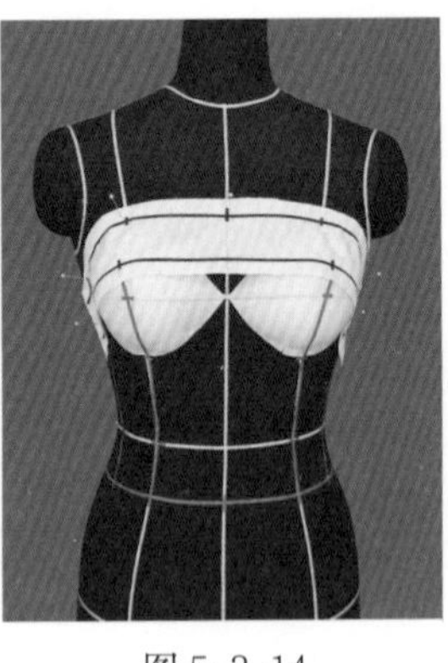

图 5-3-14

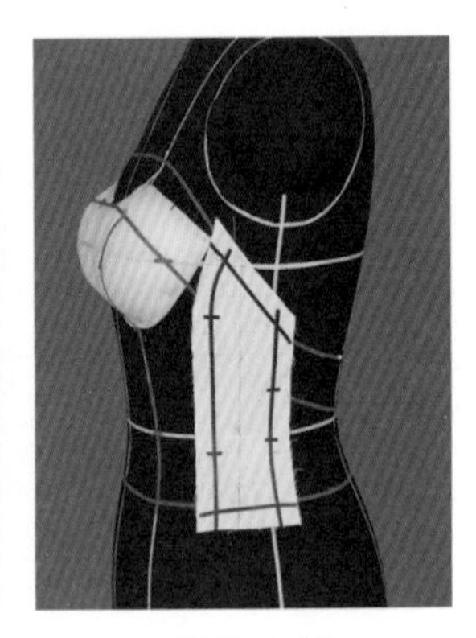

图 5-3-15

（5）取后腰上片坯布，对齐后中心线，从后中心线开始向两边整理坯布，平服后沿造型线位置固定坯布，清剪余料，打剪口，标记造型线，如图 5-3-16 所示。用同样的方法制出后腰下片的基础样片，如图 5-3-17 所示。

（6）将衣身样片进行假缝、调整。然后在样片上设计出镂空图案纹样与位置，如图 5-3-18 和图 5-3-19 所示。将样片展平，制得衣身面、里样板，如图 5-3-20 所示。

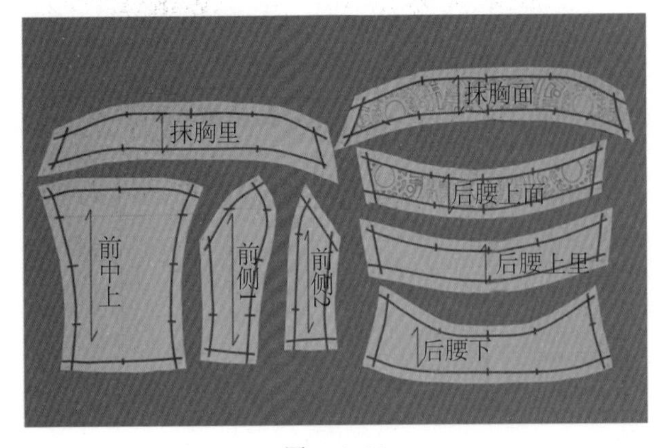

图 5-3-20

（7）选择适合蓬裙廓型的裙撑，如图 5-3-21 所示，将裙撑穿着在人台上。准备一块 150 cm × 150 cm 的白坯布，沿坯布斜向 45° 对角线方向画出前中心线。将坯布上前中心线与人台前中心位置对准，腰节线上端留出约 30 cm 坯布，如图 5-3-22 所示。然后从中心向两端，沿腰节线整理坯布，用旋转技法作出摆量，同时清剪腰节部位多余坯布，打剪口，保证腰节线位置平服，标记出样片的造型线和对位点。采用同样的操作方法制作完成后裙片，以及镂空造型层的上裙片，如图 5-3-23 所示。

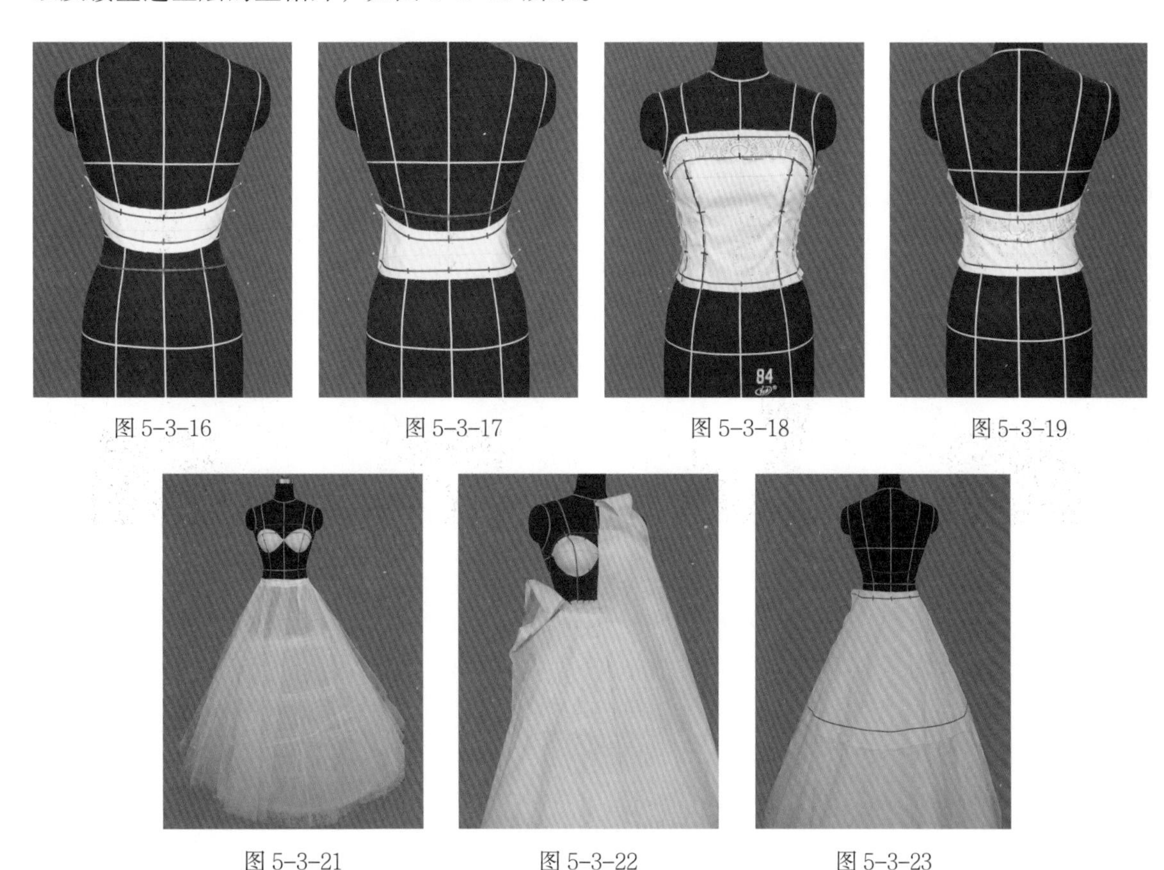

图 5-3-16　图 5-3-17　图 5-3-18　图 5-3-19

图 5-3-21　图 5-3-22　图 5-3-23

（8）取一块 195 cm × 85 cm 的坯布，作出小圆半径为 15 cm、大圆半径为 93 cm 的半圆环，在圆环内设计出镂空造型图案，如图 5-3-24 所示。将镂空后样片与上裙片拼接假缝、绷样，如图 5-3-25 所示。

（9）捧花型外衣，里层做褶裥状波浪，外层做旋转式波浪。准备如图 5-3-26 所示的坯布。

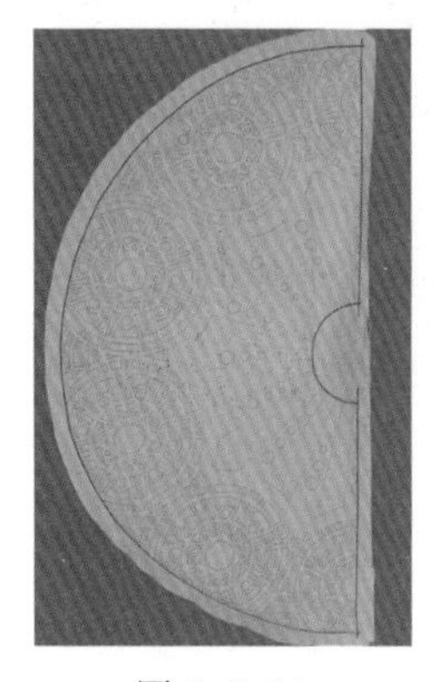

图 5-3-24

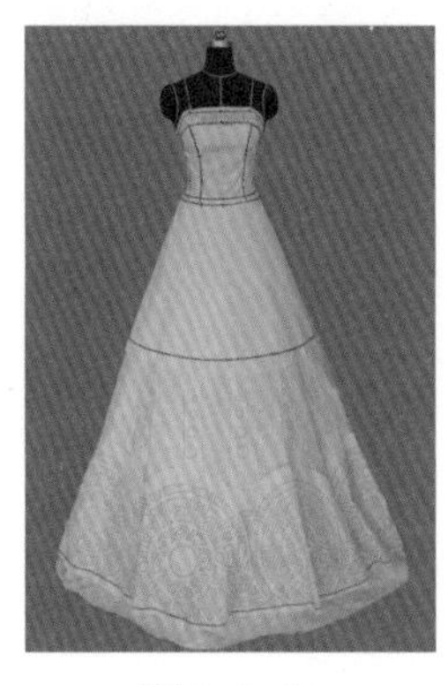

图 5-3-25

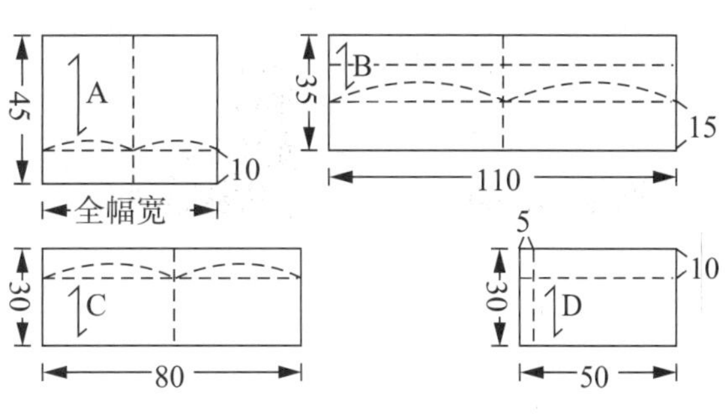

图 5-3-26

取坯布 A，将坯布上记号线分别与人台的后中心线、腰节线对齐，固定住中心线；从后向前做出褶裥，如图 5-3-27 和图 5-3-28 所示。标记线贴出造型线和褶裥记号位，如图 5-3-29 所示。

（10）取坯布 B，做外层旋转式波浪造型，将坯布上记号线分别与人台的后中心线、腰节线对齐，固定后中心线；从后向前，沿腰节线旋转坯布，使样片上口产生余量，清剪腰部余料，打剪口。完成造型后，标记出造型线和对位记号位，如图 5-3-30 所示。

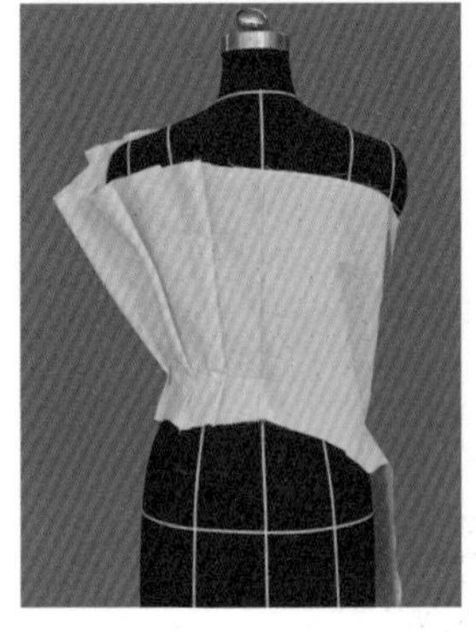

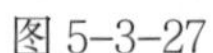

图 5-3-27

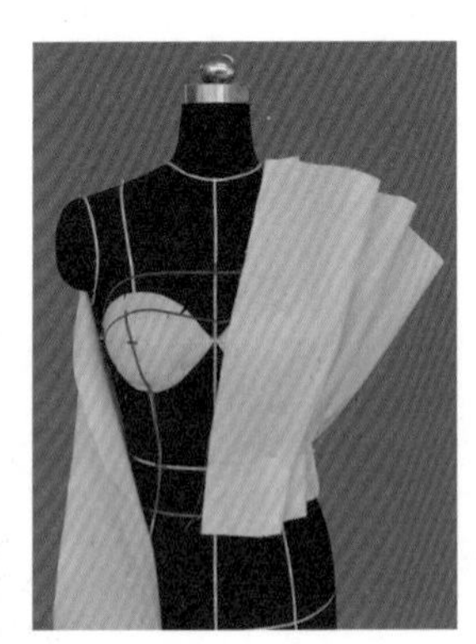

图 5-3-28

图 5-3-29

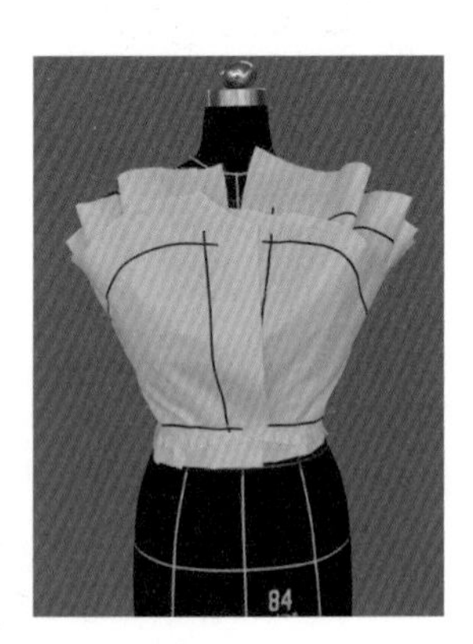

图 5-3-30

（11）取坯布 C，将坯布记号线分别与人台的后中心线、腰节线对齐，固定后中心线。从后向前，沿腰节折出褶裥，标记出造型线和对位记号位，如图 5-3-31 所示。

（12）取坯布 D，将坯布上记号线分别与人台的前中心线、腰节线对齐，固定中心线腰节位；从前向后，沿腰节折出褶裥，标记出造型线和对位记号位，如图 5-3-32 所示。

（13）裁剪 6 cm × 80 cm 直丝缕腰带，假缝绷样，设计出镂空部位图案，如图 5-3-33 和图 5-3-34 所示。

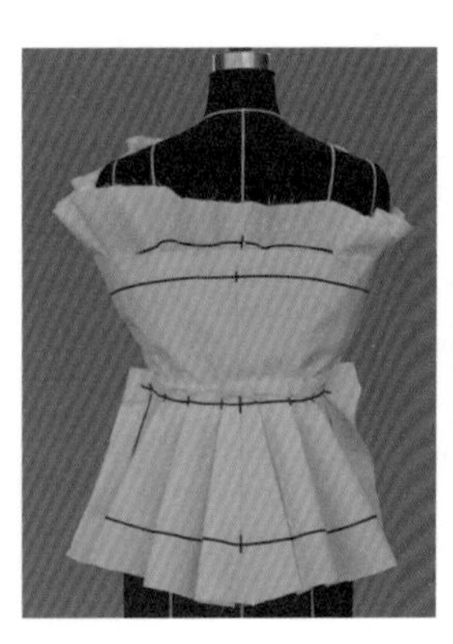

图 5-3-31

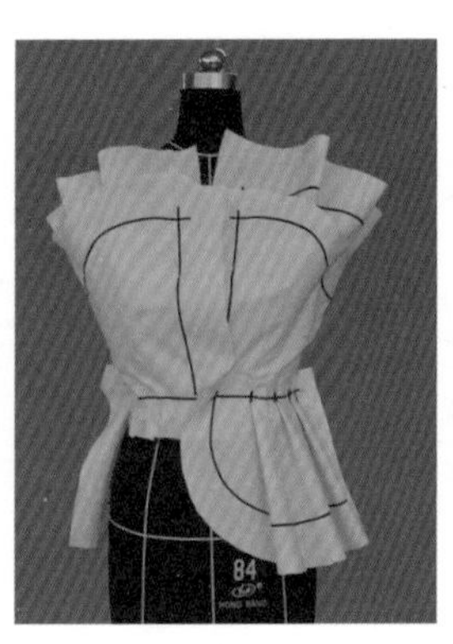

图 5-3-32

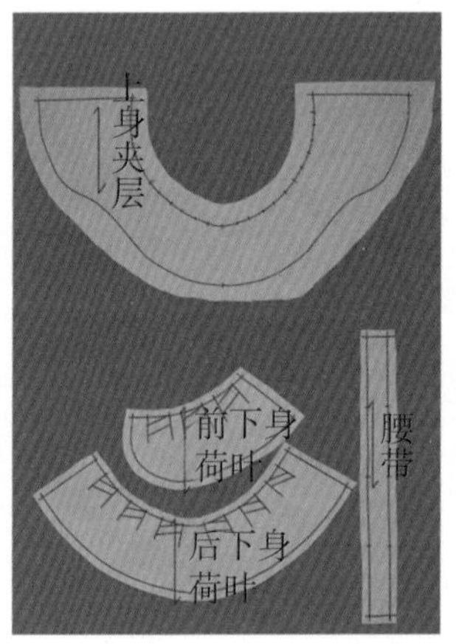

图 5-3-33

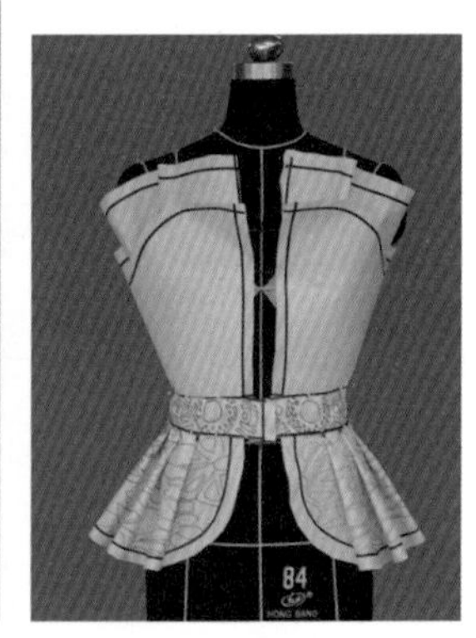

图 5-3-34

（14）用坯布假缝造型，如图 5-3-35 和图 5-3-36 所示。

（15）根据面料样板、夹里样板分别对面、里料进行下料和缝制。成型后效果展示如图 5-3-37 和图 5-3-38 所示。

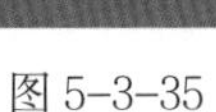
图 5-3-35

图 5-3-36

图 5-3-37

图 5-3-38

任务四　礼服系列设计的立体造型与制作

任务提出

某礼服定制工作室接到一个演出礼服定制订单，客户需求如下。

1. 晚会表演时穿着。
2. 歌曲内容表现自然界变幻无穷、万物复苏的意境。
3. 色彩设计上要求喜悦、欢快。
4. 客户量体尺寸见表 5-4-1。

表 5-4-1　客户量体的净尺寸　　单位：cm

号型	身长	胸围	下胸围	腰围	臀围	腰节长
165/84	143	84	72	66	88	39

任务分析

1. 造型设计分析

作为舞台表演服装，礼服廓型上需要有体积感。为切合表演的主题，可以引用自然界的植物形态进行仿生设计，仿生设计可与细节设计、图案设计相结合。

2. 色彩设计分析

礼服主题色以白色为主，使用暖色调点缀出明快、喜悦之感，可使用黑色、银色等进行色彩调和。

3. 面辅料选择

以厚缎类与欧根纱为主体面料，植物仿生图案设计可以使用定染或者绣花等手段表现。

相关知识

1. 礼服款式设计开发与策划

礼服的设计开发与当今流行紧密结合，首先要根据客户的气质、外貌、个性、体型、肤色，量身设计出合适的款式，在最适合客户要求的风格中，融入独特时尚的设计元素，打造出风格独特、仪态万千的个人形象。从设计到裁剪都采用精致的手工和立体裁剪，使每一件礼服都成为一件惊艳的艺术品，让着装者无论是在婚礼还是聚会上，都能成为万众瞩目的焦点。

（1）礼服设计中的服装廓型

礼服的设计首先是廓型的设计，经典的廓型有 A 型、H 型、X 型及鱼尾型，也有一些独特的廓型，如 O 型、T 型等。A 型的礼服腰节点设计较高，有拉伸下身曲线的效果。散开的下摆与上半身的贴合形成鲜明的对比，强调出优雅的曲线美感； H 型简单利落的线条带来时尚简约的气息；X 型的设计最能体现女性的 S 型身材，使服装的造型更加具有曲线美；鱼尾型的廓型使得每一个着装者变身为最美丽动人的公主，也是非常具有女性气质的廓型。O 型的礼服带来可爱和活泼的少女气质；T 型礼服大气、英气。如图 5-4-1 所示。

图 5-4-1

（2）礼服设计中的色彩

对于色彩的设计要充分考虑到着装者的年龄、肤色、性格、气质等相关因素，还要考虑到在不同的场合、季节等条件下人们对色彩的不同需求。色彩搭配组合的形式直接关系到服装整体风格的塑造。设计师可以采用一组纯度较高的对比色组合来表达热情奔放的民族风情，也可通过一组纯度较低的同类色组合体现服装典雅质朴的格调。当然色彩也有流行性和时代性，色彩的选择和搭配有时尚和个性的一面，作为经典风格的设计应该运用传统的配色技巧，而作为一些创意和个性的设计则可以进行天马行空的搭配，以产生奇妙和独特的视觉效果。东方人肤色深而偏黄，穿白色、粉蓝色、粉紫色会显得暗沉，穿象牙色会比较和谐自然。如图 5-4-2 所示。

图 5-4-2

（3）礼服设计中的图案

礼服的图案根据风格的不同以不同的类型出现。经典风格的礼服总体上以古典图案、花卉图案为主；民族风格的礼服在设计上一般会将本民族具有代表性的纹样放在合适的位置，以体现服装的独特气质；前卫风格的礼服则选择大胆、怪诞、另类的图案与之呼应，在形式上既要有夸张的美感，又要有含蓄的内涵，可以是立体的，也可以是平面的。

图 5-4-3

（4）礼服设计中的装饰

大量装饰的运用营造出一种高贵、时尚、精致的气质。第一种是运用面料立体造型的设计使其具有立体、层次丰富的视觉效果；第二种是运用装饰性材料和工艺进行礼服的修饰，例如采用亮片、水晶、蕾丝、珍珠等做渐变的装饰。华丽复古的风格以及时尚个性的礼服在细节装饰上都有不错的设计，更好地体现了着装者的喜好和气质，如图 5-4-3 所示。

任务实施

1. 款式设计

该款礼服设计以自然界生物生长、繁盛的景象为切入点，体现自然的主题，用梅花的形象进行设计，顺着枝丫蔓延生长的红色梅花，开出无限的生命力。在细节设计上，将定染和镶绣工艺相结合，打造出平面与立体相结合的梅花造型，如图 5-4-4 所示。

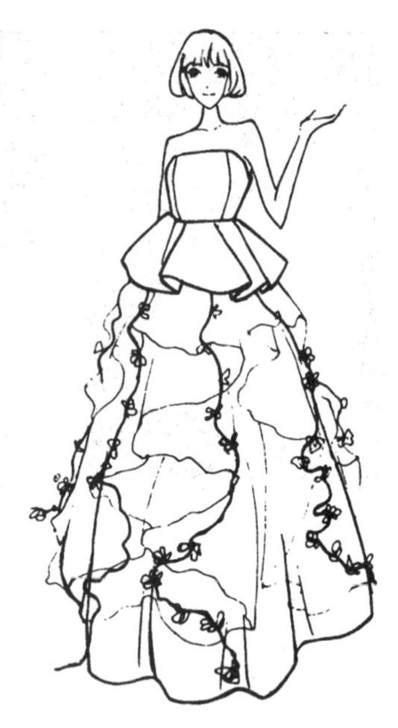
图 5-4-4

2. 操作过程

（1）规格设计

尺寸规格见表 5-4-2。

（2）造型线贴附

造型线贴附如图 5-4-5 和图 5-4-6 所示。

（3）裁片的准备

裁片的准备方法参见本项目任务一。此款礼服各个衣片立裁用坯布的备布尺寸及形状如图 5-4-7 所示。

（4）立体裁剪操作步骤

① 取前中片坯布，对齐胸围线与前中心线，固定左右 BP 点，前中心线上的上下胸围、腰节位置，从中间向两边整理平整坯布，沿造型线固定，标记出造型线和对位点，如图 5-4-8 所示。

表 5-4-2　尺寸规格表　　单位：cm

号型	裙长	胸围	下胸围	腰围	臀围
165/84A	130	86	70	66	94

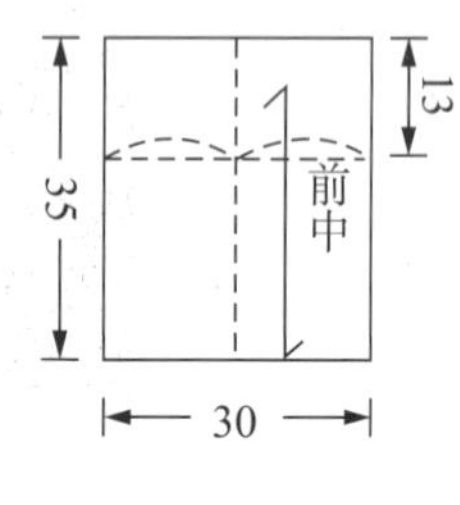

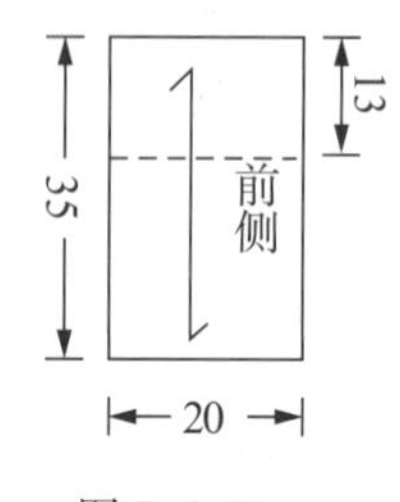

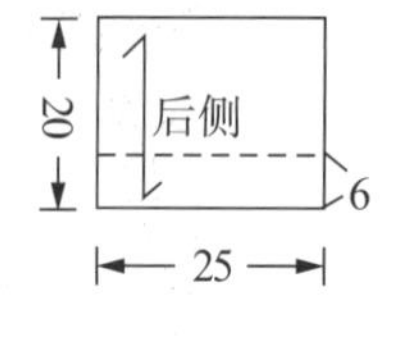

图 5-4-7

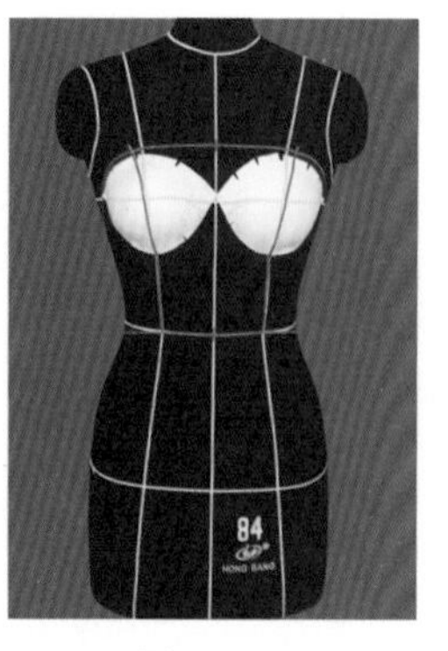
图 5-4-5

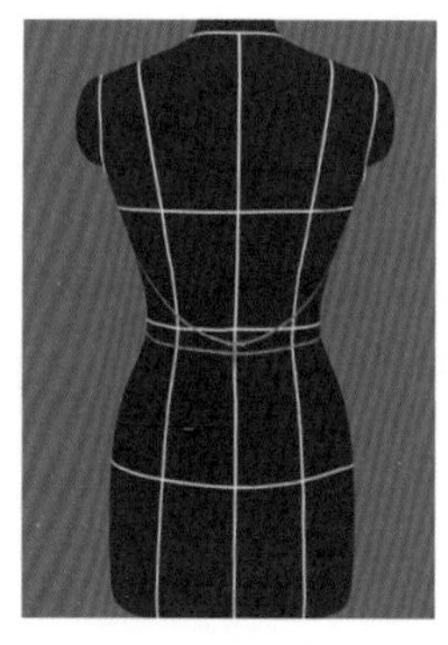
图 5-4-6

图 5-4-8

② 取前侧片坯布，对齐胸围线与腰围线并固定，将样片整理平服，清剪余量，打剪口，标记造型线和对位点，如图 5-4-9 所示。

③ 取后侧片坯布，对齐腰节线，从公主线位置开始向两边整理坯布，使坯布平贴于人台上，清剪余料，标记造型线和对位点，如图 5-4-10 所示。

④ 选择适合蓬裙廓型的裙撑，蓬度不够的位置，可以局部增加网纱层作补充，如图 5-4-11 所示。将裙撑穿着在人台上，然后准备一块 150 cm × 150 cm 的白坯布，沿坯布斜向 45° 对角线方向画出前中心线。将坯布的前中心线与人台前中心位置对齐，腰节线上端留出约 30 cm 坯布，从中心向两端，沿腰节线旋转作出摆量，同时清剪腰节部位多余坯布，并打剪口以保证腰节线位置平服，如图 5-4-12 所示，然后标记出轮廓线和对位点。采用同样的操作方法制作完成后裙片。

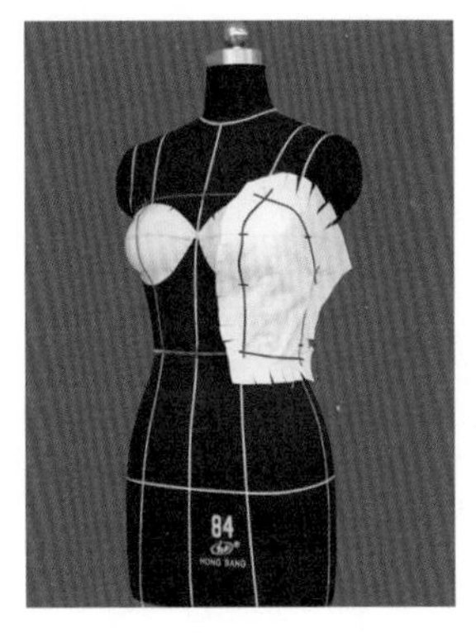

图 5-4-9

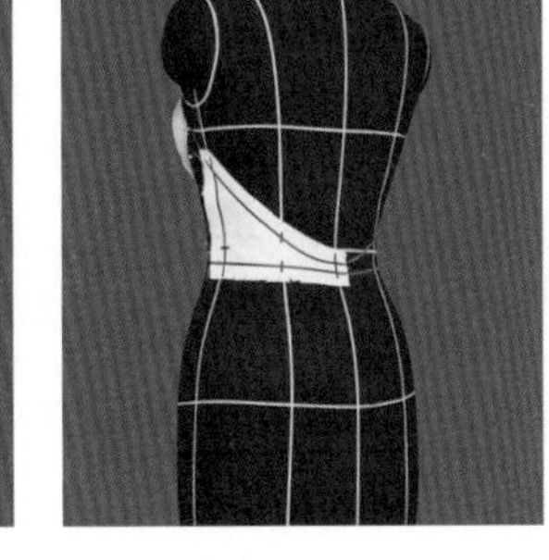
图 5-4-10

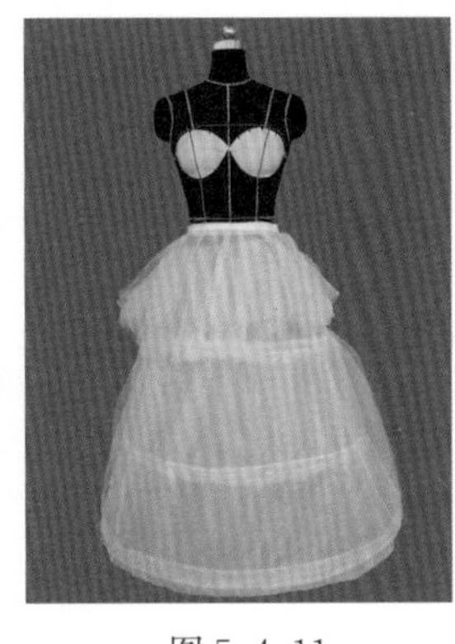
图 5-4-11

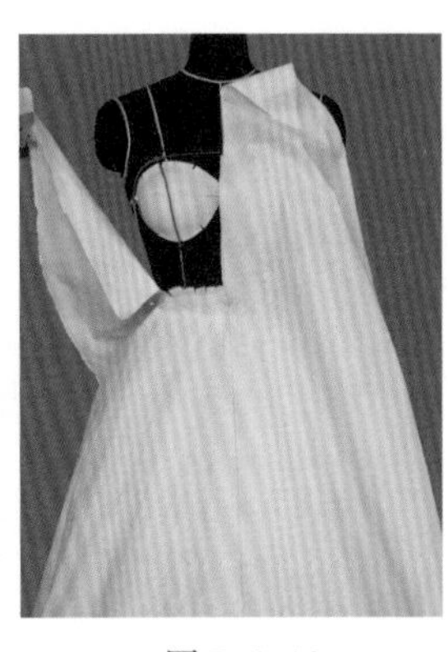
图 5-4-12

⑤ 准备一块如图 5-4-13 所示坯布，对齐前中心线、腰节线，固定前腰节点，从前腰节点开始，向侧缝方向旋转并褶出三层 5.5 cm 深的褶裥，如图 5-4-14 所示。标记出折叠波浪的造型线和褶裥对位点，如图 5-4-15 所示。将制得的样片复制 5 片后假缝、绷样，如图 5-4-16 所示。

⑥ 按图 5-4-17 所示结构制出 8 片裁片作为腰节波浪造型，该造型挺括感较好，需要对面料进行加硬处理，选择挺度较好的树脂黏合衬加硬坯布。

⑦ 完成后的坯布造型展示效果，如图 5-4-18 和图 5-3-19 所示。

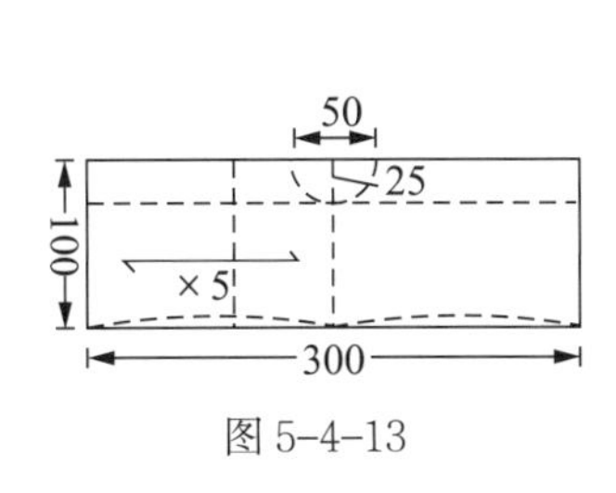

图 5-4-13

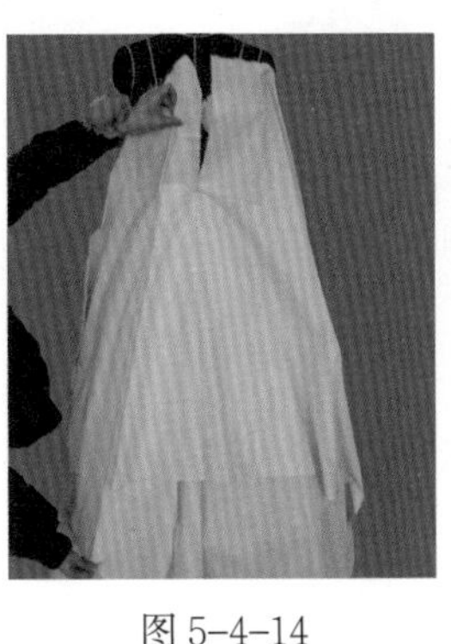
图 5-4-14

图 5-4-15

图 5-4-16

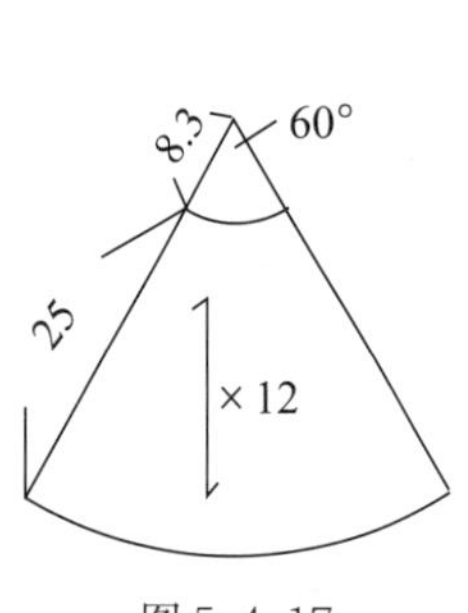

图 5-4-17

图 5-4-18

图 5-4-19

3. 缝制工艺要点

根据面料样板、夹里样板分别对面、里料进行下料和缝制。在进行工艺设计时，要注意以下几个要点。

（1）衣身公主线位置需要将鱼骨缝在面料反面，以增加上衣身的支撑力。胸垫模杯需要固定在面料与夹里层之间，上胸围止口线上建议设计两对隐形挂环，可用于穿挂隐形肩带，上胸围止口线反面最好能压缝一道带硅胶的宽松紧带，以增加穿着时与人体的摩擦，防止礼服穿着时下滑。在两侧缝里加缝挂耳，用于悬挂礼服用，如图 5-4-20 所示。

（2）裙身夹里样板与面样板同型，由于蓬裙类造型裙片底摆呈圆弧状，不能用折边工艺处理裙摆毛边，因此需要将面、里的底摆合缝处理毛边，同时，在缝份里还可缝入婚纱专用裙摆网纱带，以增加底摆位置的硬挺度。

（3）波浪边处理。在处理波浪状边缘时，通常选用密拷锁边工艺，为使波浪造型更富立体感，在进行密拷锁边时，可在波浪边里加入鱼线进行锁边，如图 5-4-21 所示。

（4）成型后礼服展示，如图 5-4-22 和图 5-4-23 所示。

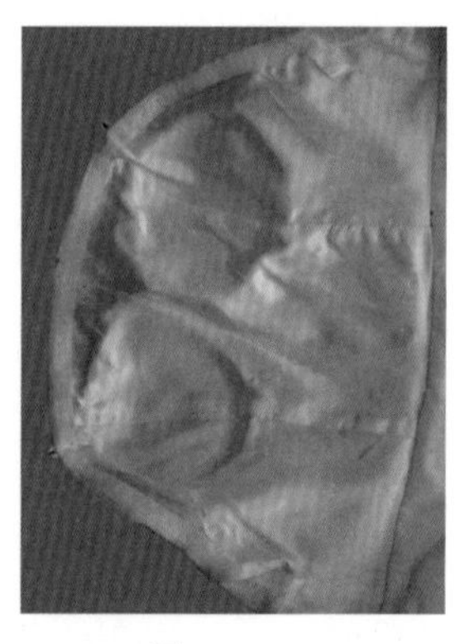

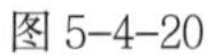

图 5-4-20

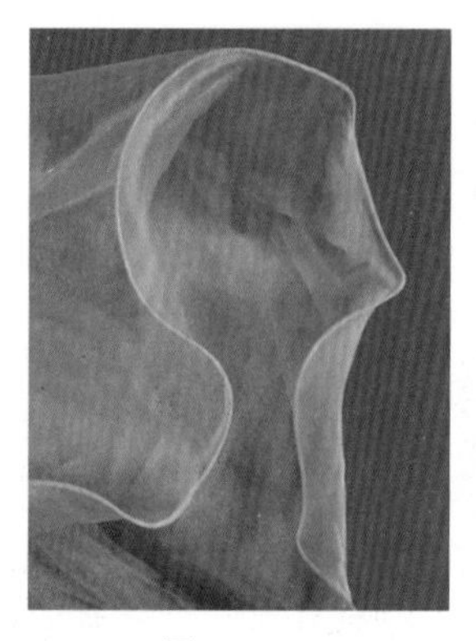

图 5-4-21

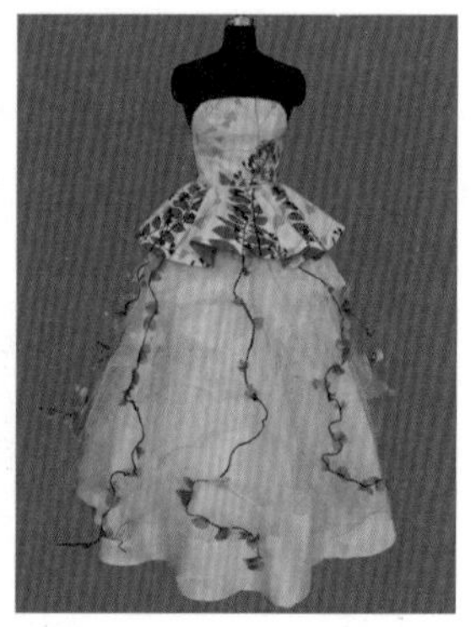

图 5-4-22

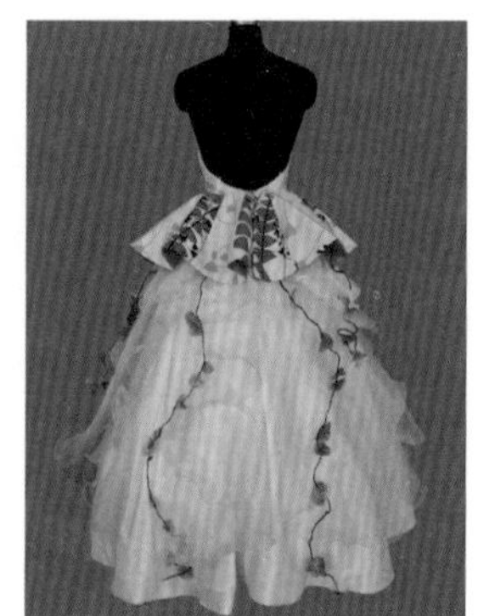

图 5-4-23

4. 成衣缝制工艺文件

见表 5-4-3。

表 5-4-3 礼服工艺文件

款号：礼服	尺寸表	单位：cm
	裙长	150
	胸围（腋下 1 cm）	86
	腰围	70
	下摆（直量）	400
	裙盖宽	25
	裙盖下摆	180

面辅料列表

名称	颜色	规格	使用部位	备注
印花帆布	白底桃红印花	160	大身	
欧根纱	白色	150	裙外层	
缎纹面料	白色	150	裙摆内层、胸衣里布	
平纹棉布	桃红色	140	裙盖里层	
网眼布	白色	150	裙撑	
涤塔夫	白色	145	裙撑里布	
鱼骨	白色	1	裙撑圆摆、胸衣拼缝	
暗扣	白色	1	裙盖	
有纺衬	白色	100	胸衣里、裙盖里	
铁丝	黑色	0.2	装饰枝丫	
鱼线	白色		欧根纱裙摆边缘	
隐形拉链	白色	20	后中开口	
防滑带	白色	1.2	胸衣口周围	
胸垫	白色		胸衣里	

工艺要求：

1. 所有线条顺直，针距一致为 2.5 mm；
2. 胸衣里布平整，不能外露，不能起皱；
3. 胸衣需左右对称；
4. 隐形拉链不可外露，不能起皱；
5. 防滑带不能外露，不能起皱；
6. 裙盖里布不可外翻；
7. 裙盖立体造型，不能凹陷；
8. 裙盖上暗扣需钉牢固，不能出现掉扣；
9. 裙摆里层缎纹面料和外层欧根纱长度一致；
10. 欧根纱下摆密拷，里面缝制鱼线，有波浪效果；
11. 裙撑比外裙摆短 30 cm，不可外露；
12. 裙撑鱼骨形状一定是圆形，上小下大；
13. 胸垫位置正确，大小适宜；

（续表）

14. 装饰树枝需固定牢固；
15. 装饰树枝分布均匀，前 3 根，左右侧各 1 根，后 2 根；
16. 尺寸参照尺寸表；
17. 所有车缝线配面料颜色。

工艺流程：

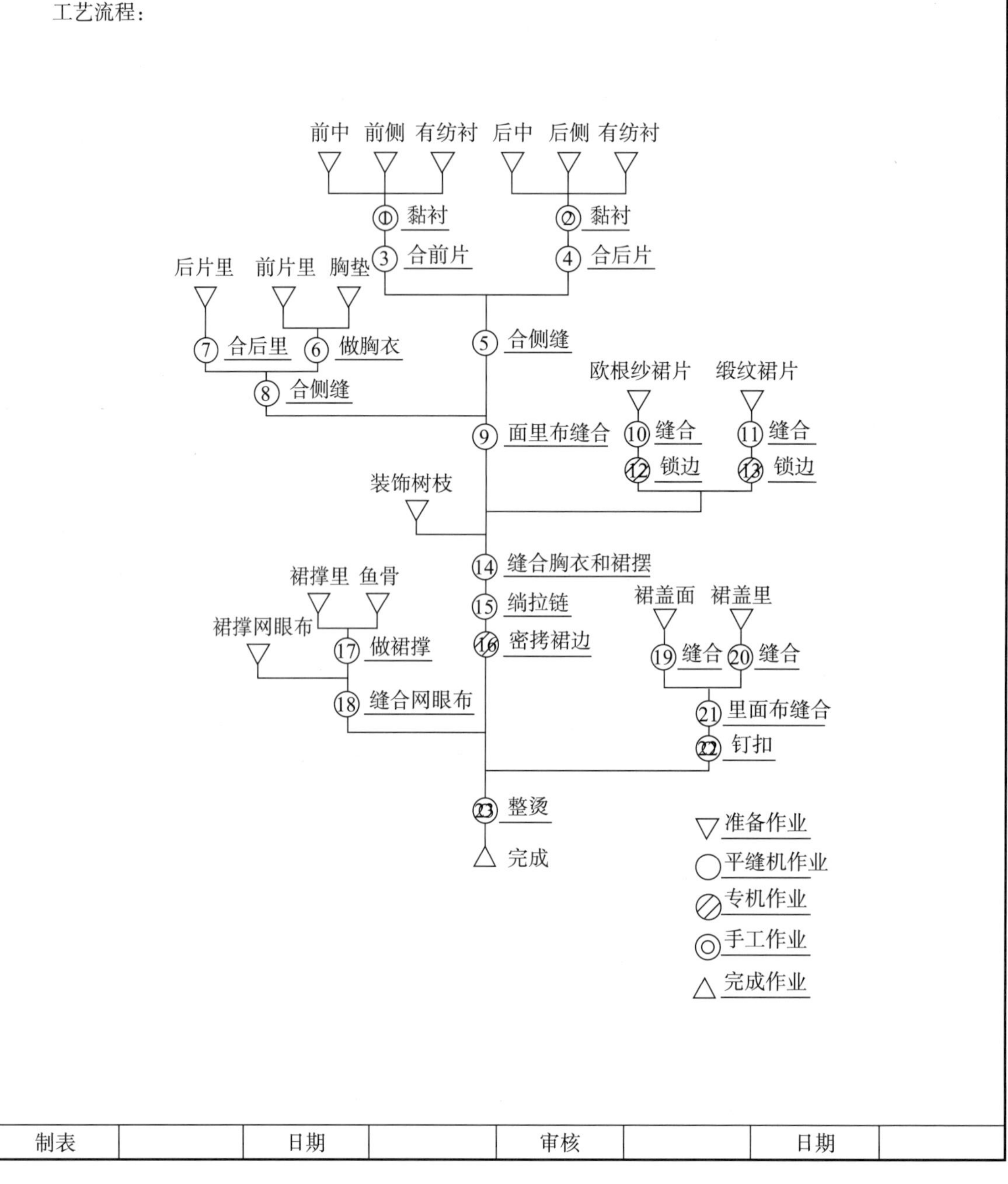

制表		日期		审核		日期	

5. 礼服设计拓展

以奇幻自然为主题进行系列化设计。运用梅花设计元素，拓展、派生出四套系列礼服作品，命名为《万物生》，如图 5-4-24~ 图 5-4-27 所示。

图 5-4-24

图 5-4-25

图 5-4-26

图 5-4-27

参 考 文 献

[1] 邹平，吴小兵．服装立体裁剪[M]. 上海：东华大学出版社，2008.

[2] 张文斌，王朝辉，张宏．服装立体裁剪[M]. 北京：中国纺织出版社，2005.

[3] 王旭，赵憬．服装立体造型设计[M]. 北京：中国纺织出版社，2005.

[4] 徐雅琴，马跃进．服装制图与样板制作[M]. 北京：中国纺织出版社，2011.

[5] 魏静．立体裁剪[M]. 北京：高等教育出版社，2010.